制药工艺学
（数字案例版）

主　编　唐凤翔
副主编　郑允权
编　委　（以姓氏笔画为序）
李兴淑　陈海军　郑允权　唐凤翔

华中科技大学出版社
中国·武汉

内容提要

制药工艺是药物生产的核心技术。本书共7章，包括绪论、化学制药工艺路线的设计与选择、化学制药工艺优化、微生物发酵制药工艺、制药工艺放大、微通道反应器连续流技术和制药废弃物的回收等。本书内容与福州大学"制药工艺学"课程教学团队建设的国家级线上一流课程相配套。

本书在介绍制药工艺学的研究内容、在药品制造中的地位和重要性、发展历程和发展趋势的基础上，着重对化学制药工艺和生物制药工艺中的共性技术如工艺路线的设计、工艺优化、工艺放大、本质安全技术即微通道反应器连续流技术(2019年IUPAC公布的十大改变世界的化学创新技术之一)和制药废弃物的回收进行阐述。

本书结合大量的案例对知识点进行阐述。通过学习本课程，可掌握制药工艺路线设计与选择的方法、制药工艺优化的方法、制药工艺放大的方法、制药废弃物回收方案建立的方法及运用微通道反应器连续流技术对危险工艺进行改进的方法。

本书可作为高等院校制药工程、生物工程、药学等专业的本科生教材，也可作为相关专业研究生的选用教材和医药科研、生产等领域相关技术人员的参考书。

图书在版编目(CIP)数据

制药工艺学：数字案例版/唐凤翔主编．—武汉：华中科技大学出版社，2023.12
ISBN 978-7-5772-0238-9

Ⅰ．①制… Ⅱ．①唐… Ⅲ．①制药工业-工艺学-高等学校-教材 Ⅳ．①TQ460.1

中国国家版本馆CIP数据核字(2023)第243710号

制药工艺学(数字案例版) 唐凤翔 主编
Zhiyao Gongyixue(Shuzi Anli Ban)

策划编辑：王新华 责任校对：王亚钦
责任编辑：王新华 责任监印：周治超
封面设计：原色设计
出版发行：华中科技大学出版社(中国·武汉) 电话：(027)81321913
武汉市东湖新技术开发区华工科技园 邮编：430223
录 排：华中科技大学惠友文印中心
印 刷：武汉开心印印刷有限公司
开 本：787mm×1092mm 1/16
印 张：11.5
字 数：300千字
版 次：2023年12月第1版第1次印刷
定 价：38.00元

前言

党的二十大报告指出，人民健康是民族昌盛和国家强盛的重要标志，推进健康中国建设，要把保障人民健康放在优先发展的战略位置。制药工艺是药物生产的核心技术，是药物从实验室研究走向产业化成功的关键，并直接关系到药品的安全性和有效性，与人民的健康息息相关。制药工艺学是研究制药工艺的一门科学，是制药工程专业重要的核心课程之一，意在培养学生运用所学习的制药工艺相关知识解决制药生产中实际工艺问题的能力。为了满足学习者对福州大学“制药工艺学”课程教学团队建设的国家级线上一流课程的学习需求，提高学习效果，我们编写了本书。

本书以学习成果满足行业需求为导向，以药物制造工艺从实验室研究走向产业化为主线选择编写内容，主要包括化学制药工艺路线的设计与选择、化学制药工艺优化、微生物发酵制药工艺、制药工艺放大、智能制药前沿技术（微通道反应器连续流技术）、制药废弃物的回收等。本书内容与编者团队所建设的“制药工艺学”国家级线上一流课程内容相配套。

通过本书，学习者可理解制药工艺研究的重要性和核心任务，并掌握制药工艺路线设计与选择方法、制药工艺优化方法、制药工艺放大方法、本质安全新技术即微通道反应器连续流技术、制药废弃物回收方法等工艺领域的共性技术；为解决一些复杂制药工艺问题奠定坚实的理论基础，如对制药工艺路线进行设计、选择和评价，制定质量可靠、经济有效、过程安全、环境友好的工艺路线与工艺过程，对制药工艺从不同水平（小试和中试）进行优化，利用微通道反应器连续流技术对危险工艺进行改进，制定制药废弃物回收处理方案，对制药过程进行工艺控制和质量控制等。此外，本书结合大量的案例阐述知识点，并融合了“质量源于设计、安全源于设计、环保源于设计”的理念，有助于学生积累工艺研究底蕴，培养创新意识，树立药品质量可靠、环境友好和安全生产的职业意识及为人民健康福祉服务的精神，努力建设健康中国，为守护人民健康贡献力量。

本书由福州大学制药工艺学任课老师共同编写，具体分工如下：唐凤翔编写第 1 章、第 2 章 2.2、第 3 章、第 5 章和第 6 章，陈海军编写第 2 章 2.1，郑允权编写第 4 章，李兴淑编写第 7 章。本书编写过程中参考了国内外相关文献，在此谨向相关作者表示诚挚的感谢！本书的编写获得了福州大学本科教材立项资助，得到了华中科技大学出版社的大力支持，在此深表感谢！特别感谢福州大学化学学院 2016 级硕士研究生高芳在本书初稿形成过程的帮助！也特别感谢史界平博士对本书第 6 章编写的指导和帮助！

制药工艺学是一门系统性科学，工艺改进永无止境。由于编者水平有限、经验不足，书中不妥之处在所难免，因此非常期待广大读者对本书的不足之处提出修改意见和建议。

编　者

2023 年 9 月

目录

第1章
绪论

相信大家对制药发展史上的两大事件即青蒿素的发现和反应停事件都早有耳闻。实际上,这两大事件与制药工艺关系密切。

中国中医研究院屠呦呦研究员因“发现青蒿素,开创疟疾治疗新方法”获得2015年度诺贝尔生理学或医学奖。青蒿为一种菊科一年生草本植物。据古代多部中医药著作记载,青蒿可以治疗疟疾。很多地方的老百姓都用青蒿来对抗疟疾,并且收效显著。屠呦呦团队当时对600多个抗疟药方进行了筛选,发现青蒿提取物对鼠疟的抑制率只有68%,而且复筛失败。为了寻找问题的症结所在,屠呦呦钻进古籍中,再次查阅资料,发现葛洪《肘后备急方》中的有这样一句话:“青蒿一握,以水二升渍,绞取汁,尽服之。”屠呦呦恍然大悟,原来只要用水浸渍即可,而不是水煮。为了便于回收青蒿素,她用乙醚代替水冷浸了青蒿,所获得的提取物对鼠疟的抑制率竟然达到100%。可见,青蒿素提取的关键之处在于提取方法是否正确,提取所用的温度是否在合适的范围内。就如同做菜的火候、咸淡的把握,温度、溶剂、加料比等工艺参数的选择在药物制造工艺上是极其重要的,否则得不到目标药物。

20世纪50—60年代在欧洲及日本的新生儿中出现上万例海豹儿(图1-1),这就是制药史上最大的“药害”事件,也称为反应停事件。经调查发现,这些婴儿的妈妈们在妊娠早期都服用了沙利度胺。据当时的宣传,沙利度胺对孕妇怀孕早期的妊娠呕吐疗效极佳,被称为“孕妇的理想选择”。进一步调研发现,只有(*R*)-(+)-沙利度胺具有反应停功效,而其对映体(*S*)-(—)-沙利度胺会致畸,二者的结构如图1-2所示。倘若当时认识到沙利度胺中两种构型的功效不同,在药物制备的时候将二者分离,并在终端产品中严格控制有害构型的含量,将不会发生这样的“药害”事件。可见,药品质量的严格把关是何等重要。

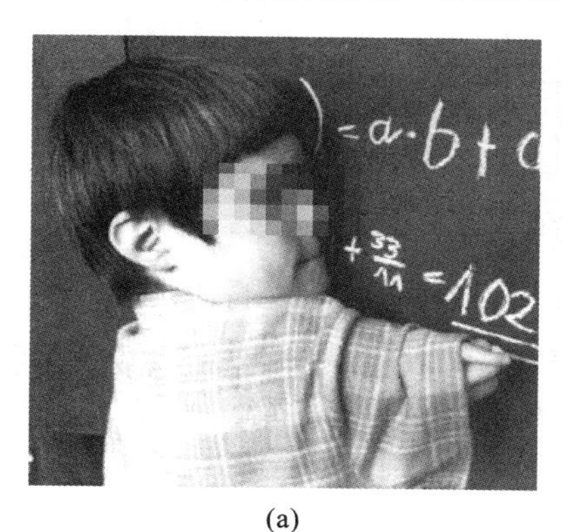

(a)

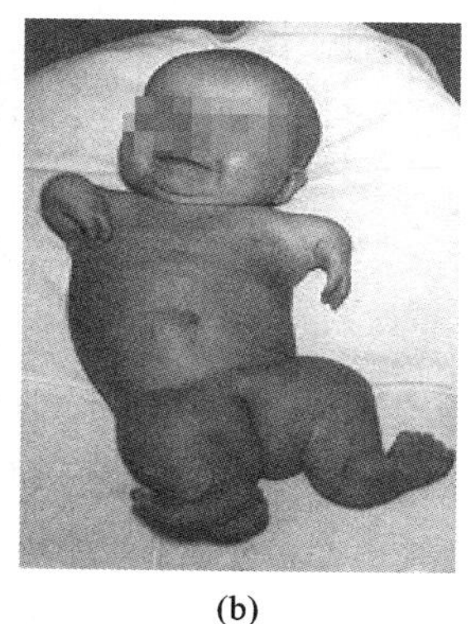
(b)

图1-1 海豹儿

从青蒿素的发现和反应停事件可知,选择恰当的工艺才能获得含有目标药物的混合物;通

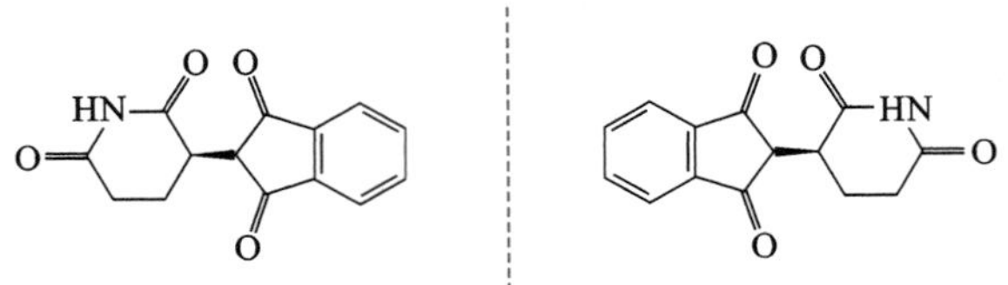

(*R*)-(+)-沙利度胺，镇静剂 (*S*)-(−)-沙利度胺，致畸形

图 1-2 (*R*)-(+)-沙利度胺和(*S*)-(−)-沙利度胺的结构式

过恰当的工艺进行分离纯化，尽可能除掉杂质，才能获得质量可靠和安全有效的目标药物。这些恰恰都属于制药工艺学所要研究的内容。

1.1 制药工艺学的定义

制药工艺学的定义可以从以下三个方面来理解。

(1)制药工艺学是建立在化学、生物学、工程学、药学以及药品生产与管理学基础上的一门专业课程(图 1-3)。具体地说，是建立在化学类课程(无机及分析化学、物理化学、有机化学、仪器分析)、生物类课程(生物化学与微生物学)、工程学类课程(化工原理、制药分离工程与制药设备)、药学类课程(药物合成反应、药物化学、工业药剂学与药物分析)，以及药品生产与管理类课程(药品生产质量管理工程)基础上的一门专业课程。可见这门课程要求的学科基础和专业基础之广泛。

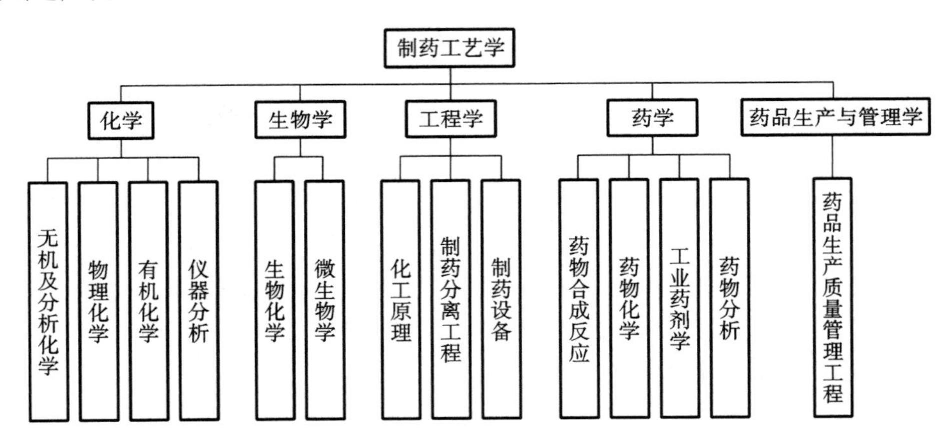

图 1-3 制药工艺学的学科基础和专业基础

(2)制药工艺学的主要研究内容：一是研究药物工业生产过程中共性规律及其应用；二是研究具体药物工业化生产过程的制备原理和工艺过程。这里的共性规律包含如何对药物制备工艺路线进行设计与选择、如何对工艺进行研究、如何进行工艺放大、如何处理“三废”等。所谓的工艺过程，是指一系列的单元操作按照一定的顺序科学集成。单元操作包含上游的化学合成或诸如微生物发酵和细胞培养的生物合成过程，以及后期的分离纯化过程。每个单元操作都由一定的操作条件和质量控制组成。操作条件是指配料比、培养基组成、温度、压力、催化剂种类和用量、反应时间、加料时间、通气速率或搅拌速度等。质量控制是指原辅材料、中间体和产品的质量控制与生产过程的工艺控制。

(3)制药工艺学研究的终极目标是为药物工业化生产制定最安全、最经济、最可行和最环保的工艺路线与工艺过程,实现制药生产过程最优化,解决药物在工业化生产过程中的技术问题并实施药品生产质量管理规范。

中国工程院院士钱旭红曾在《制药工艺开发——目前的化学与工程挑战》一书的序言中这样描述制药工艺与制药工程之间的关系:“如果说制药工程是重点讲述单元、单个过程或者装备的话,制药工艺则更关心合适的既体现技术经济价值,又与环境生态友好的生产路线。如果说,制药工程是珍珠,无数个不同色彩形状的珍珠,那么制药工艺就是有序、有重点地串起这些珍珠的红线,最终形成了独具特色的项链。通过文明每一个步骤,每一个过程,从而建立起有效而不是不择手段的过程文明,从而建立起新的药物制造业。”

1.2　制药工艺学的重要性

制药工艺学所研究的制药工艺是药物研究和大规模生产的重要中间环节,是桥梁,也是瓶颈。也就是说,想要把实验室的研究成果产业化,必须做制药工艺研究。如果制药工艺不合理、不安全、不环保或经济上不合算,就不能成功产业化。

制药工艺学所研究的制药工艺是药物生产的核心部分,也是药物成型化生产的关键过程。这也从侧面告诉我们,制药工艺是一个药品制造的核心机密,属于技术保密的范畴。作为未来的制药工程师,应该遵守职业道德规范,不泄密。

1.3　制药工艺学的研究内容

制药工艺学研究药物制造的工艺原理、工艺技术路线、过程优化、工艺放大与质量控制,从而分析和解决药物生产过程的实际问题。其次,从工业生产的角度来看,主要是改造、设计和开发药物的生产工艺,包括小试阶段(实验室研究阶段)、中试阶段和工业化阶段。这三个阶段具体的研究内容有所不同,如图 1-4 所示。

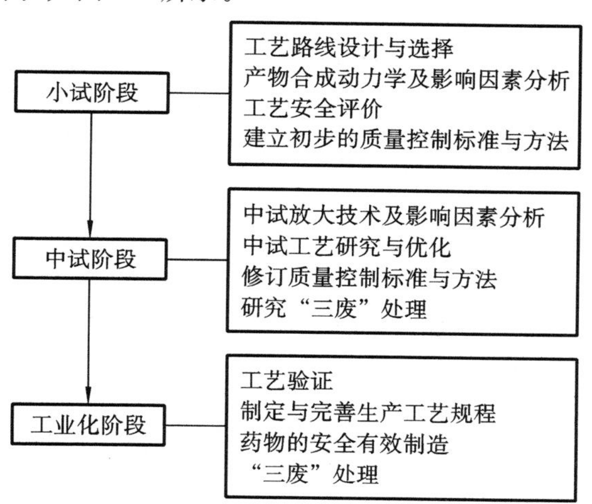

图 1-4　制药工艺研究三个阶段的研究内容

在小试阶段，主要是设计与选择药物制备的工艺路线，研究药物合成动力学及影响因素并进行因素优化，对工艺安全进行评价。此外，还要建立初步的质量控制标准与方法。

在中试阶段，主要是考虑规模放大时采用何种技术和手段实现每一个单元操作，以及规模放大时有哪些因素会带来影响，比如热量是否及时供给或者及时导出，搅拌是否充分。在此基础上，在中试放大的规模下对生产工艺进一步进行研究与优化，并对质量控制标准与方法进行修订。此外，还要考虑“三废”如何处理。

在工业化阶段，在工业规模上进行工艺验证或者说试生产。当试生产几批稳定后，制定相应的生产工艺规程，据此对药物进行安全有效的生产。此外，要对“三废”进行处理。

1.4 制药工艺的发展历程

制药工艺的发展总共经历了八个阶段：①天然提取制药阶段；②化学全合成制药阶段；③微生物发酵制药阶段；④酶工程制药阶段；⑤化学半合成制药阶段；⑥细胞培养技术制药阶段；⑦基因工程技术制药阶段；⑧手性制药阶段。

天然提取制药出现于制药工艺发展史的最早期。在 19 世纪初至中期，天然提取制药占有重要地位。例如，从天然植物吐根的根中提取得到吐根碱，该生物碱可用于治疗痢疾；从金鸡纳树皮中提取得到奎宁即金鸡纳碱，该生物碱可用于治疗疟疾；从洋地黄的叶子中提取洋地黄苷和地高辛，用于治疗心血管类疾病。此外，从动物的脏器或血液中提取激素、酶、蛋白质、核酸等生物制品也属于天然提取制药，这类药物的分离纯化技术发展缓慢，直至 20 世纪 50 年代才趋于成熟。

制药工艺发展的第二阶段为化学全合成制药。化学全合成制药兴起于 19 世纪末 20 世纪初。由于染料工业的飞速发展和化学治疗学说的建立，人们对大量的化工产品进行了活性研究，从而开创了化学合成制药技术，涌现了许多化学合成药。如 1899 年德国拜耳公司制造了“重磅炸弹”药物——阿司匹林，1935 年拜耳公司又推出第一个通用的磺胺类抗生素——百浪多息。发现百浪多息的德国科学家格哈德·多马克因此获得了 1939 年度诺贝尔生理学或医学奖。这为化学全合成制药的迅猛发展开了一个好头。

制药工艺发展的第三阶段为 20 世纪 40—60 年代以次级代谢产物青霉素发酵引领的微生物发酵制药。这源于第二次世界大战对抗生素的大规模需求，促进了抗生素的工业化生产。1941 年，采用微生物发酵法制备青霉素的工业化取得成功。随着在菌株选育、供氧技术、提取技术和设备方面的不断完善，微生物发酵制药逐渐应用于其他产品，如氨基酸、维生素、甾体激素等。如 1956 年采用发酵法生产甾体激素强的松(又叫泼尼松)，1960 年采用发酵法生产维生素。这些为微生物发酵制药的后期发展奠定了良好的基础。

制药工艺发展的第四阶段为 20 世纪 40 年代后期至 60 年代发展起来的酶工程制药。酶是细胞产生的具有催化能力的蛋白质，如淀粉酶、纤维素酶、水解酶、脂肪酶等。虽然人类对酶的研究和应用已有很长的历史，但只是在第二次世界大战后，酶才正式用于工业制造领域，由此形成了酶工程工业。酶工程具体包含四个方面：①酶的生产；②酶的分离纯化；③酶的固定化；④设计和应用生物反应器将酶用于工业化生产。酶工程工业发展史上典型事件如下：①1949年，用深层培养法生产 α-淀粉酶获得成功，使酶制剂生产应用进入工业化阶段；②1959 年，用葡萄糖淀粉酶催化淀粉水解制备葡萄糖的新工艺研究成功；③1969 年，用固定化氨基酰化酶拆分氨基酸用于工业化生产 L-氨基酸，开创了固定化酶应用的新局面。此后，酶工程制药的应用主要体现在：①制备手性药物，如将化学合成法得到的 DL-氨基酸进行拆分，得到有活性的 L-氨基酸；②进行生物催化和转化，给已有的药物添加特定基团，广泛用于激素、维生素和抗生素的生产中，如在氢化可的松 11 位引入 α-羟基。酶工程的优点是工艺简单，效率高，生产成本低，环境污染小，产品收率高、纯度高，还可制造出化学方法无法生产的产品。

制药工艺发展的第五阶段为 20 世纪 60—70 年代发展起来的化学半合成制药。20 世纪 60 年代后期微生物发酵技术日渐成熟，但是抗生素的稳定性、耐药性、抗菌谱等问题急需解决，促成半合成抗生素工业的崛起。以青霉素为原料经过化学半合成得到一系列的半合成青霉素，如氨苄青霉素、羟氨苄青霉素和苯咪唑青霉素就是半合成抗生素的典型代表。此后化学半合成制药广泛应用于头孢类抗生素、甾体激素和紫杉醇的合成上。

制药工艺发展的第六阶段是 20 世纪 60 年代发展起来的细胞培养技术制药。细胞培养技术制药指的是在离体条件下人工培养动植物细胞，使之生长繁殖，产生人类所需要的疫苗、生长素、抗体等特定药物。例如，1964 年用幼仓鼠肾细胞生产口蹄疫疫苗，1986 年用淋巴瘤细胞系 Namalwa 生产干扰素。干扰素是一种广谱抗病毒药物，并不直接杀伤或抑制病毒，主要是通过与细胞表面受体作用使细胞产生抗病毒蛋白，从而抑制病毒的复制。干扰素在 2003 年抗 SARS 病毒中起着非常重要的作用。1998 年用中国仓鼠卵巢细胞 CHO 表达的融合蛋白药物 Enbrel 在美国上市，用于治疗类风湿关节炎和强直性脊柱炎。CHO 细胞是哺乳动物表达系统常用的宿主细胞，是目前生物制药上广泛使用的细胞。Enbrel 是全球最畅销的抗炎药，目前累计销售额已经超过 740 亿美元，到 2029 年可能接近 1000 亿美元。从 1960 年至 2004 年，美国 FDA 批准了 60 种动物细胞表达系统生产的生物技术药物，包括激素、酶类、细胞因子、凝血因子、抗体和组织工程产品等生物制品。可见，细胞培养技术制药在当时乃至现在都是重要的新技术领域。

制药工艺发展的第七阶段是 20 世纪 70 年代发展起来的基因工程技术制药。基因工程技术制药是在体外通过重组 DNA 技术，对生物的遗传物质基因进行剪切、拼接、重新组合，与适宜的载体连接，构成完整的基因表达系统，然后导入宿主细胞，与原有的遗传物质整合或以质粒形式单独在细胞中繁殖，并表达活性蛋白、多肽或核酸等物质。例如，1982 年美国礼来（Eli Lilly）公司开发的第一个基因工程药物重组人胰岛素获 FDA 批准，1989 年我国批准了第一个在我国生产的人重组干扰素。截至 2004 年 2 月，FDA 批准了重组蛋白、疫苗和核酸类生物技术药物共 79 种。可见，基因工程技术制药在当时也发展迅猛。当然，通过基因工程技术改造微生物细胞的代谢过程，还可以提高抗生素、维生素、氨基酸、甾体激素等药物的生产能力。实际上，基因工程技术制药在当前仍旧是热门研究领域。

制药工艺发展的第八阶段是 20 世纪 90 年代发展起来的手性制药。20 世纪 60 年代反应停事件揭示了反应停的（*S*）-对映体致畸，（*R*）-对映体才安全有效，这引起了人们对手性药物的关注。1992 年 FDA 发布了手性药物指导原则，要求生产者对所有在美国上市的消旋体类新药中所含的对映体各自的药理作用、毒性和临床效果进行说明，由此拉开了手性制药的序幕。手性制药主要是采用化学不对称合成、酶促反应或微生物转化来实现手性原子的构建。

制药工艺发展的这八个阶段分别涉及八大类制药工艺。其中，天然药物提取属于中药制药工艺，化学全合成和化学半合成以及手性制药中的化学不对称合成都属于化学制药工艺，微生物发酵制药、酶工程制药、细胞工程技术制药和基因工程技术制药以及手性制药中运用酶或微生物细胞进行的不对称合成都属于生物制药工艺。

1.5　制药工艺的发展趋势

当今制药工艺呈现五大发展趋势:①综合利用各种制药技术;②生物创制新药愈加突出;③开创绿色工艺;④推进原料药的连续化生产;⑤对药品质量和工艺创新的要求更高。

1.5.1　综合利用各种制药技术

从制药工艺的发展历程来看,综合利用各种制药技术解决新药创制中遇到的问题是必然结果。例如,20 世纪 90 年代在红豆杉(又称紫杉)的树皮中发现的具有优异抗肿瘤效果的紫杉醇(图 1-5)在红豆杉树皮中的含量不足 0.01%。如此低的含量与巨大的市场需求不相适应,当时紫杉醇的原料药价格为每千克 300 多万美元。于是,出现了多种制药技术用于解决紫杉醇的药源问题(图 1-6)。例如,南方科技大学最新开发了 21 步高效简洁地全合成紫杉醇的工艺路线,这是迄今为止国际上最短的紫杉醇全合成路线,但是总收率只有 0.118%;采用在红豆杉叶中含量更丰富的与紫杉醇有类似母核结构的巴卡亭Ⅲ和 10-去乙酰基巴卡亭Ⅲ作为原料进行半合成;进行红豆杉植物细胞的培养获得紫杉醇;通过从红豆杉树中分离出来的内生真菌发酵培养来制备紫杉醇。其中化学半合成是中国目前规模化生产紫杉醇的工艺。细胞培养和内生真菌发酵都是很有潜力的制备工艺。2004 年百时美施贵宝公司因采用植物细胞培养制备紫杉醇获得了美国总统绿色化学挑战奖(简称"绿色化学挑战奖"),该工艺比化学半合成更加绿色,目前已经工业化。可见,综合利用各种制药技术有效解决新药创制中遇到的工艺问题是显著的趋势,其中当然还包括将多种工艺用于一种新药的开发,如瑞舒伐他汀钙的合成就是从早期的全合成发展到后期的化学合成与生物合成的融合。

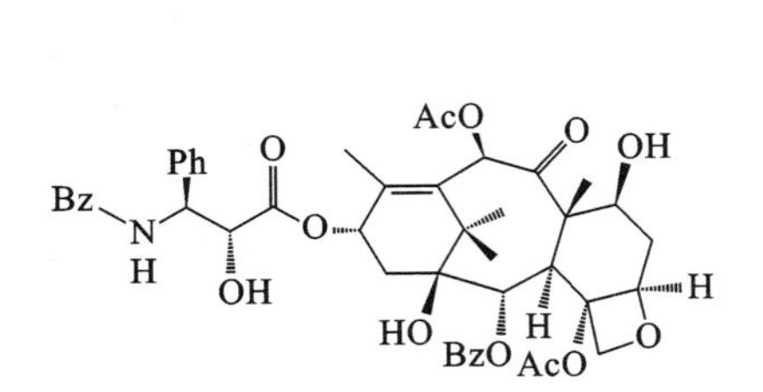

图 1-5　紫杉醇的结构式

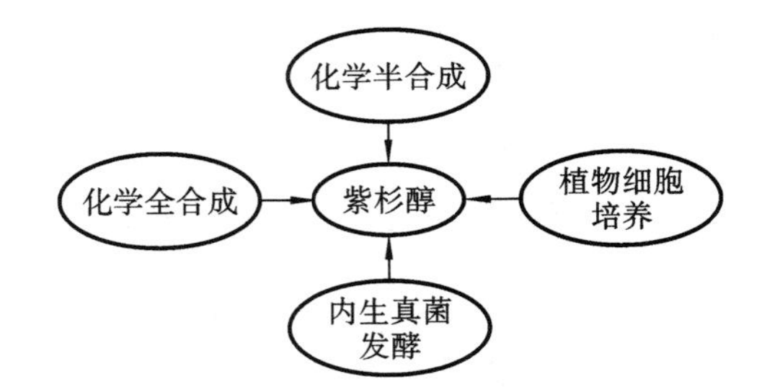

图 1-6　紫杉醇的药源解决途径

1.5.2　生物创制新药愈加突出

慢性病药物、肿瘤和免疫系统疾病等疑难杂症药物的创制始终是新的经济增长点。在过去的 11 年里,越来越多的生物制品如单克隆抗体、多肽、多聚核苷酸、抗体药物偶联物(ADC)已经成功上市,用于肿瘤、免疫类疾病、病毒等疑难杂症的治疗。其中,近 9 年生物制品在 FDA 批准的新药总数中的平均占比达到 28.7%(表 1-1)。可见,生物技术创制新药愈加突出。

表 1-1　近 11 年 FDA 批准的新药中生物制品占比

年份	新药总数	化学小分子数量	生物制品数量	生物制品所占分率/(%)
2022	37	22	15	40.5
2021	50	36	14	28.0
2020	53	40	13	24.5
2019	48	38	10	20.8
2018	59	42	17	28.8
2017	46	34	12	26.1
2016	22	15	7	36.4
2015	45	33	12	26.7
2014	41	30	11	26.8
2013	27	25	2	7.4
2012	39	33	6	5.4

1.5.3　开创绿色工艺

开创绿色工艺也是硬道理。绿色工艺包括使用绿色溶剂，避免使用有毒原料和产生有毒副产物或中间体，减少反应步骤或分离步骤，采用不对称合成催化剂或生物催化剂，提高收率和原子经济性，减少副产物或废弃物的排放，变危险工艺为安全工艺等。是否采用绿色工艺也意味着制药公司在激烈的国际竞争中能否生存下来。

例如，1956 年普强公司开发了 10 步合成可的松的方法(图 1-7)，其中包含采用黑色根霉菌发酵法向黄体酮的 11 位引入羟基的反应。可的松的原开发者默克公司对此震惊不已，其所拥有的 31 步合成可的松的方法一夜之间成为多余。

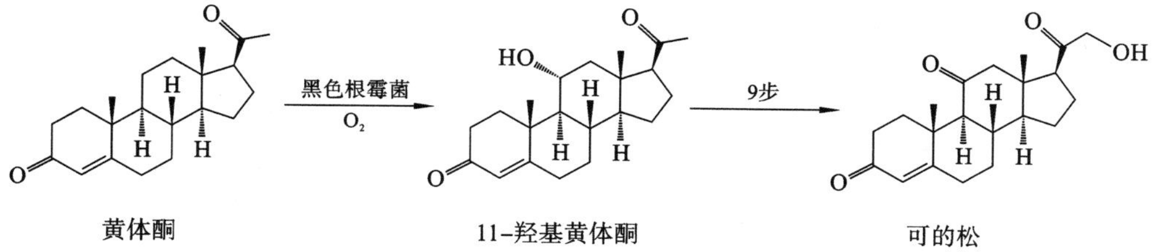

黄体酮 —黑色根霉菌, O_2→ 11-羟基黄体酮 —9步→ 可的松

图 1-7　普强公司开发的可的松的合成路线

中国工程院院士陈芬儿团队曾历经 10 年的努力构建了高效便捷合成 D-生物素(维生素 H)的全合成路线，这使得该产品价格从以前的垄断价 5.5 万元/kg 降低到 0.55 万元/kg，中国从维生素 H 的进口国变成出口国，原研公司也因此在该产品上被迫停产。

高脂血症为人类健康的头号杀手，全球每年因该疾病死亡人数达 1000 万，其中中国为 200 万。瑞舒伐他汀钙(图 1-8)可用来治疗高脂血症，降脂效果明显，被称为“超级他汀”。它于 2003 年被 FDA 批准上市，是阿斯利康公司的重磅产品。2015 年瑞舒伐他汀钙的全球销售额为 50 亿美元，占阿斯利康公司总收入的 1/5。

瑞舒伐他汀钙主要由多取代的嘧啶母核与带 2 个手性中心的侧链缩合而成。因此，侧链

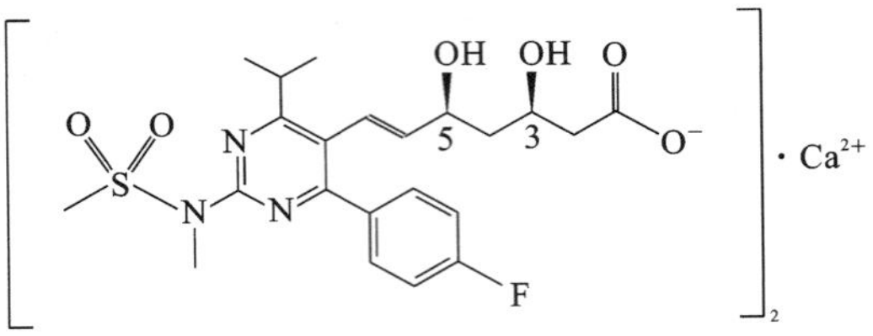

图 1-8　瑞舒伐他汀钙的结构式

是瑞舒伐他汀钙的重要中间体,构建侧链上的 3 位和 5 位的手性碳非常重要。

陈芬儿院士在侧链的合成上相继推出两种工艺:动力学拆分工艺和不对称催化工艺。与原始的阿斯利康工艺相比,动力学拆分工艺避免使用剧毒物质氰化钠,不对称催化工艺在构建 2 个手性中心时均采用了不对称催化,使得侧链的收率大大提高,提高了原子经济性。陈芬儿院士的两种创新工艺分别将原料成本从 1000 万元/t 降到 500 万元/t 与 300 万元/t,再次体现了绿色工艺强大的竞争力。

瑞舒伐他汀钙三种工艺经济技术指标比较见表 1-2。

表 1-2　瑞舒伐他汀钙三种工艺经济技术指标比较

比较项目	阿斯利康工艺	动力学拆分工艺	不对称催化工艺
侧链(Kaneka 醇)合成步骤	8 步	9 步	6 步
侧链总收率	22%	23%	66%
C-3 手性构建技术	Naraska-Prasad 还原	动力学拆分	不对称催化 NHK 缩合
C-5 手性构建技术	动力学拆分环氧氯丙烷	底物诱导分子内不对称溴环化	钯催化的分子内不对称溴环化
原料成本	1000 万元/t	500 万元/t	300 万元/t

1.5.4　推进原料药的连续化生产

连续制造在化工行业已经被广泛采用。连续化生产比间歇生产更省时省力,生产效率高,产品质量更稳定更高,传热效率更好,安全系数更高。在制药行业,制剂生产已经实现连续化,但是原料药及其中间体的生产大多还是间歇的或者批次的。

国际上诺华制药公司(与麻省理工学院联合)、葛兰素史克公司、强生公司、英国连续造控制技术中心均投入力量研发原料药的连续化生产。例如,诺华制药公司在瑞士建起"网球场大小"的连续制造车间,用于开发和生产从起始物料到制剂的完全连续制造;葛兰素史克公司耗资 2900 万美元在新加坡建立了连续制造工厂。

2015 年麻省理工学院的 Jamison 教授团队在《德国应用化学》期刊上报道了 3 min 合成非甾体抗炎药布洛芬的连续流工艺(图 1-9)。他的研究小组利用微通道反应器在 3 min 内连续生产出布洛芬,反应器通道内径只有 0.7 mm。连续制造可以大大减小生产车间的空间,该 3 min 生产布洛芬的生产装置只有冰箱大小,生产能力为 8.09 g/d,折合成年生产量为 70.8 kg/a,特别适合新药研发的过程中放大生产前制备千克级药物用于临床试验。

制药巨头礼来公司在 2017 年 6 月 16 日的《Science》期刊上报道了每天能生产 3 kg 的化疗药物 Prexasertib(图 1-10)单乙酸一水化合物的连续制造新工艺,将连续制造工艺的生产能力进一步提高,其中共涉及 8 步反应。

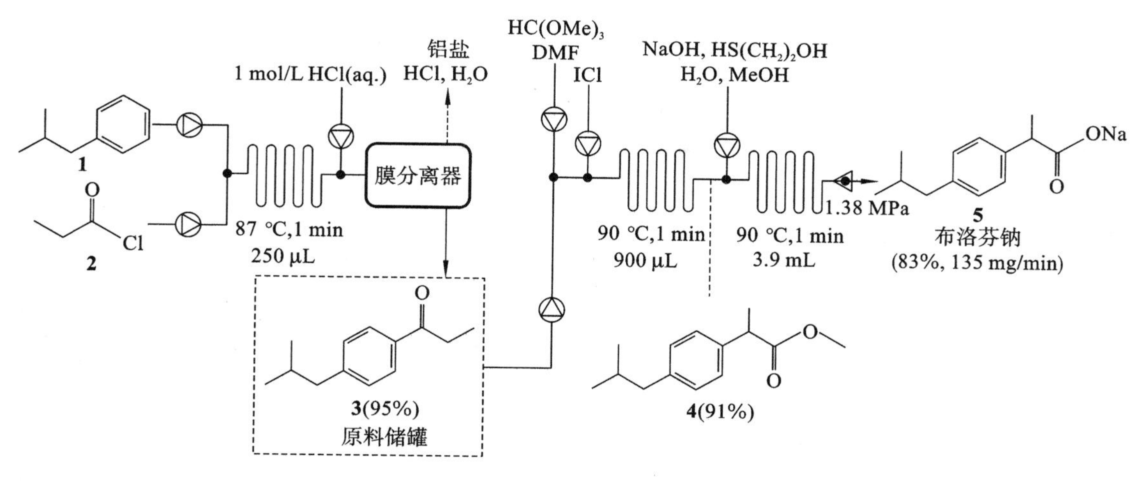

图 1-9　3 min 合成布洛芬的连续流工艺示意图

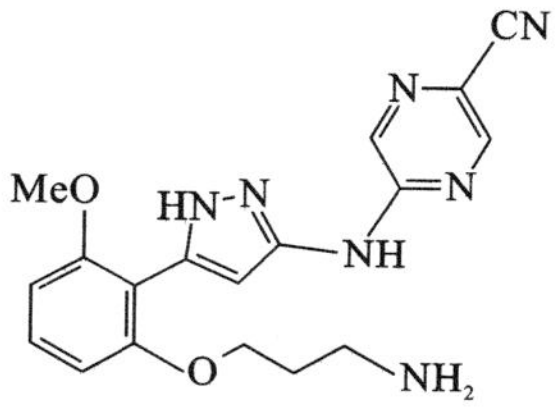

图 1-10　Prexasertib 的结构式

实际上，葛兰素史克公司开发的丙酸氟替卡松的多步连续合成工艺于 2019 年 12 月得到 FDA 和 EDQM 批准，该药物为世界上首个获批准的多步连续流合成的原料药。

2022 年 11 月 16 日，人用药品注册技术要求国际协调会（The International Council for Harmonization of Technical Requirements for Pharmaceuticals for Human Use，简称 ICH）正式发布 Q13《原料药和制剂的连续制造指南》定稿版。2023 年 5 月 10 日，我国药品监督管理局药品审评中心（Center for Drug Evaluation，简称 CDE）公开征求 ICH《Q13：原料药和制剂的连续制造》实施建议和中文版意见，建议申请人在现行药学研究技术要求基础上按照 Q13 指导原则的要求开展研究，建议公告发布之日起 6 个月后开始的相关研究（以实验记录时间点为准）均适用 Q13 指导原则。这意味药物的连续制造在我国即将落地。

原料药的连续化生产正成为制药业未来技术竞争和产业保护的新焦点，并有机会成为开启新时代的钥匙。

1.5.5　对药品质量和工艺创新的要求更高

药品是特殊的商品，关系到人的生命健康，因此对药品质量进行严格管理是理所当然的。在药品的研究开发、临床试验、新药审批、质量标准制定与生产管理、流通销售和临床使用等阶段均需对药品质量进行严格管理。

我国是仿制药大国，97％的药为仿制药。自 20 世纪 80 年代后期以来，我国医药产业经过 30 年高速发展，在满足人民基本医疗用药可及性的同时，也伴生了产品同质化严重、产能过剩、研发创新能力不足等问题。特别是我国新药研发基础薄弱，经历过无序和过热阶段，大批

“新药”注册申请在市场利益驱动下涌向注册审批部门,出现临床数据不完整或者造假的现象以及注册数据造假的现象。自2015年以来,国家相关职能部门重拳出击,制定了一系列的相关政策,如《药品医疗器械飞行检查办法》(国家食品药品监督管理总局令第14号)、《国家食品药品监督管理总局关于开展药物临床试验数据自查核查工作的公告》(2015年第117号)、《国务院办公厅关于开展仿制药质量和疗效一致性评价的意见》(国办发〔2016〕8号)、《国家药监局关于开展化学药品注射剂仿制药质量和疗效一致性评价工作的公告》(2020年第62号)、《国家药监局关于印发药品质量抽查检验管理办法的通知》(国药监药管〔2019〕34号),力保上市药品安全。国家一方面通过一致性评价出清质量不合格的品种,另一方面通过药品集采的方式打破无序的同质化竞争,引导药企走向工艺创新、成本控制、提升药品质量的正确轨道。

作为未来的制药工程师,应该本着“药品质量至上、生命至上”的原则,做药品质量的守护神,践行工匠精神,始终追求工艺的完美,把工艺做到极致。

思考题

(1)作为未来的制药工程师,请从制药工艺的角度谈谈如何为制药行业服务。

(2)除了上述制药工艺的发展趋势外,你认为制药工艺还有哪些其他发展趋势?

码1.1 第1章教学课件

第2章

化学制药工艺路线的设计与选择

化学药物合成按照起始原料的不同分为全合成和半合成。全合成是指以结构简单的化工产品为原料,经过系列化学反应和后处理过程得到复杂结构药物的过程,如瑞舒伐他汀钙、喹诺酮类药物的合成。半合成是指以具有一定基本结构的天然产物为原料,经过系列化学结构改造和后处理构建复杂结构药物的过程,如β-内酰胺抗生素、紫杉醇的制备。

一个化学药物往往可以通过多种不同的合成途径来获得。在药物的研发阶段,药物化学家主要采取权宜路线进行多样化合成,获得大量结构各异的化合物,然后进行药物筛选。在药物的临床研究和工业化生产阶段,工艺化学家主要采用优化路线获得足量的药物用于临床研究和临床应用。

本章所讨论的工艺路线,是指具有工业生产价值的合成路线,必须质量可靠、经济有效、过程安全和环境友好。工业路线设计的研究对象主要有即将上市的药物、专利即将到期的药物、产量大且应用广的药物(即具有经济利益的药物或药物中间体)。

工业路线的研究内容包括设计和选择。工业路线是化学药物生产技术的基础和依据,可用来衡量企业技术水平的高低,决定企业的竞争能力。

2.1 化学制药工艺路线的设计

2.1.1 两种基本策略

化学制药工艺路线设计有两个基本策略:①由原料而定的合成设计策略;②由产物而定的合成设计策略。

由原料而定的合成设计策略是指由天然产物出发进行的半合成,通常根据原料来制定合成工艺路线。例如,如图2-1所示,在炔诺酮的合成过程中,以去氢表熊酮为原料,通过多步反应得到关键中间体,然后在乙炔与氢氧化钾的条件下得到炔诺酮。

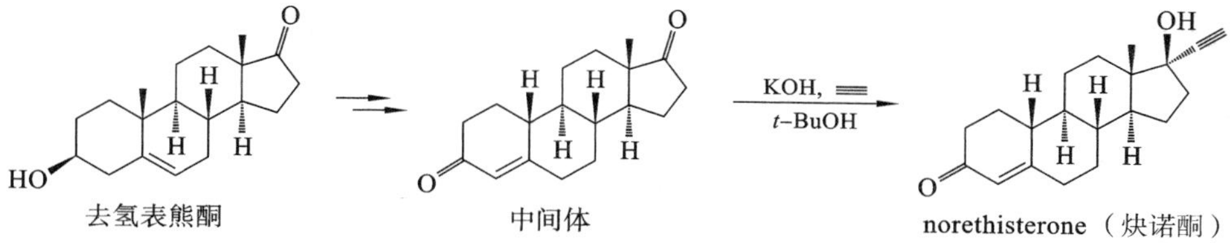

图 2-1 炔诺酮的合成工艺路线

阿奇霉素是由克罗地亚普利瓦制药公司开发的大环内酯类抗生素,1988 年在南斯拉夫上市,是一种很常见的抗生素药物,其合成工艺路线如图 2-2 所示。从红霉素出发,通过成肟反应、Beckmann 重排、加氢还原与还原胺化,最终得到阿奇霉素。这也是典型的由原料出发的合成设计策略。

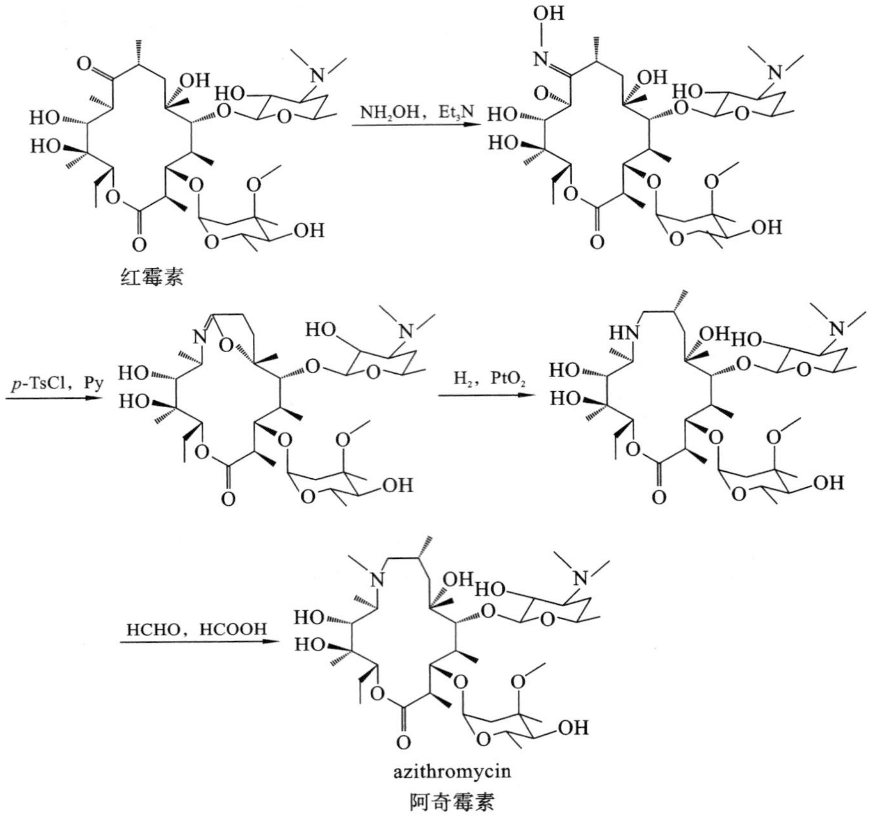

红霉素

NH_2OH, Et_3N

p-TsCl, Py

H_2, PtO_2

HCHO, HCOOH

azithromycin

阿奇霉素

图 2-2 阿奇霉素的合成工艺路线

由产物而定的合成设计策略,是指由目标分子出发,通过逆合成分析,找到合适的原料、试剂和相应反应为止,是合成中最为常见的策略,详见下述的逆合成分析法。

2.1.2 两种经典方法

化学制药工艺路线设计有两种经典的方法:逆合成分析法和模拟类推法。

2.1.2.1 逆合成分析法

逆合成分析法,也称为追溯求源法或反合成分析法,是 1990 年度诺贝尔化学奖得主 E. J. Corey 在大量全合成的研究工作基础上总结出来的。如图 2-3 所示,一般而言,化学合成过程是由起始原料通过多步反应得到目标分子,而逆合成分析过程则是对目标分子进行解析,分解后再根据中间体结构进行再次解析,直到分解成能够找到的起始原料。

逆合成分析包含三个步骤:第一是切断,即根据构建药物分子骨架的有机合成和药物合成原理对目标分子进行切断,形成各个片段,以便于推出合成所需的原料;第二是确定合成子,也

$A \longrightarrow B \longrightarrow C \longrightarrow \cdots \longrightarrow Z$

起始原料　　中间体　　目标分子

(a) 化学合成过程

$Z \Longrightarrow Y \Longrightarrow X \Longrightarrow \cdots \Longrightarrow A$

目标分子　　中间体　　起始原料

(b) 逆合成分析过程

图 2-3　化学合成过程和逆合成分析过程

是根据构建药物分子骨架的有机合成和药物合成原理确定片段的形式，包括离子形式和自由基形式；第三是寻找合成等价物，即寻找具有合成子功能的化学试剂，包括亲电试剂和亲核试剂。

图 2-4 所示为克霉唑的逆合成分析。克霉唑是常用的广谱抗真菌药物，它的化学结构可以分解成合成子 **1** 和合成子 **2**。合成子 **1** 的合成等价物是中间体 **3**，合成子 **2** 的合成等价物是咪唑。中间体 **3** 可以由中间体 **4** 得到，而中间体 **4** 可以分解成合成子 **5** 和合成子 **6**。合成子 **5** 的合成等价物是邻氯苯甲酸乙酯 **7**，而合成子 **6** 的合成等价物是格氏试剂 **8**。

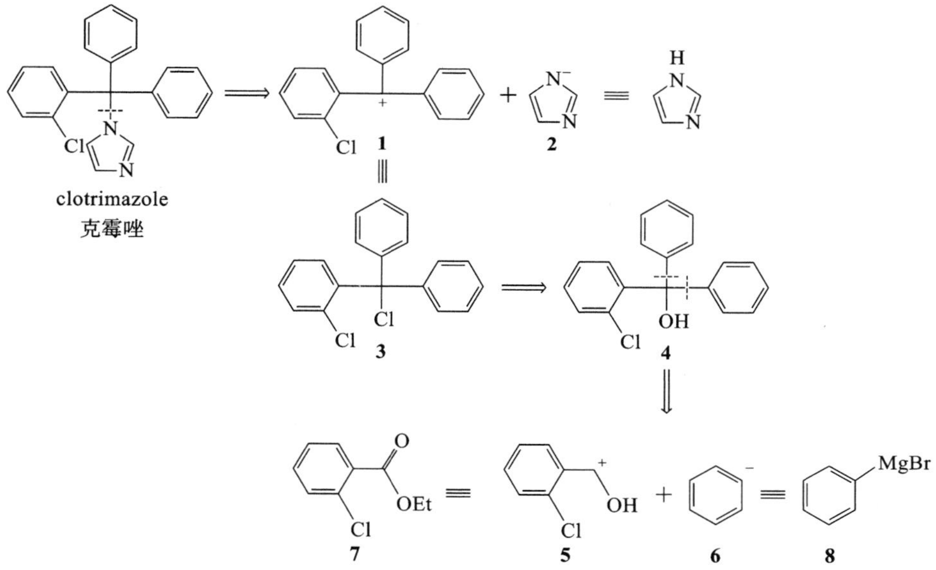

Cl N N
clotrimazole
克霉唑
Cl + 1
N⁻ N 2
H N N
Cl Cl 3
Cl OH 4
O OEt Cl 7
+ OH Cl 5
− 6
MgBr 8

图 2-4　克霉唑的逆合成分析

根据上述逆合成分析，克霉唑的合成工艺路线如图 2-5 所示。邻氯苯甲酸乙酯 **7** 和格氏试剂 **8** 在无水乙醚中反应生成中间体 **4**，中间体 **3** 在二氯亚砜的作用下生成关键中间体 **3**，最后在碱性条件下和咪唑经 N-烃化反应生成克霉唑。该合成工艺路线的优点是步骤少，但也有明显的缺点：第一步反应用到格氏试剂，需严格无水，条件苛刻；使用乙醚作为溶剂，易燃易爆，

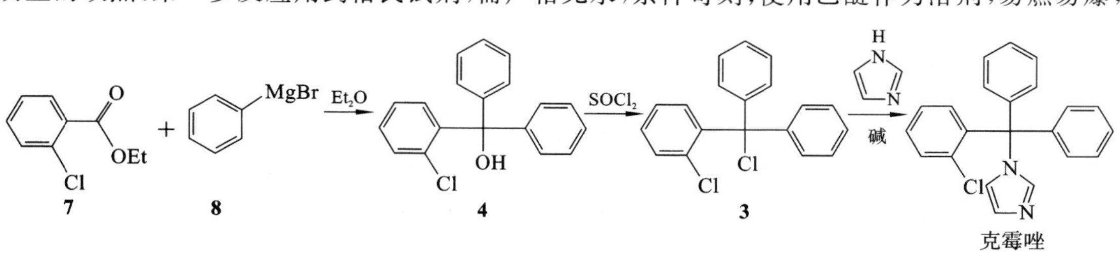

O OEt Cl 7 + MgBr 8
Et_2O
OH Cl 4
$SOCl_2$
Cl Cl 3
H N N
碱
Cl N N
克霉唑

图 2-5　克霉唑的合成工艺路线 1

因此需要采取防爆措施,限制了工业化生产。

鉴于上述克霉唑合成工艺路线存在的不足之处,参照四氯化碳与苯之间通过 F-C 烃化反应制备三苯基甲烷的反应,设计出如图 2-6 所示的合成工艺路线 2。在氯气和三氯化磷的作用下,邻氯甲苯的苄位完全被氯取代,生成中间体 **9**;然后在三氯化铝作用下发生 F-C 烃化反应,同样也生成关键中间体 **3**;最后和咪唑发生 N-烃化反应,生成克霉唑。该工艺路线步骤少,但也存在一些不足之处:一是第一步反应共引入 3 个氯原子,反应温度较高,反应时间长;二是氯气不易吸收完全,容易造成环境污染;三是设备需要防腐蚀。

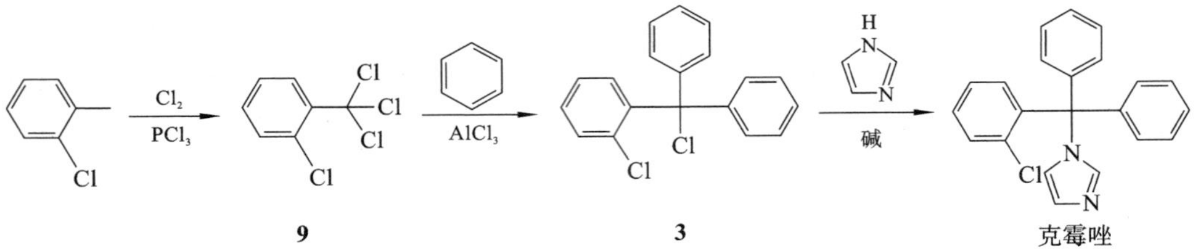

Cl_2 / PCl_3 → **9** → $AlCl_3$ → **3** → 碱 → 克霉唑

图 2-6　克霉唑的合成工艺路线 2

鉴于克霉唑合成工艺路线 2 存在的不足之处,设计出图 2-7 所示的第 3 条合成工艺路线。以邻氯苯甲酸为原料,在氯化亚砜的作用下生成酰氯 **10**,再与苯发生 F-C 酰化反应生成中间体 **11**。然后在五氯化磷的作用下生成中间体 **12**,再与苯经过 F-C 烃化反应,同样也生成关键中间体 **3**,最后和咪唑经 N-烃化反应生成克霉唑。该工艺路线的缺点是合成路线长,需要 5 步反应。优点也比较明显,如原材料易得,反应条件温和,每步反应收率较高,生产成本低。因此,这条路线最适合于工业化生产。

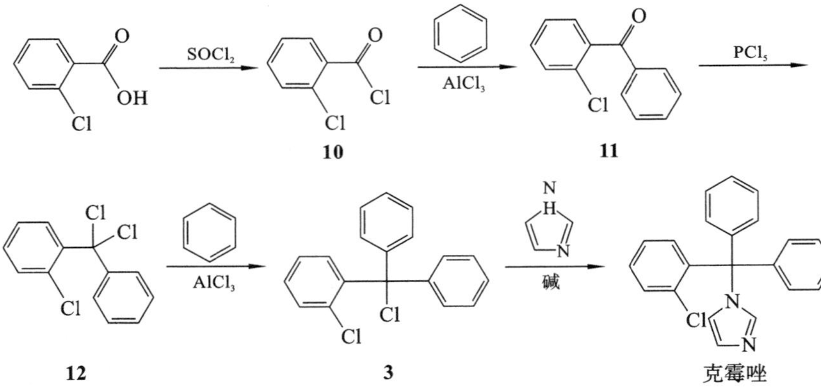

$SOCl_2$ → **10** → $AlCl_3$ → **11** → PCl_5 → **12** → $AlCl_3$ → **3** → 碱 → 克霉唑

图 2-7　克霉唑的合成工艺路线 3

非布索坦是抗痛风药物,用于治疗慢性痛风患者持续高尿酸血症,是第一个非嘌呤类选择性黄嘌呤氧化酶抑制剂。非布索坦由日本帝人制药公司研发,2008 年 4 月于欧洲上市,2009 年授权日本武田制药公司在美国上市,2011 年于日本上市。如图 2-8 所示,它的逆合成分析比较简单,通过结构切断,可以分解出关键中间体 **1**,关键中间体 **1** 继续分解成硫代酰胺 **2** 和溴代物 **3**。

因此,如图 2-9 所示,非布索坦的合成工艺路线可设计为:由硫代酰胺 **2** 和溴代物 **3** 在乙醇溶液中回流得到关键中间体 **1**,接着在酚羟基的邻位通过 Duff 反应引入醛基获得中间体 **4**。中间体 **4** 在碳酸钾的作用下发生 O-烃化反应引入异丙基生成中间体 **5**,然后醛基在甲酸、甲酸

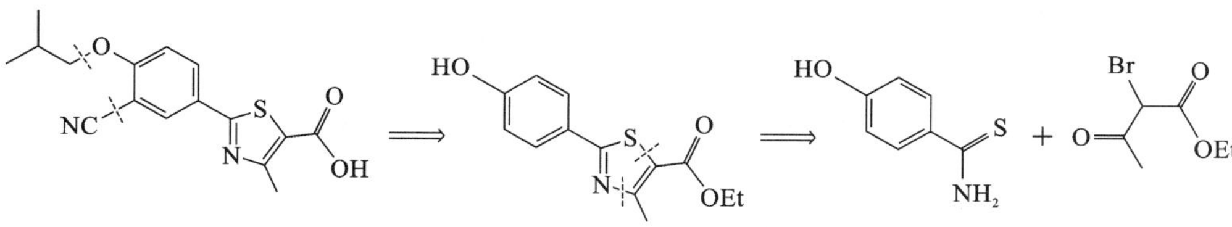

febuxostat（非布索坦）　1　2　3

图 2-8　非布索坦的逆合成分析

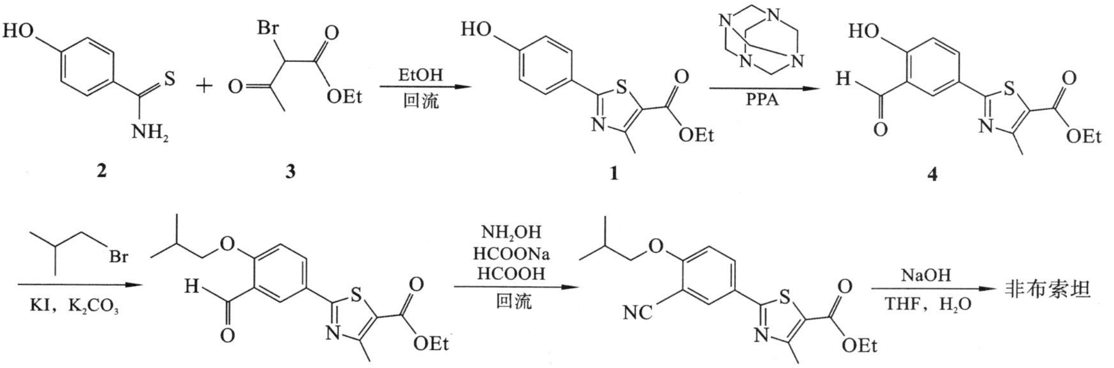

图 2-9　非布索坦的合成工艺路线

钠和羟胺的作用下转化为氰基获得中间体 **6**，最后经过水解得到非布索坦。

逆合成分析法体现了逆向逻辑思维，遵照"能合才能分"的道理，即切断必须有连接的有机化学反应和药物合成反应为依据。可见，要做好逆合成分析，必须充分了解有机合成反应和药物合成反应原理。

2.1.2.2　模拟类推法

模拟类推法是以类比思维为核心的分析方法。模拟类推法由模拟阶段和类推阶段这两个阶段组成。

模拟阶段分为三步：第一步要准确、细致地剖析药物分子的结构，发现其关键结构特征；第二步是综合运用多种检索手段，获得和目标化合物结构高度近似的化合物的多种合成文献信息；第三步是对多种合成路线进行分析和归纳总结，充分理解已经报道的合成路线。

类推阶段也分为三步：第一步是从多条合成路线中挑选出适合目标化合物合成的工艺路线；第二步是分析目标化合物和各种类似物的结构特征，确定前者和后者之间结构的差别；第三步是以精选的合成路线为参考，充分考虑目标分子的实际情况，设计出药物分子的合成路线。

喹诺酮类药物的骨架结构如图 2-10 所示，这些结构非常类似，但合成方法区别较大。诺氟沙星是第一个氟喹诺酮类抗菌药物，由日本杏林公司研发，于 1983 年上市。环丙沙星是第二个氟喹诺酮类抗菌药物，由德国拜耳公司研发，于 1987 年上市，是第一个可用于多种感染治疗的药物。氧氟沙星是第二个可用于多种感染治疗的药物，由日本第一制药公司研发，于 1990 年上市。氟罗沙星也是由日本杏林公司开发，于 1992 年上市。

就诺氟沙星的合成而言，如图 2-11 所示，它可以分解成哌嗪、二取代苯胺、溴代乙烷以及

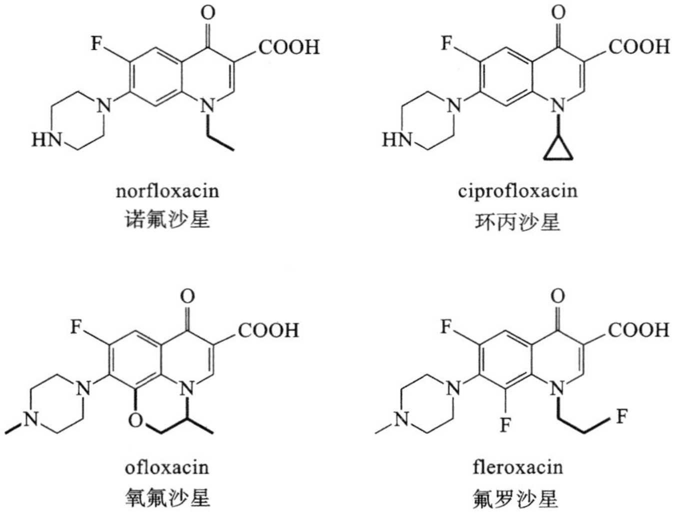

norfloxacin
诺氟沙星

ciprofloxacin
环丙沙星

ofloxacin
氧氟沙星

fleroxacin
氟罗沙星

图 2-10　诺氟沙星、环丙沙星、氧氟沙星和氟罗沙星的结构式

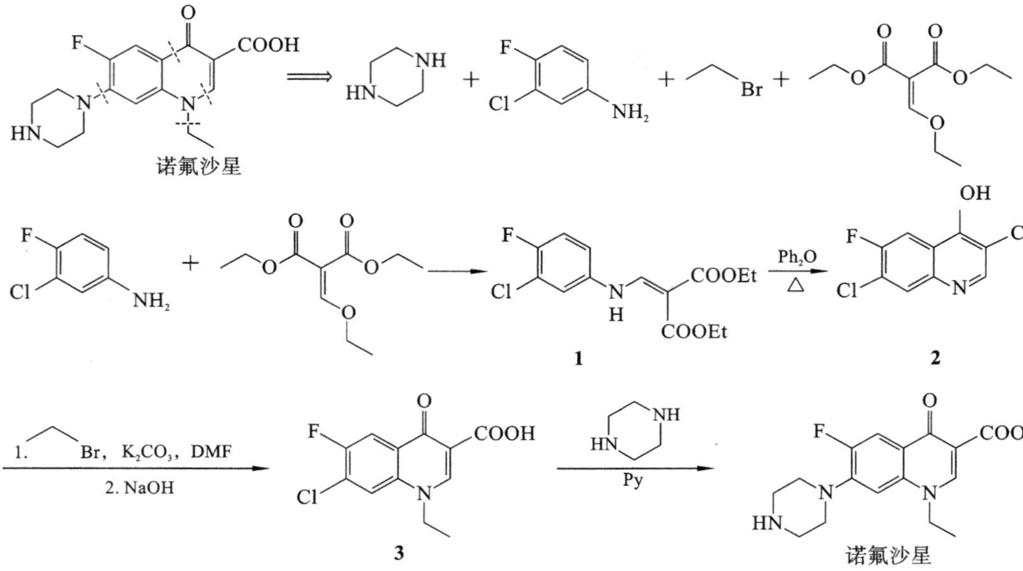

诺氟沙星

Ph₂O
△

1

2

1. Br, K_2CO_3, DMF
2. NaOH

3

Py

诺氟沙星

图 2-11　诺氟沙星的结构分解与合成工艺路线

丙二酸二乙酯衍生物。合成时,由二取代苯胺和丙二酸二乙酯衍生物发生加成-消除反应,生成中间体 **1**,然后在高温条件下环合生成中间体 **2**,再与溴代乙烷发生 N-烃化反应并在碱性条件下水解生成中间体 **3**,最后和哌嗪发生 N-烃化反应生成诺氟沙星。

氟罗沙星的结构与诺氟沙星类似,因此氟罗沙星的合成工艺路线可以参照诺氟沙星的合成工艺路线,即采用典型的模拟类推法来设计,具体合成路径如图 2-12 所示。

然而,并不是所有结构相似的药物都可以用模拟类推法来设计。例如诺氟沙星的合成工艺路线并不适用于环丙沙星。这是因为如果用溴代环丙基来 N-烃化,会因环丙基阳离子不稳定,易发生重排反应。可见,尽管环丙沙星与诺氟沙星结构极为相似,但合成方法不能完全相同。主要差异为:诺氟沙星结构分解中一个片段为溴代乙烷,而环丙沙星中则是环丙胺。环丙沙星具体的结构分解与合成工艺路线如图 2-13 所示。多卤代苯乙酮在甲醇钠的作用下与碳

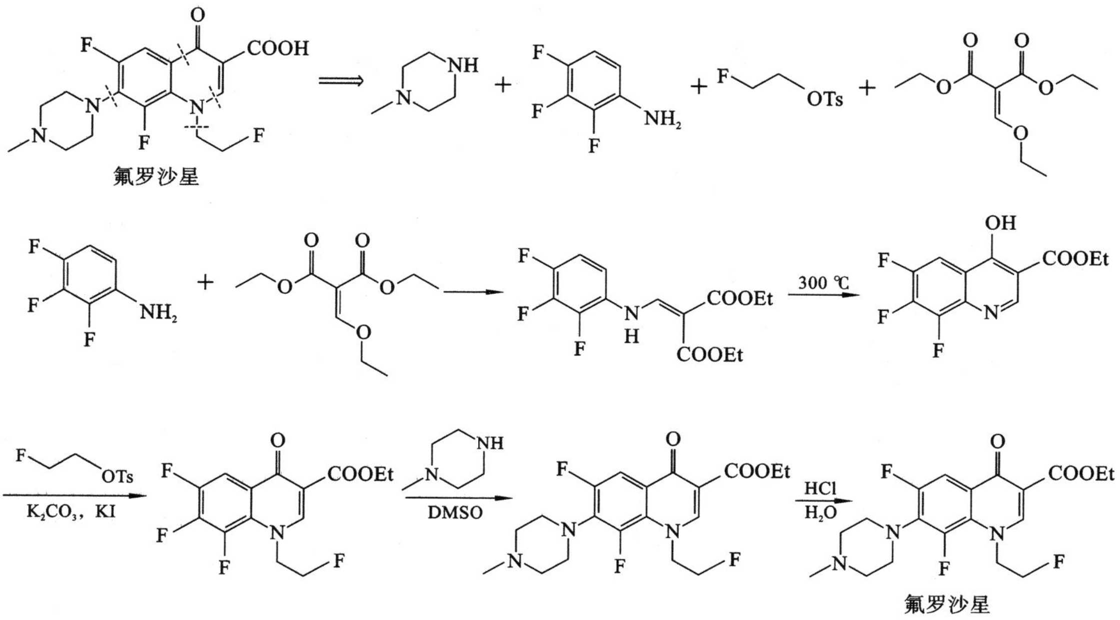

氟罗沙星

氟罗沙星

图 2-12　氟罗沙星的结构分解与合成工艺路线

环丙沙星

环丙沙星

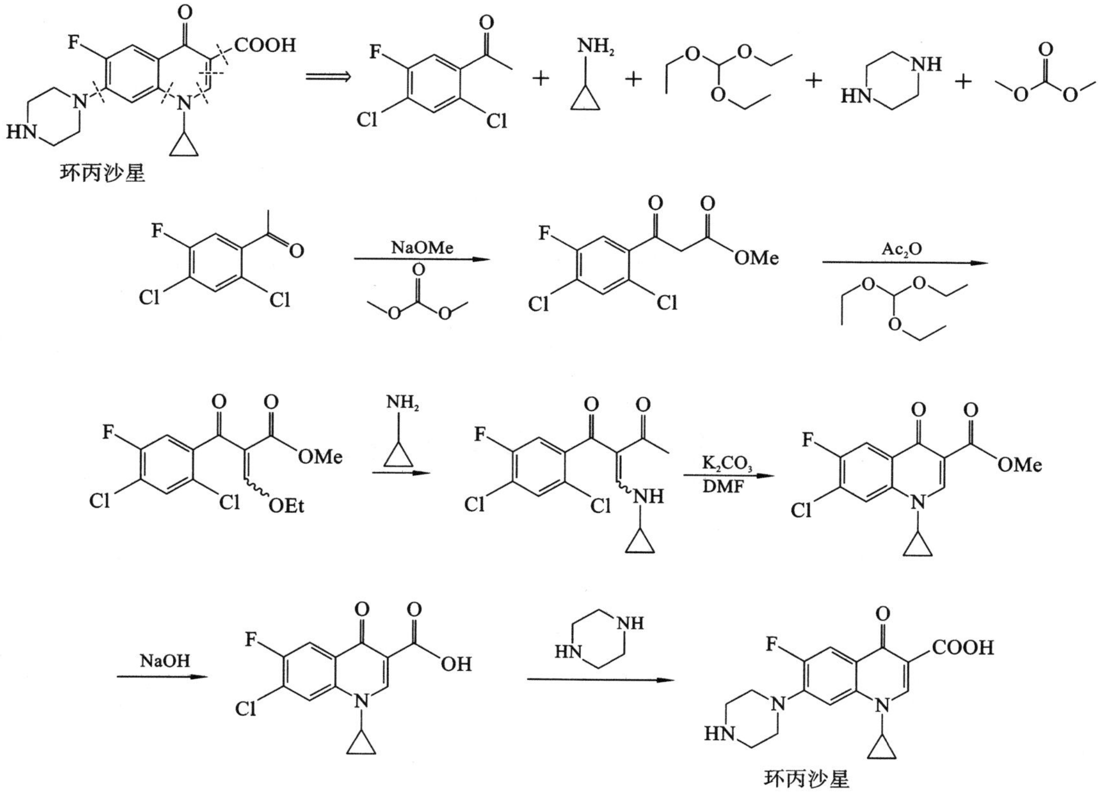

图 2-13　环丙沙星的结构分解与合成工艺路线

酸二甲酯缩合，依次再与原酸三乙酯缩合，与环丙胺发生加成-消除反应，在碳酸钾的作用下发生 N-烃化而关环，碱性条件下水解，最后与哌嗪 N-烃化，从而得到环丙沙星。

与诺氟沙星和环丙沙星的结构相比，氧氟沙星的结构上含有一个环合氧氮骨架，合成时需要构建这个环合结构。鉴于此，如图 2-14 所示，氧氟沙星的合成工艺路线为：取代苯酚和溴代丙酮进行 O-烃化反应，硝基经还原成氨基后再与羰基发生还原胺化反应形成仲胺，然后氨基和丙二酸二乙酯衍生物发生加成-消除反应，在多聚磷酸的作用下发生 F-C 酰化，再经水解，与哌嗪 N-烃化，最终得到氧氟沙星。

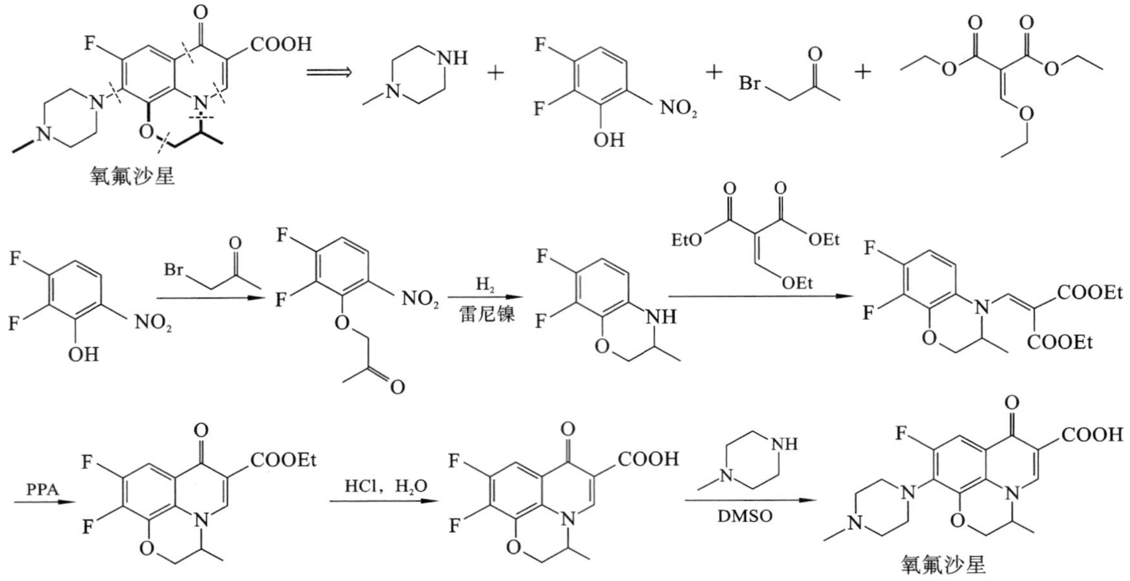

图 2-14　氧氟沙星的结构分解与合成工艺路线

诺氟沙星、环丙沙星和氧氟沙星的逆合成设计与合成工艺路线充分表明，即使药物结构相似，但由于具体结构片段不同，采用的原料差异较大，最后导致合成工艺路线截然不同。因此在采用模拟类推法的时候，需要充分考虑骨架结构和片段信息，最后采用适宜的条件进行药物合成。

2.2　化学制药工艺路线的评价与选择

每种化学药物的合成工艺路线有多种，到底哪一条合成工艺路线最具有工业化生产价值，即具有质量可靠、经济有效、过程安全、环境友好这四大基本特征，需要有一定的标准作为评价和选择的依据。因此，本节介绍化学制药工艺路线评价与选择的标准，并结合实例对化学制药工艺路线进行综合评价。

2.2.1　化学制药工艺路线的评价与选择标准

具有工业化价值的工艺路线应该满足八项标准：①反应步骤最少化；②采用汇聚式合成策

略；③原辅料“稳廉绿法”；④技术路线可行；⑤生产设备可靠；⑥后处理过程简单；⑦环境影响最小化；⑧过程安全。

2.2.1.1　反应步骤最少化

合成路线简捷时，总收率因为步骤少而高，生产周期也因为步骤少而缩短，生产成本也因为步骤少而低。因此，在路线设计和选择中反应步骤应最少化。一方面，可采用“一勺烩”的方式来缩短反应路线。“一勺烩”又称为“一锅煮”，即在一步反应中实现两个（甚至多个）化学转化，是减少反应步骤的常见思路之一。另一方面，可通过选择合理的原料和合成原理来缩短反应路线。

1. “一勺烩”

如图 2-15 所示，由原料 A 与 B 反应生成产物 A-B 的步骤 1 中只包含一个化学转化过程，而步骤 2 包含 2 个化学转化过程，第一个过程是加入 C 生成中间体 A-B-C，这时无须分离中间体 A-B-C，直接加入 D 进行第二个化学转化过程生成 A-B-C-D，最后再进行分离。

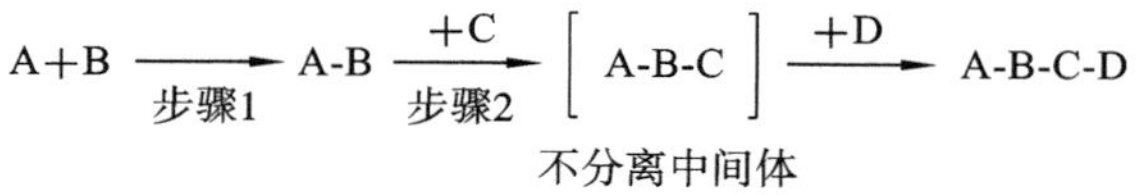

A+B —(步骤1)→ A-B —(+C，步骤2)→ [A-B-C] —(+D)→ A-B-C-D

不分离中间体

图 2-15　“一勺烩”示意图

当中间体的分离性质（如结晶性）差、化学稳定性差、反应活性高或毒性高时，不经分离直接进行下一步反应，即采用“一勺烩”的方式来减少反应步骤。

图 2-16 所示为甘氨酸拮抗剂 **5** 的合成工艺路线。具体来说，以 5-氯-2-碘苯胺 **1** 为原料，与乙醛酸乙酯缩合成亚胺 **2**，然后与乙烯氧基三甲基硅烷发生 Mannich 反应生成中间体 **3**，最后与三苯基鏻盐发生 Wittig 反应生成中间体 **4**。中间体亚胺 **2** 和中间体 **3** 因为都是不稳定的非晶性化合物而未被分离，而中间体 **4** 是稳定的可结晶化合物，可以通过结晶得到高纯度的产物。因此，从原料 **1** 出发到中间 **4** 实际上包含 3 种不同的化学反应，但是在实际合成中采用“一勺烩”压缩了这三个反应步骤。

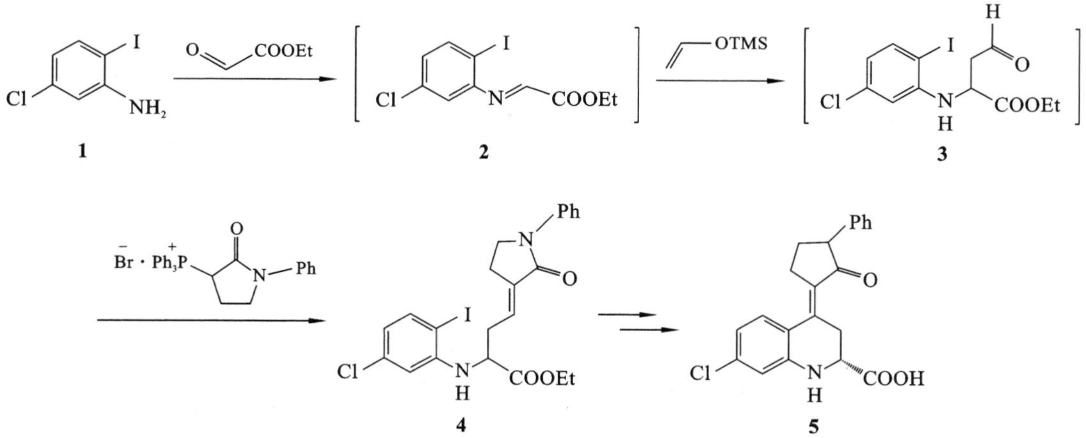

图 2-16　甘氨酸拮抗剂 5 的合成工艺路线

“一勺烩”工艺除了具有减少反应步骤的优势外，还具有其他一些优势。比如因为减少了中间体的分离，所以减少了分离成本和对环境的排放，也节省了工时。

实际上，采用“一勺烩”工艺是有前提的。对于路线设计者来讲，对“一勺烩”涉及的每种反应的反应机理要非常清楚；其次，要求反应之间没有相互影响或者上一步反应结束后的反应体系对下一步反应不会造成影响。也因为如此，在实际的“一勺烩”工艺中存在一定的风险，比如因为副产物多，分离纯化难度增加，目标产物的纯度下降，产品质量会受到影响。因此“一勺烩”工艺既有利又有弊，要懂得权衡，不能盲目采用。

2. 选择合适的原料和合成原理来缩短反应路线

舍曲林是抗抑郁和抗强迫症用药，是一种5-羟色胺再摄取抑制剂，其结构式如图2-17所示。舍曲林于1990年在英国上市，1992年在美国上市，1996年由辉瑞(中国)研究开发有限公司在中国上市。该药的优势是长效、肝毒性低、体内清除快，尤其适合老年人。舍曲林上市后，全球市场销售额呈上升状态，在2002年和2003年分别达到27亿美元和23亿美元。后来随着十几种抗抑郁药物的上市，舍曲林的市场大大缩小，但其在近五年的全球销售额仍旧达到每年3亿美元。

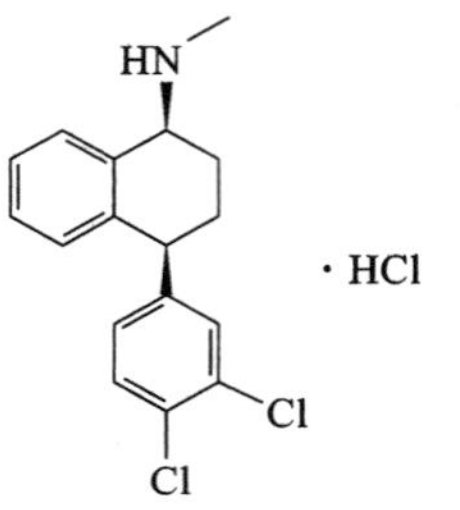

HN

·HCl

Cl

Cl

图2-17　舍曲林结构式

如图2-18所示，四氢萘酮是合成舍曲林的重要中间体。它的原有工艺路线包含5步反应。以3,4-二氯苯甲酰氯**1**为原料，在三氯化铝的催化下对苯环进行F-C酰化，获得化合物**2**，然后在强碱叔丁醇钾的作用下与丁二酸乙酯进行Stobbe缩合，获得化合物**3**。化合物**3**在酸性条件下水解脱羧获得化合物**4**，再经过氢气还原双键获得化合物**5**。化合物**5**是一个羧基化合物，与二氯亚砜作用后转变成酰氯，然后进行分子内F-C酰化，获得四氢萘酮。

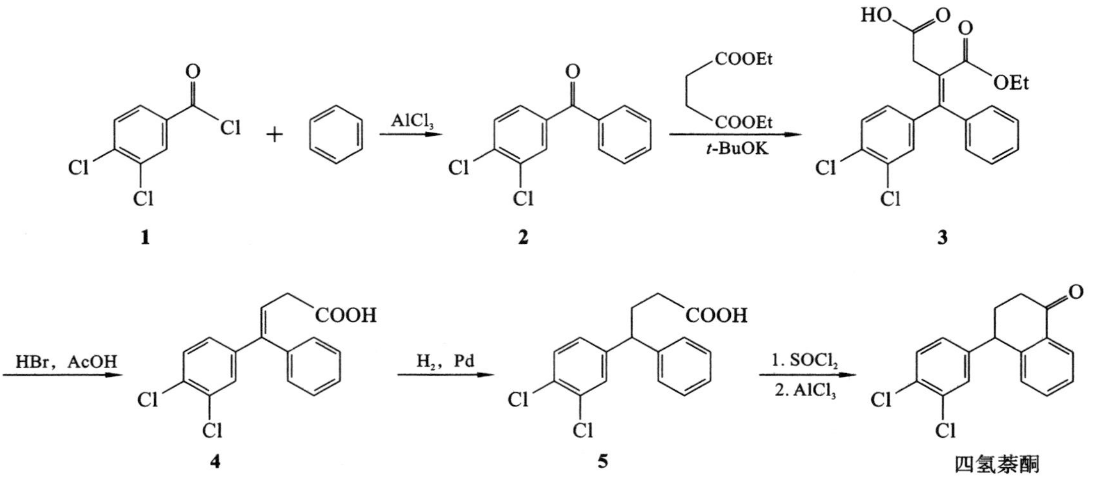

O Cl + Cl Cl $\xrightarrow{AlCl_3}$ O Cl Cl $\xrightarrow[t\text{-BuOK}]{COOEt / COOEt}$ HO O O OEt Cl Cl

1　2　3

$\xrightarrow{HBr,\ AcOH}$ COOH Cl Cl $\xrightarrow{H_2,\ Pd}$ COOH Cl Cl $\xrightarrow[2.\ AlCl_3]{1.\ SOCl_2}$ O Cl Cl

4　5　四氢萘酮

图2-18　舍曲林中间体四氢萘酮的原有合成工艺路线

在四氢萘酮的改进合成工艺路线中(图 2-19),以 1-萘酚 **6** 与邻二氯苯 **7** 为原料,二者在路易斯酸三氯化铝的催化下一步合成四氢萘酮,这大大缩短了舍曲林的合成工艺路线。其合成机理如图 2-20 所示。可见,通过合理选择原料和合成原理能使反应路线大大缩短。辉瑞公司凭此工艺改进获得 2002 年度“绿色化学挑战奖”中的更新合成路线奖。

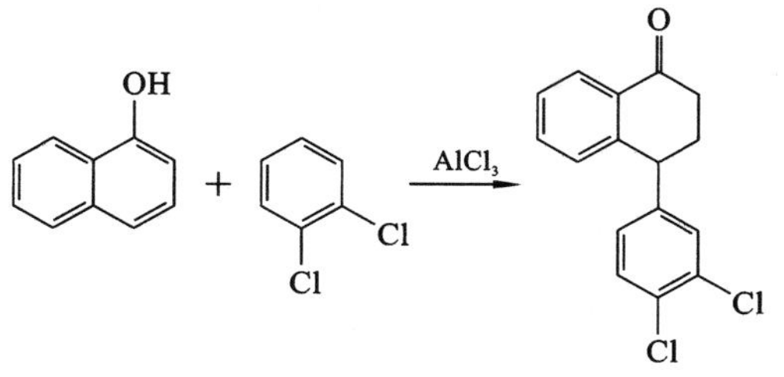

OH　+　Cl Cl　$\xrightarrow{AlCl_3}$　四氢萘酮

6　　7　　四氢萘酮

图 2-19　舍曲林中间体四氢萘酮的改进合成工艺路线

$\xrightarrow{AlCl_3}$　四氢萘酮

$\xrightarrow{H_2O}$　四氢萘酮

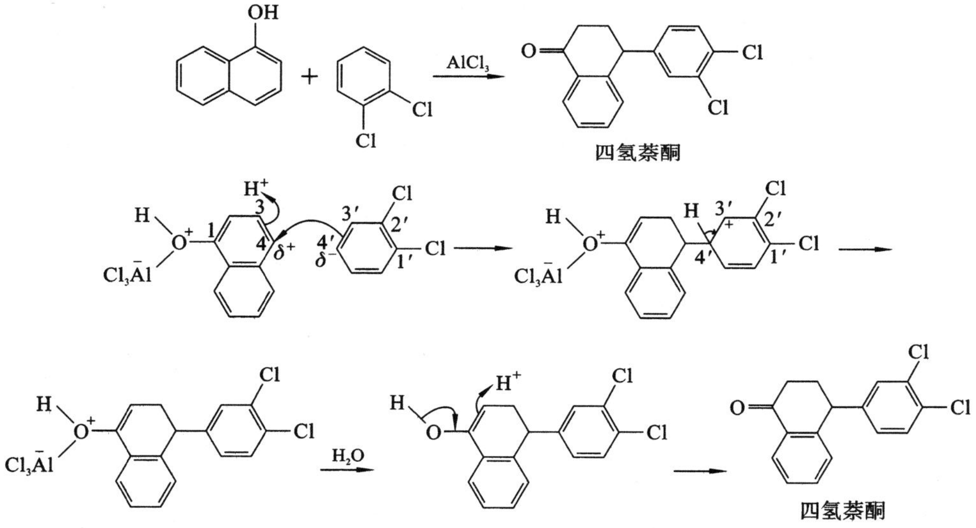

图 2-20　四氢萘酮一步合成反应机理

2.2.1.2　采用汇聚式合成策略

对于一个由 10 个片段构成的复杂结构药物(A-B-C-D-E-F-G-H-I-J)的合成有两种装配方式:一种称为直线式;另一种称为汇聚式,即所谓的汇聚合成。

如图 2-21 所示,在直线式装配方式中,由片段 A 出发,与 B 反应后获得产物 A-B,接着接上片段 C 而得到产物 A-B-C,如此下去,相继完成 D、E、F、G、H、I 和 J 片段的装配,共经过 9 步反应获得复杂结构药物 A-B-C-D-E-F-G-H-I-J。倘若每步的收率均是 90%,则总收率约为 39%(基于起始物 A)。可见,在直线式装配方式中,由于反应步骤多,必然要消耗大量的起始

$$A \xrightarrow[90\%]{B} A\text{-}B \xrightarrow[90\%]{C} A\text{-}B\text{-}C \longrightarrow A\text{-}B\text{-}C\text{-}D\text{-}E\text{-}F\text{-}G\text{-}H\text{-}I\text{-}J$$

图 2-21　直线式装配方式

原料 A,而最终产率会低到无法接受。另一方面,随着每一个片段的加入,相对分子质量将越来越大,所得中间体也变得越来越珍贵。如果靠近终端产物的中间体出问题,损失会较大。

汇聚式装配方式如图 2-22 所示,复杂药物 A-B-C-D-E-F-G-H-I-J 由 A-B-C 和 D-E-F-G-H-I-J 两个中间体装配而成,其中中间体 A-B-C 由 A、B 和 C 三个片段直线式装配而成,中间体 D-E-F-G-H-I-J 由中间体 D-E-F 和 G-H-I-J 汇聚装配而成,中间体 D-E-F 由 D、E 和 F 三个片段直线式装配而成,中间体 G-H-I-J 由 G、H、I 和 J 四个片段直线式装配而成。

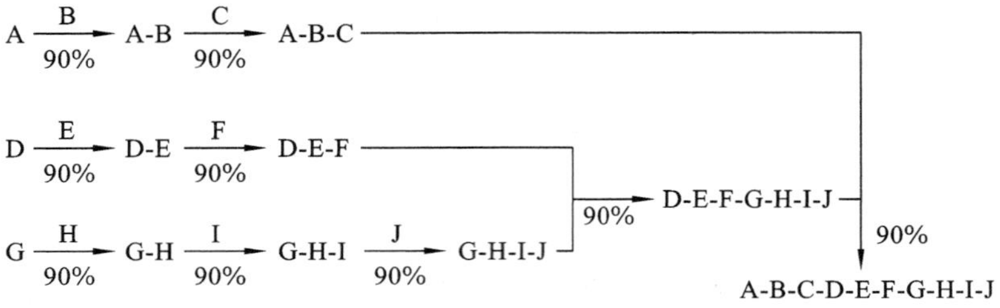

图 2-22　汇聚式装配方式

该反应也为 9 步反应。如果每一步的收率也为 90%,则汇聚式装配的总收率为 59%(基于起始物 G)。可见,汇聚合成策略的最大优势是收率高。其次,倘若其中一个中间体出问题,例如 G-H-I-J 出问题,只涉及该中间体的重新合成,损失不大。需要注意的是,无论直线式合成还是汇聚式合成,低收率的反应步骤应该放在路线前端的位置。因为越往后,越靠近末端产物,中间体愈加昂贵。如果收率低的反应靠近末端产物,将大大增加末端产物的生产成本。

例如,如图 2-23 所示,某金属蛋白酶抑制剂 **7** 的直线式合成路线共有 5 步反应,其中包含一步对映异构体拆分。如果采用化学法拆分,收率只有 20%～30%。把化学拆分放在最后一步显然是不合理的。

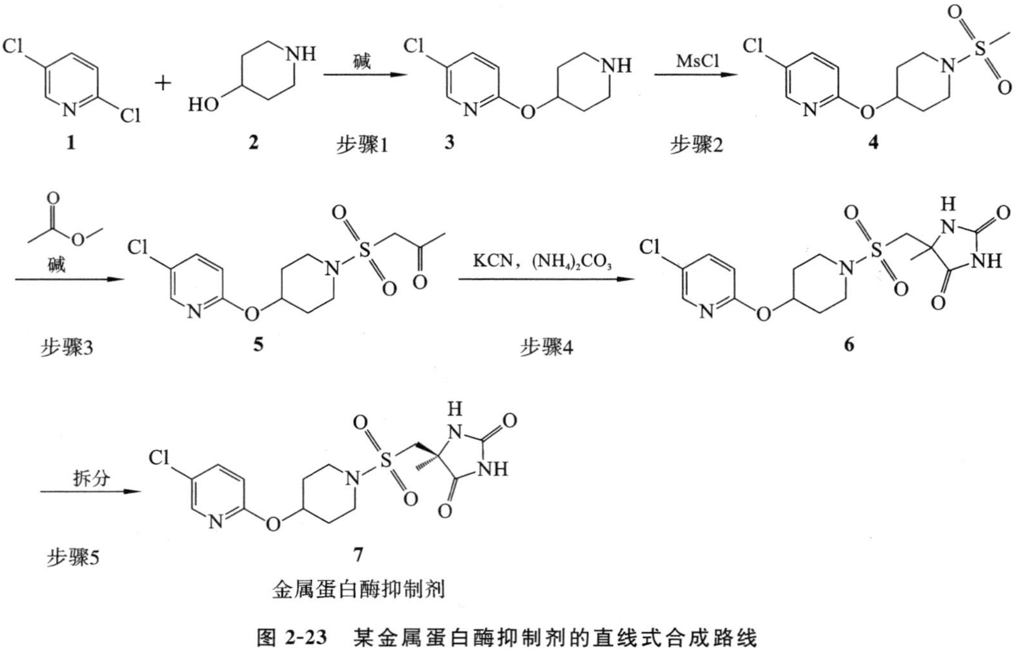

图 2-23　某金属蛋白酶抑制剂的直线式合成路线

如图 2-24 所示,该金属蛋白酶抑制剂的汇聚式合成路线也包括 5 步反应,先合成两个中

间体 **3** 和 **11**，然后合成目标产物 **7**。显然，对映异构体拆分放在合成路线的前端，是比较合理的。

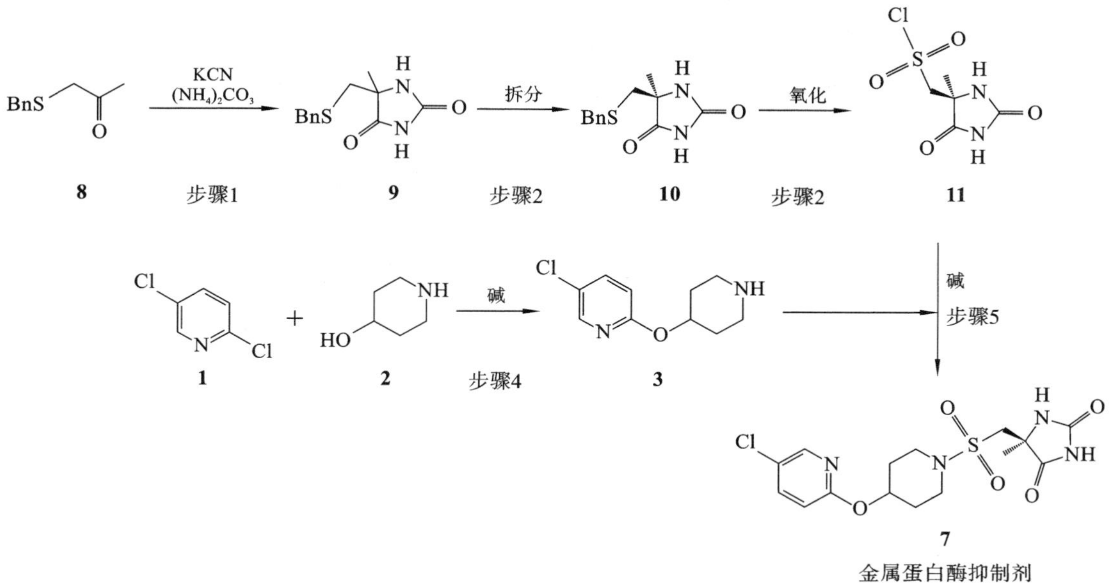

图 2-24　某金属蛋白酶抑制剂的汇聚式合成路线

总之，汇聚式合成策略具有下述优势：①总收率高；②也因为总收率高，中间体总量可减少；③也因为总收率高，生产能力大，所需要的反应容器较小，增加了设备使用的灵活性；④也因为总收率高，降低了中间体的合成成本，在生产过程中一旦出现差错，损失小。汇聚式有如此明显的优点，一般结构稍复杂的药物都是采用汇聚式策略合成的。

2.2.1.3　原辅料“稳廉绿法”

原辅料“稳廉绿法”具体是指：①原辅料来源稳定；②原辅料价廉；③原辅料绿色；④原辅料合法。

没有稳定的原辅材料供给就没法组织正常的生产。其次，原辅材料的成本也至关重要，关系到所涉及的工艺路线在经济上是否有竞争力。例如，3，4，5-三甲氧基苯甲醛是广谱抗菌剂甲氧苄氨嘧啶（甲氧苄啶）的重要中间体，可以香兰醛为原料进行合成，其合成工艺路线如图 2-25 所示。香兰醛来源广泛，可以通过多个途径获得。香兰醛既可以由邻氨基苯甲醚经重氮化、水解和甲酰化获得，也可以由木材造纸废液中木质磺酸钠经过氧化获得。而邻氨基苯甲醚和木质磺酸钠都是资源丰富、价格便宜的原料。

胃溃疡用药奥美拉唑中间体 **5** 的合成工艺路线有两种，如图 2-26 所示。一种由原料 **1** 和 **2** 经过 S-烃化反应获得中间体 **5**；另一种由原料 **3** 和 **4** 经 S-烃化反应获得中间体 **5**。虽然两种路线的反应条件和收率差不多，但是路线 2 的原料合成难，成本高，来源困难。因此在设计、选择和评价合成工艺路线时，一定要结合市场情况和合成技术，原辅料的供应要有所保证，要求不仅来源稳定，而且成本低廉。

原辅料要满足的第二个要求是绿色，具体包括采用绿色的溶剂、绿色的反应试剂、绿色的催化剂或辅助反应试剂。例如，用氰化三甲基硅烷代替剧毒的氰化氢进行 Strecker 反应；在

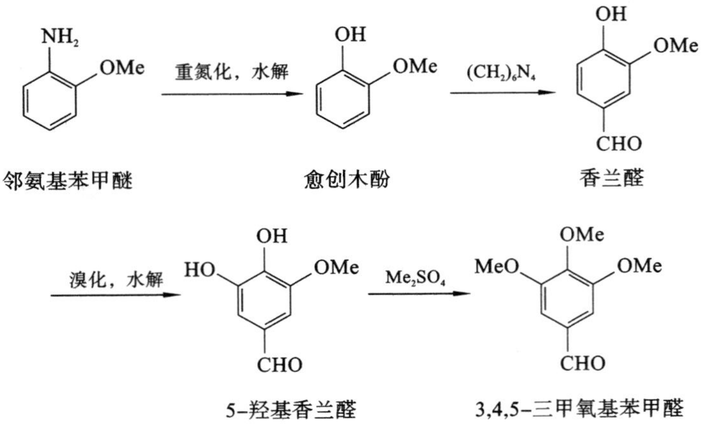

邻氨基苯甲醚 —重氮化，水解→ 愈创木酚 —$(CH_2)_6N_4$→ 香兰醛 —溴化，水解→ 5-羟基香兰醛 —Me_2SO_4→ 3,4,5-三甲氧基苯甲醛

图 2-25　3,4,5-三甲氧基苯甲醛的合成工艺路线

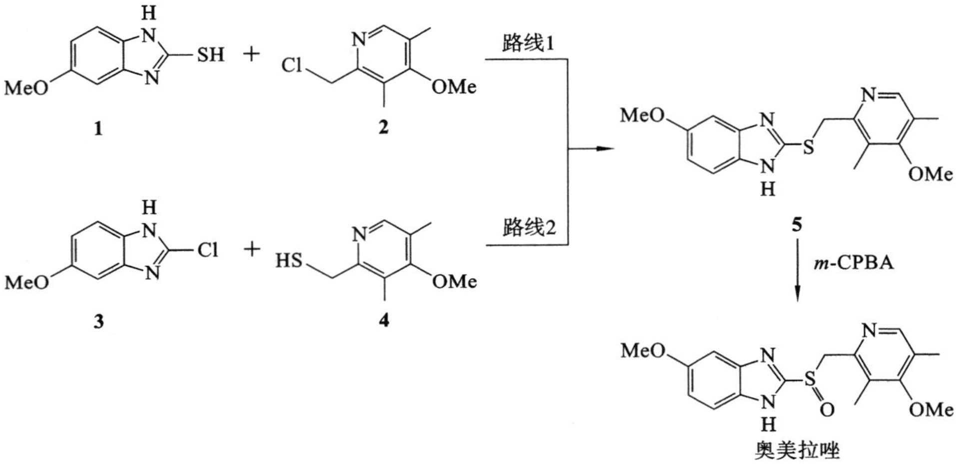

1 + 2 —路线1→ 5

3 + 4 —路线2→ 5

5 —m-CPBA→ 奥美拉唑

图 2-26　奥美拉唑的合成工艺路线

安息香缩合中，采用维生素 B_1 代替有毒的氰化钾作为催化剂；在 F-C 酰化中将路易斯酸负载在高聚物上便于回收，这些都是采用绿色反应试剂和催化剂的体现。

溶剂的选择也相当重要，因为药物生产中溶剂占所使用材料量的 80%以上，溶剂使用所消耗的能量占总能量的 60%，产生的温室气体约占排放量的 50%。

一些大的制药公司都有自己的溶剂选择指南。例如，辉瑞公司的溶剂选择指南(表 2-1)列出了优选溶剂、可用溶剂和不受欢迎的溶剂。参照该指南，辉瑞公司对氯仿的使用量降低了 98.5%，二异丙醚的使用量降低了 100%。

此外，对那些不受欢迎的溶剂，辉瑞公司还给出了替代溶剂，如表 2-2 所示。例如，易燃的溶剂戊烷和正己烷用不易燃的庚烷代替，燃点低、易挥发、毒性大的乙醚可用甲基叔丁基醚代替，不仅便宜，还相对安全，不易形成过氧化物。

根据 ICH 的指导原则，把溶剂划分为三类。

第一类溶剂(表 2-3)是指已知可致癌并被强烈怀疑对人和环境有害的溶剂。在可能的情况下，应避免使用这类溶剂。如果在生产治疗价值较大的药品时不可避免地使用了这类溶剂，除非能证明其合理性，残留量必须控制在规定的范围内。

表 2-1　辉瑞公司的溶剂选择指南

优选溶剂	可用溶剂	不受欢迎的溶剂
水	环己烷	戊烷
丙酮	庚烷	正己烷
乙醇	甲苯	二异丙醚
2-丙醇	甲基环己烷	乙醚
1-丙醇	叔丁基甲基醚	二氯甲烷
乙酸乙酯	异辛烷	二氯乙烷
异丙醇	乙腈	氯仿
甲醇	2-甲基四氢呋喃	N-甲基吡咯烷酮
丁酮	四氢呋喃	N,N-二甲基甲酰胺
1-丁醇	二甲苯	吡啶
叔丁醇	二甲基亚砜	N,N-二乙基甲酰胺
	乙酸	1,4-二氧六环
	乙二醇	二甲基乙烷

表 2-2　辉瑞公司报道的可替代溶剂

不受欢迎的溶剂	替代物
戊烷	庚烷
正己烷	庚烷
二异丙醚、乙醚	2-甲基四氢呋喃或甲基叔丁基醚
1,4-二氧六环、二甲氧基乙烷	2-甲基四氢呋喃或甲基叔丁基醚
氯仿、二氯乙烷、四氯化碳	二氯甲烷
N,N-二甲基甲酰胺、N,N-二甲基乙酰胺、N-甲基吡咯烷酮	乙腈
吡啶	三乙胺(如果吡啶作碱)
二氯甲烷(萃取)	乙酸乙酯、叔丁基甲醚、甲苯、2-甲基四氢呋喃
二氯甲烷(柱层析)	乙酸乙酯、庚烷
苯	甲苯

表 2-3　生产中避免使用的溶剂(第一类溶剂)

溶剂	限制浓度/ppm	影响
1,1-二氯乙烯	8	毒性
1,2-二氯乙烷	5	毒性
四氯化碳	4	毒性并影响环境
1,1,1-三氯乙烷	1500	对环境有害
苯	2	致癌

注:限制浓度指原料药(API)中被允许的残留量,ppm 即 10^{-6}。

第二类溶剂是指无基因毒性但有动物致癌性的溶剂。这类溶剂按照每日用药 10 g 计算的每日允许接触量如表 2-4 所示。

表 2-4　生产上限制使用的溶剂(第二类溶剂)

溶剂	限制浓度/ppm	溶剂	限制浓度/ppm
甲醇	3000	2-甲氧基乙醇	50
乙腈	410	1,2-二甲氧基乙烷	100
氯苯	360	N,N-二甲基乙酰胺	1090
氯仿	60	N,N-二甲基甲酰胺	880
环己烷	3880	1,4-二氧六环	380
1,2-二氯乙烯	1870	2-乙氧基乙醇	160
二氯甲烷	600	乙二醇	620
甲酰胺	220	N-甲基吡咯烷酮	4840
己烷	290	硝基甲烷	50
甲基丁基酮	50	环砜烷	160
甲基环己烷	1180	四氢化萘	100
吡啶	200	甲苯	890
1,1,2-三氯乙烷	80	二甲苯	2170

第三类溶剂是指对人体低毒的溶剂,如乙醇、1-丙醇、2-丙醇、1-丁醇、2-丁醇、1-戊醇、3-甲基-1-丁醇、甲酸、乙酸、甲酸乙酯、乙酸甲酯、乙酸乙酯、乙酸丙酯、乙酸异丙酯、乙酸丁酯、乙酸异丁酯、乙醚、甲基叔丁基醚、2-甲基四氢呋喃、苯甲醚、丙酮、甲乙酮、庚烷、二甲基亚砜。急性或短期毒性研究显示,这类溶剂毒性较低,基因毒性研究结果显阴性,但尚无这些溶剂的长期毒性或致癌性数据。在无须论证的情况下,残留溶剂的量不超过 0.5%是可接受的,但高于此值则须证明其合理性。

原辅材料除了要满足来源稳定、价廉、本身绿色安全等条件外,其供应还应符合法规。一方面,需避免使用管控物质。例如:要避免使用被管制和禁用的物料(如用于毒品制造的原料);避免使用不可接受的重大事故危险控制条例列出的化学物质;避免使用危险运输的物料;避免使用第三方禁止的材料。另一方面,需避免专利侵权,不使用侵害第三方知识产权的材料、技术或工艺。

例如,化合物 **2** 是 Astra 公司开发用于治疗精神分裂症的药物瑞莫必利时用到的中间体,但是由化合物 **1** 经过酒石酸拆分获得化合物 **2** 的工艺路线已被专利保护(图 2-27)。为了规避专利保护,Astra 公司创建了一条新的合成化合物 **2** 的路线,如图 2-28 所示。Astra 公司选用手性源氨基酸即(S)-脯氨酸 **3** 为原料,经过成酯、氨解、N-烃化和还原 4 步反应得到化合物 **2**。该过程的特色是以手性源氨基酸为原料,因此后期不需要经过拆分获得手性中间体,但是要保证所经历的反应不会让手性中心消旋。

图 2-27　由化合物 1 经过酒石酸拆分得到化合物 2 的工艺路线

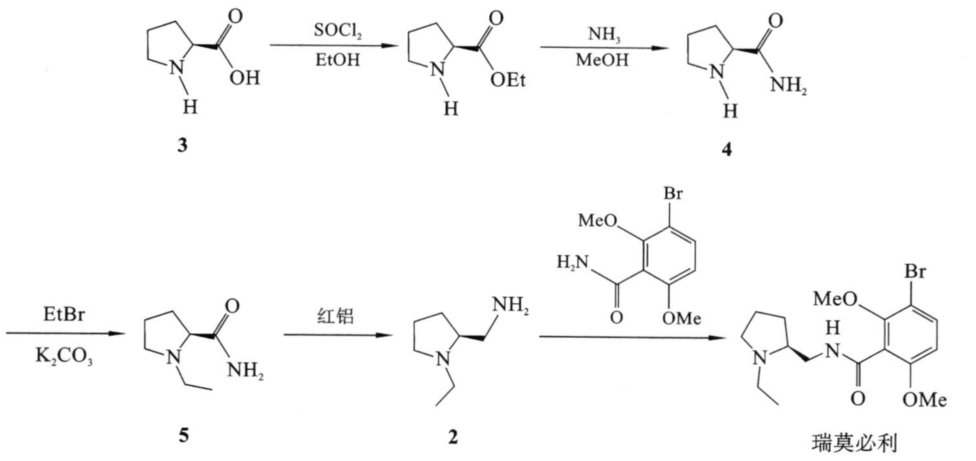

图 2-28　Astra 公司设计的化合物 2 的合成路线

2.2.1.4　技术路线可行

技术路线可行是评价合成工艺路线的重要指标。作为优化的工业化生产路线，应该具备以下特征：①工艺路线各步反应稳定可靠，发生意外的概率低；②产品的收率和质量重现性好；③各步反应条件温和，易于达到，易于控制，尽量避免高温、高压或超低温等极端条件；④合成工序安排合理；⑤合成工艺可控。

工业化生产路线稳定是药品质量稳定的基石。例如，选择的反应类型通常为平顶型反应，而非尖顶型反应。如图 2-29 所示，在平顶型反应中，最佳反应条件范围宽，工艺操作条件稍有变化不影响产品收率和质量；而在尖顶型反应中，最佳反应条件范围窄，稍有不慎，副反应增多，收率下降，可能影响到生产安全、产品质量与环境保护。

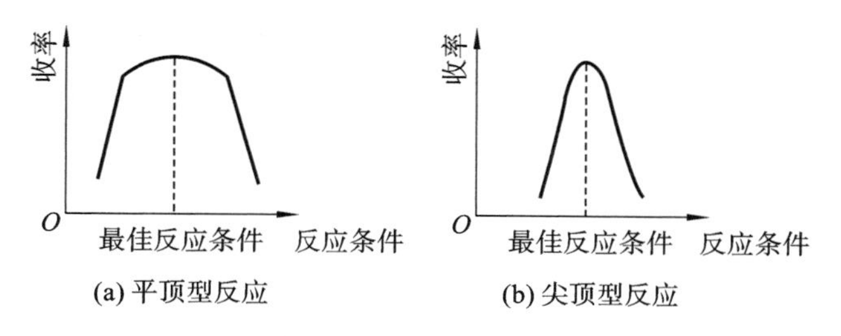

图 2-29　平顶型反应和尖顶型反应示意图

例如，Duff 反应（图 2-30）是在活泼芳环上引入甲酰基的经典反应，所用甲酰化试剂为六次甲基四胺。该反应条件易于控制，操作简单，产物纯净，但收率较低，是典型的平顶型反应。

再比如，Gattermann-Koch 反应（图 2-31）是芳环上甲酰化的另一经典反应，为尖顶型反应，反应条件难以控制。另外原料毒性大，设备需耐高压。一般情况下这类反应不常用，如果用自动化实行精准控制则是可以使用的。

技术路线可行还表现在产品选择性好，收率高。例如，磷酰胺酯类药物是一类重要的抗病毒药物，默克公司开发的抗丙肝新药 Uprifosbuvir 就属于磷酰胺酯类药物，可由三条合成工艺路线合成（图 2-32）。在路线 1 中，非手性（基于磷原子）磷酰氯与核苷 5 位羟基发生亲核取代

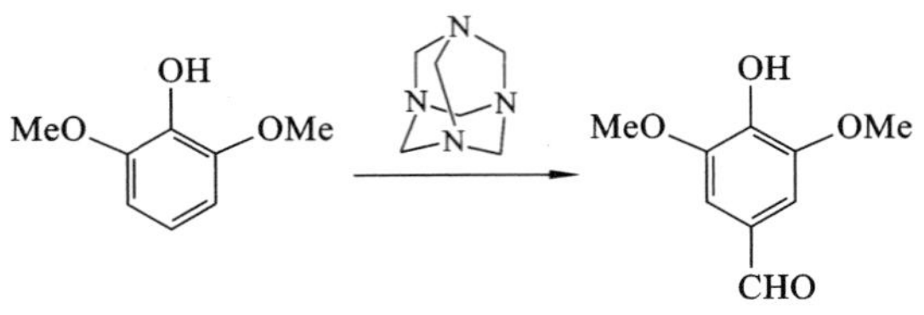

图 2-30　Duff 反应

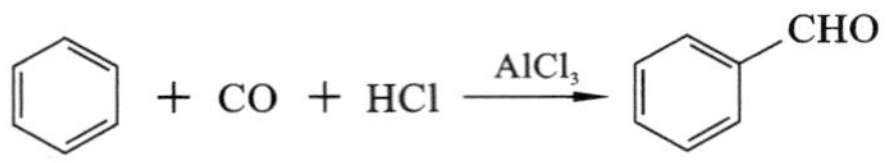

C_6H_6 + CO + HCl $\xrightarrow{AlCl_3}$ C_6H_5CHO

图 2-31　Gattermann-Koch 反应

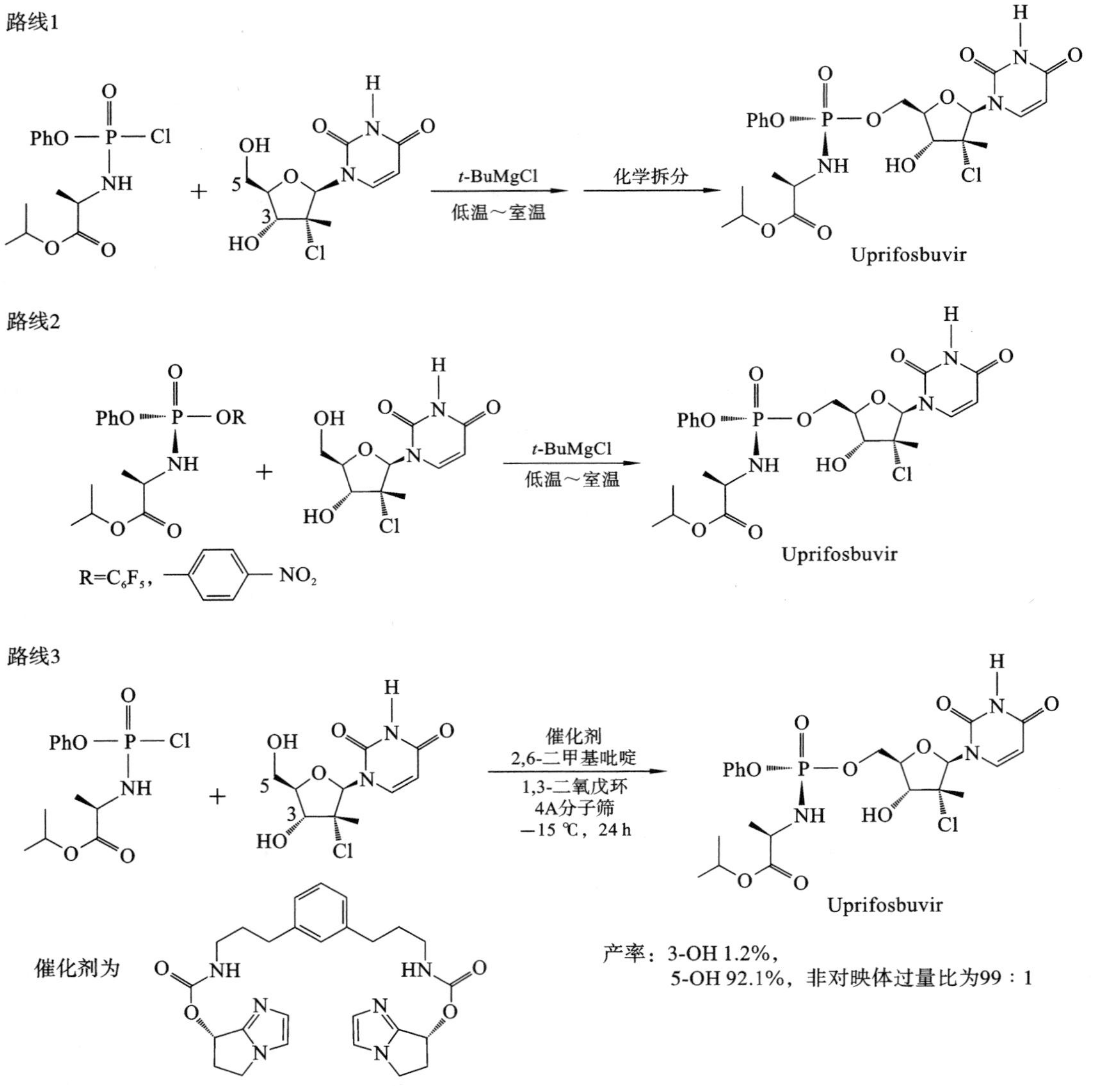

路线1

t-BuMgCl，低温～室温；化学拆分 → Uprifosbuvir

路线2

R=C_6F_5，—C_6H_4—NO_2

t-BuMgCl，低温～室温 → Uprifosbuvir

路线3

催化剂，2,6-二甲基吡啶，1,3-二氧戊环，4A分子筛，−15 ℃，24 h → Uprifosbuvir

催化剂为

产率：3-OH 1.2%，
5-OH 92.1%，非对映体过量比为99：1

图 2-32　抗丙肝药物 Uprifosbuvir 的三条合成工艺路线

反应形成核苷-磷酰胺酯，然后经过化学拆分获得 Uprifosbuvir。该路线的优点是原料简单易得、合成步骤少、副产物分离容易，但是由于采用了化学拆分，总体收率低。路线 2 采用手性（基于磷原子）的磷酰胺活性酯为原料，Uprifosbuvir 的收率高（80%～90%），但是手性磷酰胺活性酯原料不便宜。路线 3 仍旧以非手性（基于磷原子）磷酰氯为原料，引入手性双齿双环咪唑催化剂，以高收率和高非对映体选择性获得了 Uprifosbuvir，默克公司因此获得 2020 年度“绿色化学挑战奖”。比较以上 3 种路线，路线 3 在技术上更可行。

避免采用苛刻的反应条件也是技术路线可行的衡量标准。西他列汀（sitagliptin）是Ⅱ型糖尿病治疗药物，2006 年 FDA 批准默沙东公司的西他列汀原研药上市，2019 年其销售额达 34.82 亿美元。西他列汀第二代合成工艺路线如图 2-33 所示。原料 2,4,5 三氟苯乙酸 **2** 对麦氏酸 **3** 的活性亚甲基进行 C-酰化生成化合物 **4**，然后与中间体 3-三氟甲基-1,2,4-三唑并氢化吡嗪盐酸盐 **5** 进行氨解反应，接着在碱性条件下水解脱羧获得西他列汀前体酮 **6**。西他列汀前体酮 **6** 与乙酸铵缩合成烯胺 **7**。在贵重金属铑催化剂即（1,5-环辛二烯）氯铑（Ⅰ）二聚体（$[Rh(cod)Cl]_2$）和手性二茂铁双磷 Josiphos 类配体的共同催化下，烯胺 **7** 中的双键被不对称还原，加氢时的压力达到 1.38 MPa，对映体过量值（ee）达到 98%以上。该方法采用的金属铑催化剂和手性二茂铁双磷 Josiphos 类配体都是有毒的，存取过程需要外加氮气保护以避免毒性，反应结束后需经过活性炭处理以除去有毒的铑催化剂，对于工业化生产仍旧有一定缺陷。此外，产物的光学纯度只有 98%，需要进一步结晶来提高光学纯度。

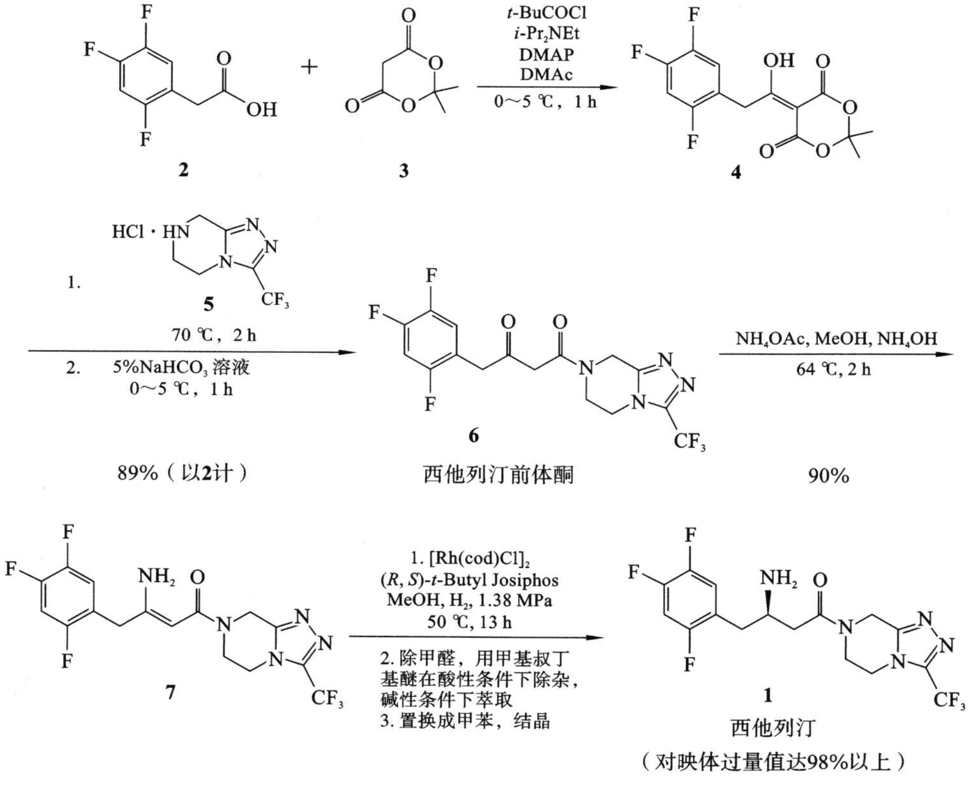

t-BuCOCl, i-Pr_2NEt, DMAP, DMAc, 0～5 ℃, 1 h

2　3　4

1. $HCl \cdot$ 5, 70 ℃, 2 h
2. 5% $NaHCO_3$ 溶液, 0～5 ℃, 1 h

89%（以2计）

6 西他列汀前体酮

NH_4OAc, MeOH, NH_4OH, 64 ℃, 2 h

90%

1. $[Rh(cod)Cl]_2$, (R, S)-t-Butyl Josiphos, MeOH, H_2, 1.38 MPa, 50 ℃, 13 h
2. 除甲醛，用甲基叔丁基醚在酸性条件下除杂，碱性条件下萃取
3. 置换成甲苯，结晶

7　1 西他列汀（对映体过量值达98%以上）

图 2-33　西他列汀第二代合成工艺路线

2010 年默克公司公开了生物催化合成西他列汀的绿色生物合成方法。如图 2-34 所示，

该方法采用转氨酶 ATA-117 作为手性催化剂,氨基供体异丙胺与西他列汀前体酮 **6** 之间发生转氨反应,直接生成西他列汀。与默沙东公司的第二代合成工艺路线相比,不仅反应步骤减少,以绿色转氨酶代替有毒的贵金属和手性二茂铁双磷配体作为催化剂,反应条件也更加温和,由高压反应转变为常温常压反应,设备产量提高了 53%,转化率提高了 10%~13%,废物排放量减少了 19%,对映体过量值提高到 99%以上。从采用温和反应条件来看,生物催化法合成西列他汀的技术路线更可行。

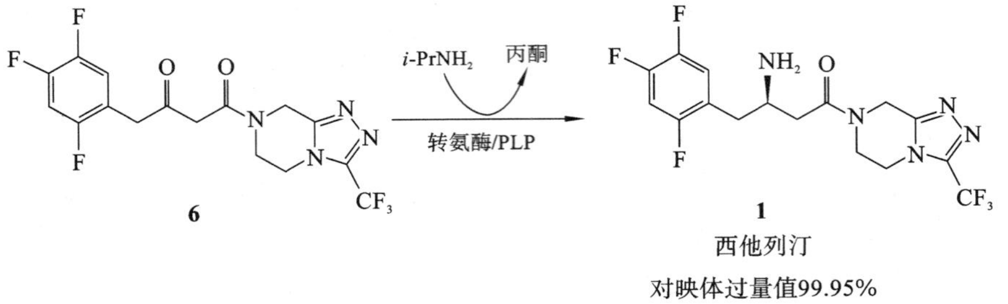

i-PrNH_2 丙酮 转氨酶/PLP

6 **1** 西他列汀 对映体过量值99.95%

图 2-34 默克公司采用生物催化法合成西他列汀的工艺路线

技术路线可行还表现在合成工序的合理安排。因为合成工序安排不同,反应的难易程度和需要的反应条件也会随之不同,因而会影响产品的收率和成本。例如,如图 2-35 所示,以对硝基苯甲酸为起始原料合成局部麻醉药盐酸普鲁卡因时就有两种单元反应排列方式:一种是采用先还原后酯化的 A 路线;另一种是采用先酯化后还原的 B 路线。

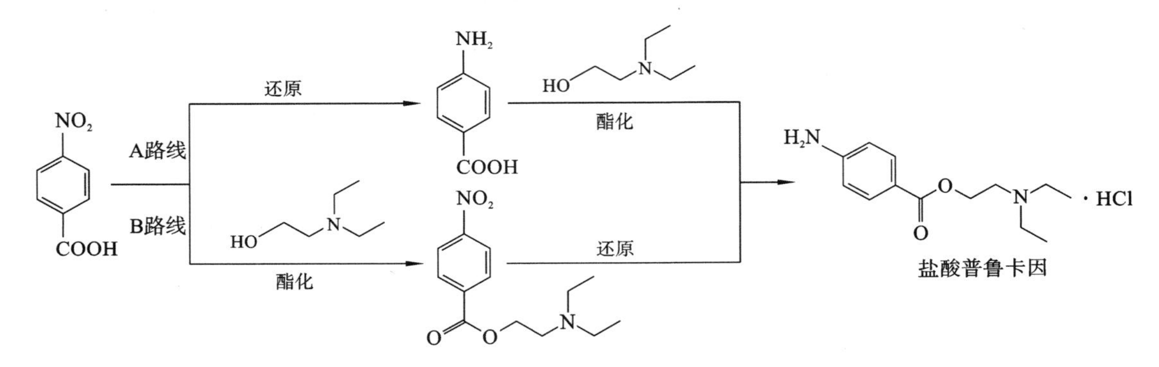

图 2-35 盐酸普鲁卡因的合成路线

A 路线中的还原反应若在电解质存在下用铁粉还原,则芳香酸能与铁离子形成不溶性的沉淀混于铁泥中,难以分离,故它的还原不能采用较便宜的铁粉,而要用其他价格较高的还原剂,这样就不利于降低产品成本。其次,在第二步的酯化反应中,由于对氨基苯甲酸的化学活性较对硝基苯甲酸的活性低,故酯化反应的收率也不高,这样就浪费了较贵重的原料二乙氨基乙醇。当按 B 路线进行合成时,不仅回避了上述不溶性沉淀的问题,而且由于对硝基苯甲酸的酸性强,有利于加快酯化反应速率,两步反应的总收率也较 A 路线高出 25.9%。所以采用 B 路线的合成工序安排较为合理。

技术路线可行还表现在合成工艺可控制上。合成工艺可控制为产品质量稳定和收率稳定提供了重要的保证。常见的方式有:①通过结晶方式对固体中间体或最终 API 进行分离;②将酸性或碱性化合物萃取到水相,除去非电离杂质;③通过合理设计,寻找"干净的反应",即杂质种类和量少的反应,该策略愈靠近工艺路线末端愈加重要。

例如，如图 2-36 所示，在受体拮抗剂 **5** 的合成过程中，由化合物 **1** 制备化合物 **3** 时，将 **3** 萃取到 pH 值为 7.5 的水相，从而与化合物 **2** 分离，过程可控干净。由化合物 **3** 合成化合物 **4** 的过程仍然在水中进行，但是碘代试剂不能过量，否则会有二碘代副产物生成。该副产物可能在后续的钯催化羰基化反应中产生对应的杂质。采取的控制策略就是让化合物 **3** 比一氯化碘吡啶配合物过量 2%，反应结束后通过对化合物 **4** 的结晶将剩下的化合物 **3** 予以除去，并回收利用。通过这样的设计，由化合物 **1** 到化合物 **4** 的过程是可控的。

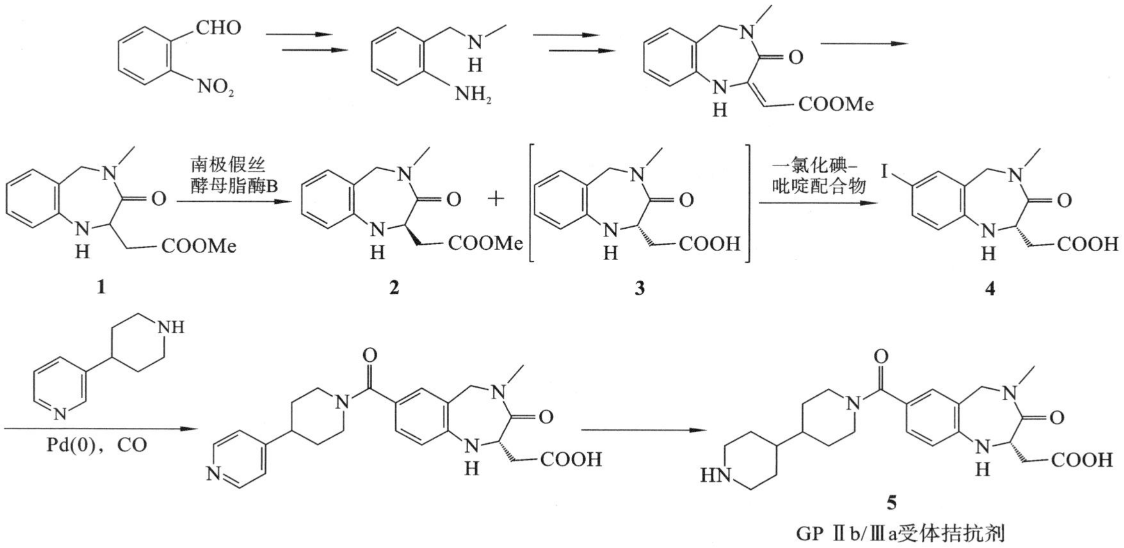

图 2-36　受体拮抗剂 5 的合成路线

2.2.1.5　生产设备可靠

在工业化合成工艺路线的选择过程中，必须考虑设备的因素，生产设备的可靠性也是评价合成工艺路线的重要指标。实用的合成工艺路线应尽量使用常规设备，最大限度地避免使用特殊种类、特殊材质、特殊型号的设备。大多数光化学、电化学、超声、微波、高温或低温、剧烈放热、快速淬灭、严格控温、高度无水、超强酸、超强碱、高压等条件需要借助于特殊设备来实现，只有在反应路线设计中规避这些条件，才能有效地避免使用特殊设备。虽然微波加热在实验室较常见，也有多种型号专用的微波反应装置可供选择，但是由于技术、成本、安全等因素的限制，可用于工业化的大型微波反应器目前尚未上市。降低反应温度是提高反应选择性的重要手段之一，−78～−40 ℃的反应条件在实验室中较容易实现，但在工业生产上必须使用大功率的制冷设备和长时间的降温才能达到−78～−40 ℃，这将导致运行成本的大幅上升。倘若采用微通道反应器，可使得原反应温度从−78～−40 ℃上升到−30～0 ℃，反应时间也会相应缩短，运行成本相应降低。

2.2.1.6　后处理过程简单

分离纯化等后处理过程是工艺路线的重要组成部分，在原料药工业化生产过程中占 50% 左右的人工时间、75%左右的设备和 70%以上的成本。在工业化生产过程中，减少后处理的次数或简化后处理过程能有效地减少物料的损失，降低污染物的排放量，节省工时，节约设备投资,降低劳动强度,缩短暴露于有毒环境的时间。

简化后处理过程的常用方法包括前述的“一勺烩”,即反应结束后产物不经分离纯化,直接进行下一步反应,也可将几个反应连续操作,实现多步反应的“一锅操作”。如果“一勺烩”或“一锅操作”方法使用得当,有望大幅提升整个反应路线的总收率。

其次,尽量采用常规的分离纯化方法,如结晶、沉淀、过滤、萃取、吸附、离子交换、常压或减压蒸馏、水蒸气蒸馏等。对于焦油或树脂状杂质,可采用活性炭吸附法予以除去;对于挥发性产品或杂质,可以采用水蒸气蒸馏或压缩空气、氮气携带法予以分离或除去。少用精馏和低真空蒸馏,因为能耗大,对设备要求高,操作复杂。尽量避免使用柱层析,因为溶剂用量大,回收成本高。可将模拟移动床色谱用于复杂体系如手性化合物、结构类似物的分离。模拟移动床色谱具有体积小、投资少、分离能力强、便于自动控制等优势,可用于热敏性和难分离体系的分离,如手性药物、生物药(如胰岛素)、天然产物的分离纯化。

总之,在保证产品收率和质量的前提下,后处理方式愈简单愈好,这也意味着投资成本和操作成本更低,过程也更加安全。

2.2.1.7 环境影响最小化

尽管产品的收率、质量、成本是决定一条合成工艺路线是否有工业化价值的重要因素,但该合成工艺路线是否对环境产生不可忽视的影响也是应该考虑的重要因素之一。衡量一条合成工艺路线的绿色度时有两个重要的指标:原子经济性与环境因子。

原子经济性是著名化学家 B. M. Trost 在 1991 年提出的,他将其定义为目标产物中的原子质量与参与反应的所有起始物的原子质量之比。可见,原子经济性愈大,原料的利用率愈高。例如,Baylis-Hillman 反应(图 2-37)和 Diels-Alder 反应(图 2-38)的原子经济性都达到 100%。失去水分子的酯化反应和 Aldol 缩合反应、失去甲醇或乙醇等小分子醇的醇解反应也是原子经济性较高的反应。而在采用 Gabriel 反应合成伯胺的过程(图 2-39)中,生成一分子伯胺的同时,由一分子的邻苯二甲酰亚胺钾盐生成对应的一分子副产物——邻苯二甲酰肼,且其相对分子质量较大。在采用 Wittig 反应合成烯烃的过程(图 2-40)中,生成一分子烯烃的同时,由一分子的三苯基膦生成一分子的副产物三苯基氧膦,且其相对分子质量较大。这些反应的原子经济性均较低。

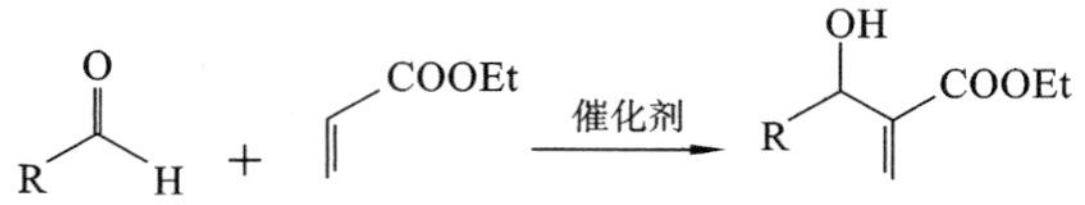

图 2-37 Baylis-Hillman 反应

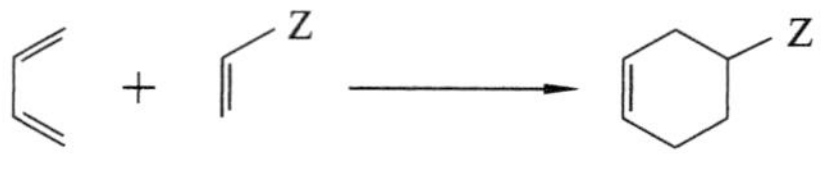

图 2-38 Diels-Alder 反应

Z 为吸电子基。

原子经济性虽然在一定程度上能衡量合成工艺路线对环境的影响,但是没有考虑反应收率、溶剂用量和后处理过程中使用的其他试剂。因此,引入第二个考察合成工艺路线对环境影响大小的指标——环境因子。环境因子是 1992 年 Sheldon 提出来的,定义为废弃物与产物的

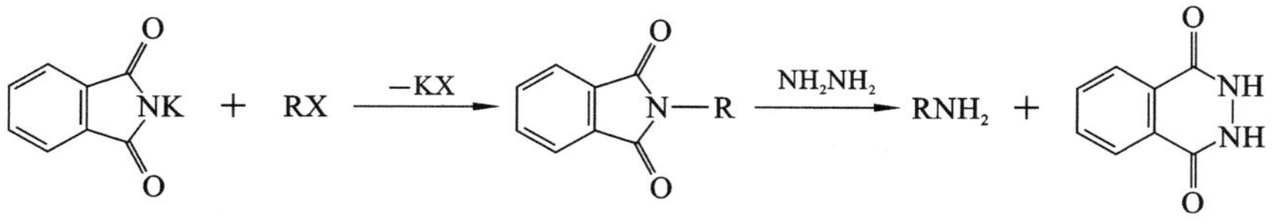

图 2-39　Gabriel 反应

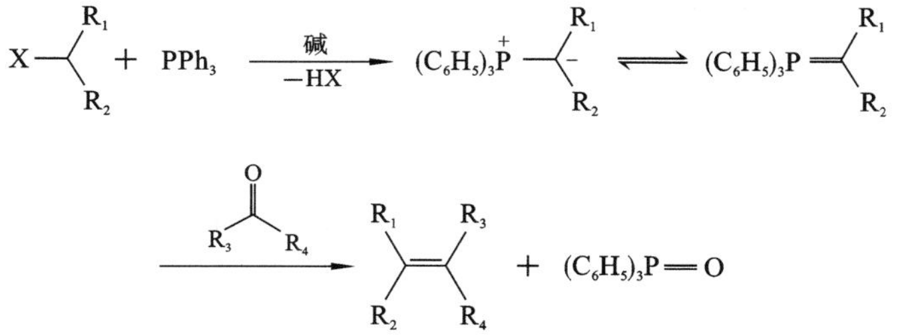

图 2-40　Wittig 反应

质量比。特别指出的是，将目标产物之外的任何物质归为废弃物。但计算时，忽略了水相中的水，只计算了水中的无机盐和有机物。可见，环境因子越大，意味着产生的废弃物越多。

表 2-5 给出了不同化工行业的环境因子。可见，医药行业的环境因子比其他化工行业大得多。这是因为药物分子结构复杂，经历的反应步骤和后处理步骤多，所用的辅助试剂和溶剂也多。

表 2-5　不同化工行业的环境因子

工业领域	产量范围/(t/a)	环境因子
大宗化学品	10^4～10^6	1～5
精细化工行业	10^2～10^4	5～50
医药行业	10～10^3	25～100

为了减少药物合成对环境的影响，在设计路线时可采用的策略有：减少反应步骤，减少溶剂用量，简化后处理过程，采用绿色原辅材料，采用原子经济性高的工艺路线，采用生物转化代替化学转化等。

例如，如图 2-41 所示，广泛使用的半合成青霉素如氨苄青霉素和阿莫西林是以中间体 6-氨基青霉素酸(6-APA)为原料，经过一系列半合成获得的，而中间体 6-APA 是由青霉素 G 水解得到的。每年大概有 1000 t 的青霉素 G 要被水解为 6-APA。传统的水解方法为化学法，既要使得稳定的酰胺键水解，又要保证 β-内酰胺键不受影响，具体如图 2-42 所示。先用三甲基

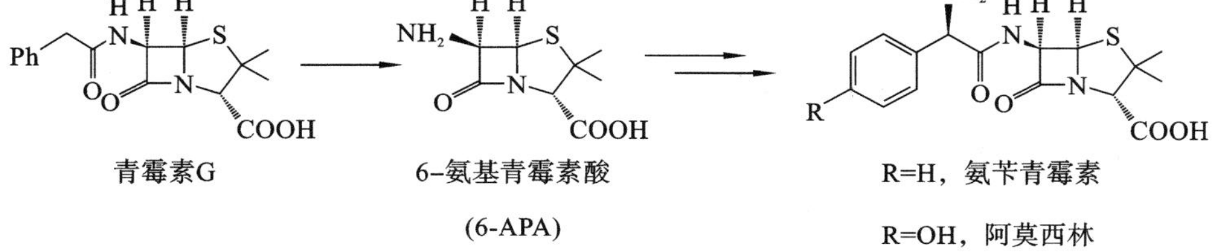

青霉素G　　6-氨基青霉素酸(6-APA)　　R=H，氨苄青霉素　R=OH，阿莫西林

图 2-41　半合成青霉素的合成工艺路线

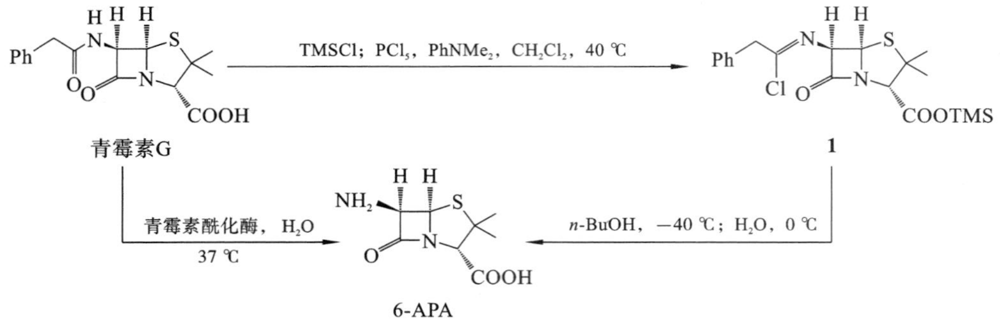

图 2-42　6-APA 的化学合成路线和生物合成路线

氯硅烷将青霉素 G 上的羧基保护起来形成甲硅烷酯，然后用五氯化磷和酰胺基团反应得到亚胺氯 **1**，最后在低温下同时水解亚胺氯和甲硅烷酯得到 6-APA。该化学法存在诸多的缺点，如使用了反应活性高和毒性大的五氯化磷以及不受欢迎的溶剂——二氯甲烷。此外，在 −40 ℃下反应，能耗高。而酶催化水解工艺只使用了青霉素酰化酶，在水相和 37 ℃下反应。相比于化学法，酶催化法具有明显的优势，如只需单步反应，在室温水相中反应，反应条件温和，对环境影响小。

普瑞巴林是用于治疗多种神经系统疾病如癫痫、神经痛、焦虑和社交恐惧症的药物。它是一种亲脂性的γ-氨基丁酸(GABA)类似物。如图 2-43 所示，该药物的早期合成工艺路线是以 *β*-氰基二酯 **1** 为原料，经过水解、脱羧、还原得到外消旋的化合物 **3**，然后经(*S*)-扁桃酸拆分得到普瑞巴林。最后一步拆分的收率只有 30%。整条工艺路线的环境因子为 86。

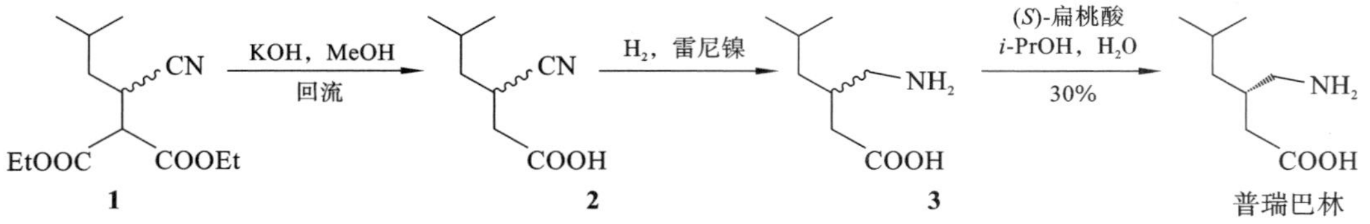

图 2-43　普瑞巴林的早期合成工艺路线

如图 2-44 所示，辉瑞公司用某脂肪酶对以 *β*-氰基二酯 **1** 进行了酶催化拆分，该脂肪酶对(*S*)-氰基二酯的水解能力是(*R*)-氰基二酯的 500 倍，因此得到化合物 **4**，继而在水相中加热脱羧，再经水解、加氢还原获得目标产物普瑞巴林。这条工艺路线的环境因子是 17。倘若将酶催化拆分中未被水解的(*R*)-氰基二酯 **5** 在碱性条件下消旋成原料化合物 **1**，从而可被回收利用，则该工艺的环境因子进一步降为 8。可见，该工艺路线环境友好，于 2009 年 12 月被 FDA 批准，被辉瑞公司沿用至今。总之，采用生物转化可显著降低对环境的影响程度。

2.2.1.8　过程安全

工艺过程如果不够安全，就不能够被放大。过程安全实际上包含物质安全和热安全。

物质安全是指所采用的溶剂、反应试剂、催化剂、生成的副产物都是安全的。如图 2-45 所示，化合物 **4** 为一种组胺 H_2 抑制剂，用于治疗胃溃疡和功能紊乱。在胍基中间体 **3** 的合成过程中，用 HgO 作为夺取 S 原子的试剂。虽然通过纯化能除去低剂量的汞，但是含汞废水的环境污染非常严重。大量的汞聚集在生态系统中，某些鱼类中已经发现高含量的汞。此例说明

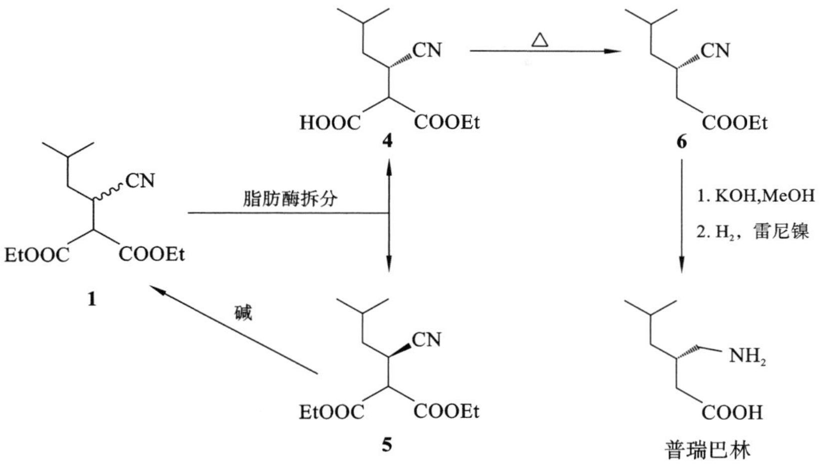

图 2-44　普瑞巴林的改进合成路线

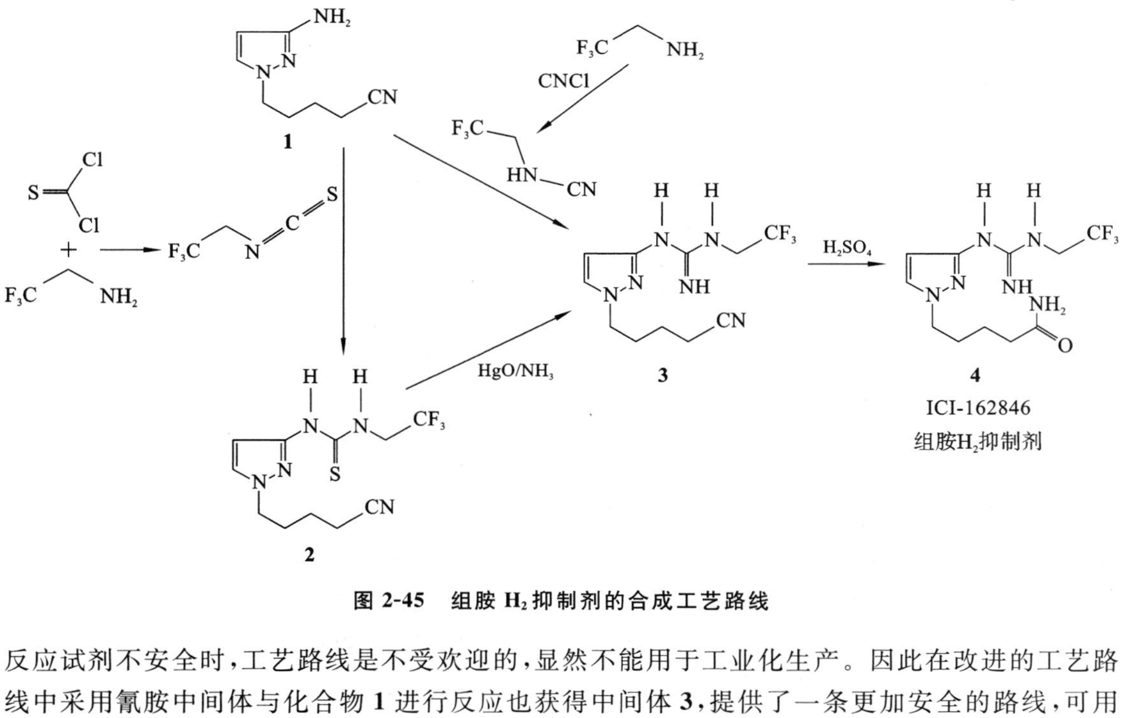

图 2-45　组胺 H_2 抑制剂的合成工艺路线

反应试剂不安全时，工艺路线是不受欢迎的，显然不能用于工业化生产。因此在改进的工艺路线中采用氰胺中间体与化合物 **1** 进行反应也获得中间体 **3**，提供了一条更加安全的路线，可用于工业化生产。

再比如，如图 2-46 所示，化合物 **4** 是一种 β-3 激动剂，用于非胰岛素依赖的糖尿病的治疗。在由化合物 **1** 制备化合物 **2** 的过程中，除了生成目标产物 **2** 以外，二溴乙烷在碱性条件下会脱除一分子的溴化氢生成溴代乙烯。溴代乙烯具有遗传毒性，不能通过洗涤除去。因此该工艺不适合工业化生产。

热安全即反应体系的能量安全。化学反应会放出热量或吸收热量。应用在工业上的大多数反应都是放热反应。一般情况下，为了确保安全生产和产品质量，应控制热量释放。如果化

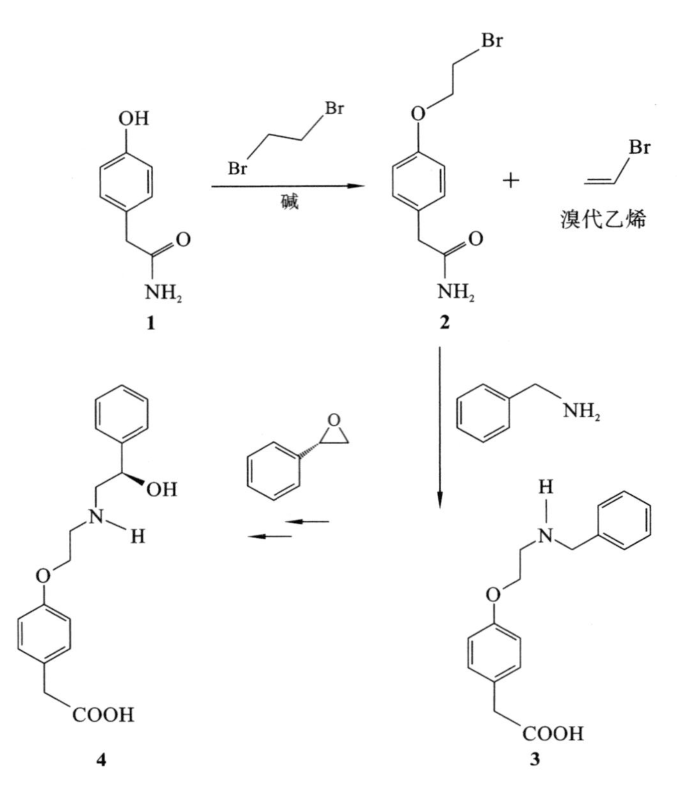

图 2-46　*β*-3 激动剂的合成工艺路线

学反应产热量大于有效除热量，反应的热量无法及时排出，会导致热失控，表现为急剧升温甚至爆炸。

产生热失控有下列三个原因：忽视了放热反应；反应器的散热速率不够；忽视了反应体系内有高能官能团化合物。

在实验室小试工艺开发阶段，反应是否放热往往被忽视，其原因一是小试阶段用的是小质量、稀释的、低效率的工艺；二是小试采用的反应器的比表面积比较大，生成的热量能够及时被排除。例如，水温从初始温度 80 ℃自然冷却至环境温度 20 ℃，不同规模的反应器需要的冷却时间不一样。用 10 mL 试管时，所需时间为 10 s；用 100 mL 玻璃烧杯时，冷却时间是 20 s；用 2.5 m^3 反应器时，冷却时间为 20 min；用 25 m^3 反应器时则需要 230 min，即约需 4 h 才能冷却下来。可见，工业化规模的反应器可能因传热面积或传热速率不够而导致热失控。

体系中存在着高能官能团化合物也是热失控的重要原因之一。例如，一家西班牙公司在仿制抗溃疡药兰索拉唑的过程中采用硝基化合物，发生了热失控事故。这是因为原料含有两个高能官能团即硝基和亚硝基，它们分解时产生大量的热。

常见的高能官能团化合物有炔类和金属炔类化合物、环氧化物、偶氮和重氮盐、高氮化合物(如三唑、三嗪、四唑)、过氧化物、硝基和亚硝基化合物、含氮卤键和氧卤键的化合物、金属胺类化合物、卤代芳基金属化合物等，详见表 2-6。

对于强放热反应和高能官能团化合物参与的反应体系，可通过修改反应路线来降低热失

表 2-6 高能官能团化合物

官能团	化合物类型
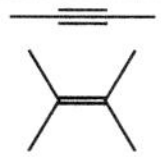 —≡— >C=C<	乙炔、金属乙炔化合物、卤乙炔衍生物、丙二烯
(三元环 —C—O—C—)	环氧化物
—N═N— $-\overset{+}{N}\equiv N$	所有含有 N,N 双键或三键的物质,如偶氮、重氮盐、叠氮化物及其他高氮化合物,如三唑、三嗪、四唑等
—O—O—	所有含 O—O 键物质,如过氧化物、过氧酸及其盐、氢化过氧化物、过氧化酯
—N—O —N═O	所有含 N—O、N═O 键物质,如硝基、亚硝基、羟胺、亚硝酸盐、雷酸盐、肟、肟盐
—N—X	叠氮化卤、N-卤化物、N-卤代酰胺
—O—X	烷基高氯酸盐、高氯酸铵、亚氯酸盐、卤代氧化物、次卤酸盐、过氯化物(溴酸盐、碘酸盐)
—N—M	金属氮化物、酰胺、酰肼、氨基腈*
Ar—M—X X—Ar—M	卤代芳基金属、卤代芳基金属π-配合物(非催化剂)**

注:* 主要关心纯固体材料的自燃属性,金属胺溶液和取代胺(如 LDA、LiHMDS)的稀溶液是可以接受的,根据其过量及其使用情况;** 格氏试剂问题仅限于含三氟甲基部分的卤代苯基格氏试剂。

控的风险。例如,如图 2-47 所示,在胃促动力剂扎非那辛的合成过程中,发现中间体磺酸酯 **3** 在低于 200 ℃的条件下在很大程度上会分解放热。如果热量不能及时排出,就会导致热失控。于是,对该工艺进行了改进。如图 2-48 所示,化合物 **1** 经卤取代形成酰氯 **4**,然后经酰化和还原获得扎非那辛,从而回避了高能官能团化合物分解放热的问题。

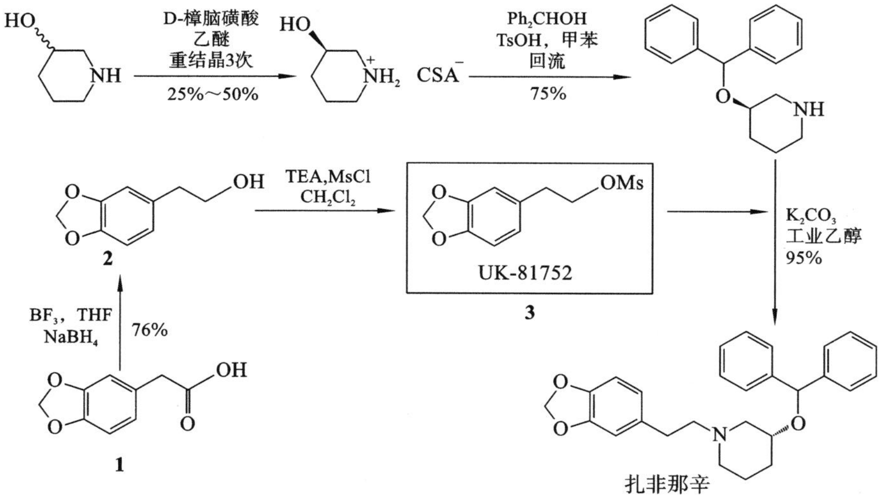

HO / NH —D-樟脑磺酸, 乙醚, 重结晶3次, 25%~50%→ HO / NH_2^+ CSA^- —Ph_2CHOH, TsOH, 甲苯, 回流, 75%→ O / NH

2 (OH) —TEA,MsCl, CH_2Cl_2→ **3** (OMs, UK-81752) —K_2CO_3, 工业乙醇, 95%→ 扎非那辛 (N, O)

1 (OH, O) —BF_3, THF, $NaBH_4$, 76%→ **2**

图 2-47 扎非那辛的原始合成工艺路线

解决热失控反应的另一种方法是改变反应器。图 2-49 所示为丙炔醚的 Claisen 重排反应,此反应为放热反应。小试时反应温度能正常控制;放大时急剧升温,33 s 内,体系温度从

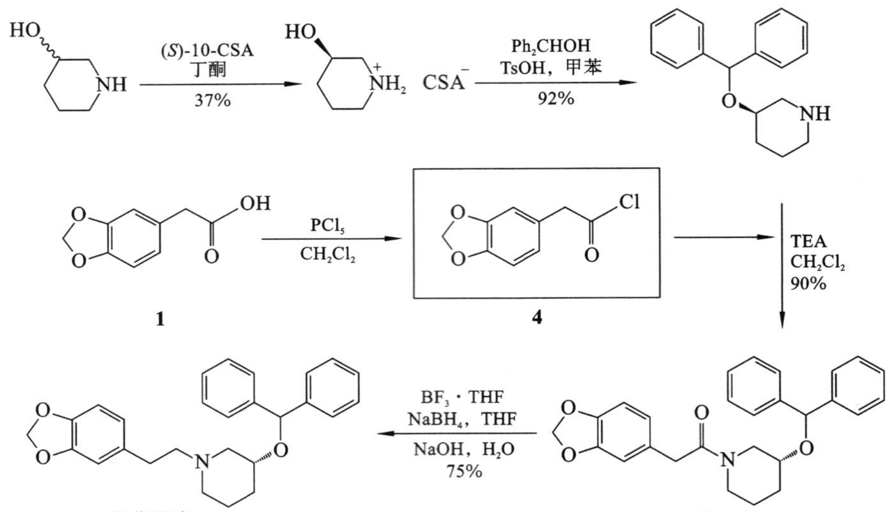

图 2-48 修改后的扎非那辛的合成工艺路线

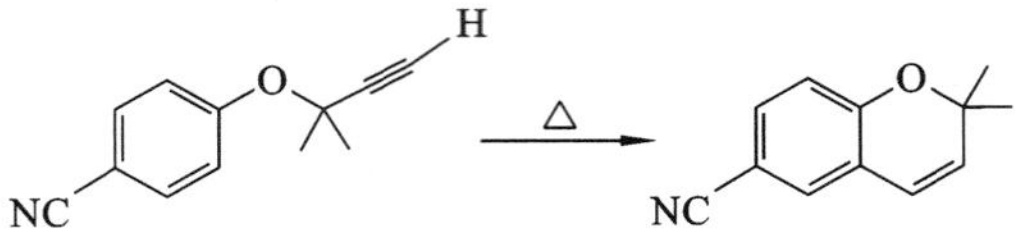

图 2-49 丙炔醚的 Claisen 重排反应

180 ℃上升到 445 ℃。为了消除强放热带来的危险,可将反应器从间歇釜式反应器改为管式反应器(详见第 5 章)。一方面,可借助管式反应器大的换热面积快速移走热量;另一方面,可通过调控管式反应器的加料速度和长度来调控反应速率和反应时间,从而进一步控制热的释放。随着具有优异传热和传质行为的微通道反应器的出现,很多剧烈放热反应或者可能产生热失控的反应不用再回避了(详见第 6 章)。

实际上,潜在的热失控并不可怕。在小试工艺完成后,可以委托化学工艺安全性评价公司对所研究的反应进行安全性评价,全面了解反应的反应热、绝热温升、最高合成反应温度等关键数据,从而对工艺的热安全性作出正确的评估,以便设计出不会发生潜在危险的工艺,或确定有恰当的措施来确保工艺处于安全控制之下。

2.2.2 综合评价实例

由上述可知,评价一个化学制药工艺路线是否具有工业化价值,有八项标准:①反应步骤最少化;②采用汇聚式合成策略;③原辅料“稳廉绿法”;④技术路线可行;⑤生产设备可靠;⑥后处理过程简单;⑦环境影响最小化;⑧过程安全。而用这八项标准去评价一个工艺时,不可能“八全八美”,有时会产生相互冲突的局面。

例如,为了提高选择性,有时必须采用保护和脱保护技术,但是原子经济性低;为了实现高位阻半合成头孢抗生素的制备,采用活性酰胺法,但原子经济性低;“一勺烩”减少了反应步骤,但是产品的纯度和收率有可能下降;为了提高反应速率和收率,所采用溶剂的绿色度低,如双分子亲核取代反应采用了难以回收的极性非质子溶剂;某些反应因为原料来源便宜,虽为尖顶型反应，仍然被使用。这样一些冲突有时候是不可避免的。

如图2-50所示，艾瑞昔布是由中国医学科学院药物研究所郭宗儒教授课题组与恒瑞医药公司合作自主研发的创新药，用于治疗骨关节炎和类风湿性关节炎，于2011年5月获得国家食品药品监督管理局批准上市。郭宗儒教授课题组早期报道的合成工艺路线是以化合物**1**为起始原料，经还原、N-烃化、N-酰化、Jones试剂氧化和Aldol缩合共5步反应获得艾瑞昔布。恒瑞医药公司的研究人员在上述路线的基础上，又设计了制备艾瑞昔布的2步法路线。仍以化合物**1**为原料，在三乙胺的催化下先与对甲基苯乙酸发生O-烃化反应，随后直接进行分子内的缩合反应，得到内酯中间体**6**；内酯中间体**6**在乙酸体系与丙胺发生氨解反应得到艾瑞昔布。

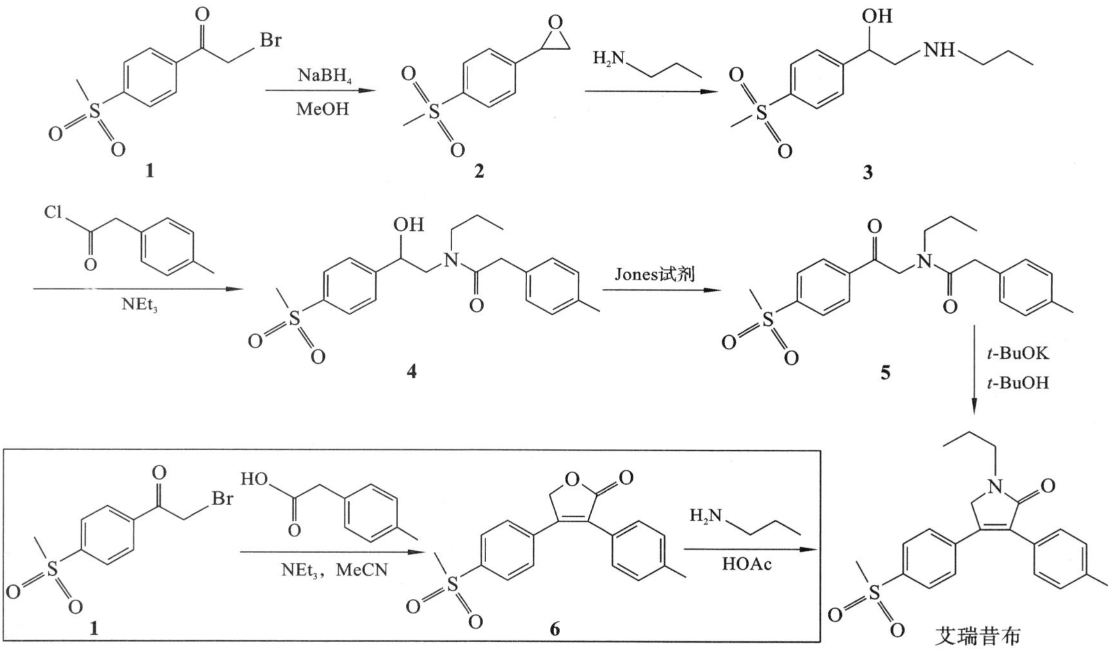

NaBH$_4$ MeOH
H$_2$N
NEt$_3$
Jones试剂
t-BuOK t-BuOH
NEt$_3$，MeCN
HOAc
艾瑞昔布

图2-50 艾瑞昔布原始的5步法路线和改进后的2步法路线

与艾瑞昔布原始的5步法路线相比，2步法路线在技术和经济层面的优势如下：①反应步骤由5步减到2步，路线明显缩短；②两条路线主要原料并未改变，但是以对甲基苯乙酸替代相应酰氯，避免使用硼氢化钠、Jones试剂及强碱，原料和所采用试剂的种类更少，成本更低；③避免了还原、氧化等氧化态调整过程，回避了强碱、强氧化和高度无水等反应条件，使反应过程更温和、更可靠、更安全；④后处理次数减少，过程明显简化，产物的纯度更好；⑤新路线的原子经济性更好，反应总收率更高，避免了有毒、易爆等危险试剂的使用，产生的废弃物更少，实现了环境影响最小化；⑥从经济角度来分析，2步法路线的综合成本明显低于5步法路线的综合成本，2步法路线适合于艾瑞昔布的工业化生产。

布洛芬抗炎、镇痛、解热疗效突出，安全性良好，是临床上最常用的非甾体抗炎药物。布洛芬最早由英国Boots公司开发，于20世纪60年代在英国上市。文献报道的布洛芬的合成路线多达20余条。其中，由Boots公司开发的以异丁基苯为原料、经由Darzens缩合的6步法路线为经典工艺路线（Boots路线，图2-51），曾被国内外多家药厂采用。原料异丁基苯**1**在三氧化铝的催化下与乙酸酐发生 F-C 酰基化反应,得到对异丁基苯乙酮 **2**;然后在乙醇钠的作用下与氯乙酸乙酯发生 Darzens 缩合反应,制得环氧丁酸酯类化合物 **3**;经过水解、脱羧反应得到苯丙醛衍生物 **4**;与羟胺缩合生成肟类化合物 **5**;经脱水反应,形成苯丙腈衍生物 **6**;最后将氰基水解为相应的羧酸获得布洛芬。

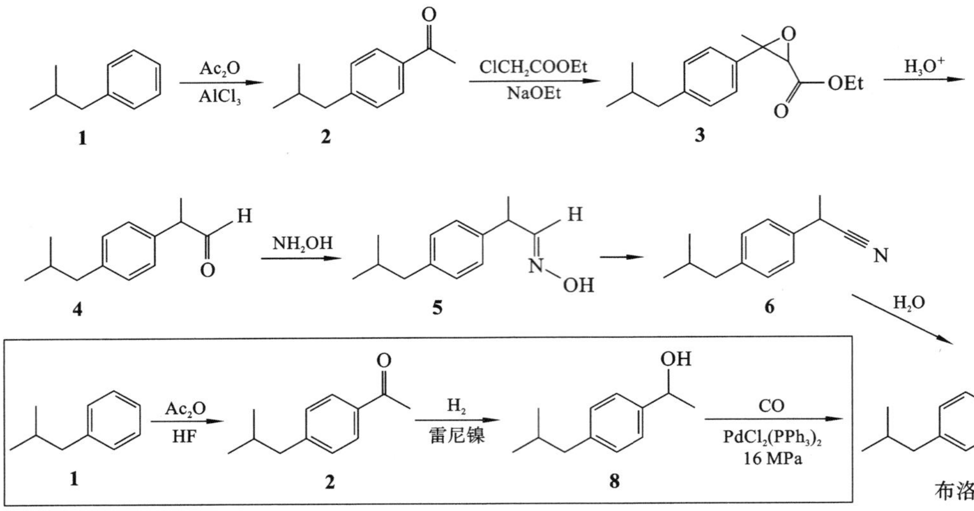

图 2-51　布洛芬合成的 Boots 路线与 HCB 路线

Boots 路线原料易得,反应可靠,控制方便,是较为成熟的工业化路线。但是,该路线还存在着一些不足之处。例如:路线较长;反应过程中需要使用醇钠,存在一定的安全隐患;原子利用率仅为 40%;成品的精制过程复杂;生产成本高。

1992 年,美国 Hoechst-Celanse 公司与 Boots 公司联合开发了全新的 3 步法合成布洛芬的工艺路线,即 HCB 路线。该路线仍以异丁基苯 **1** 为起始原料,在氟化氢的催化下与乙酸酐发生 F-C 酰基化反应,得到对异丁基苯乙酮 **2**;在雷尼镍的催化下,对异丁基苯乙酮 **2** 发生还原反应生成化合物 **8**;在二价钯及其配体的催化下,化合物 **8** 在高达 16 MPa 的高压下与一氧化碳发生插羰基反应,生成布洛芬。

与经典的 6 步法路线相比,HCB 路线的优点如下:①反应步骤减少,路线明显缩短;②起始原料并未改变,其他原料和试剂的种类减少,价格低廉,无须使用溶剂,气态催化剂 HF 可循环使用,两种金属催化剂使用后可回收重金属;③后处理次数减少,产物的纯度良好;④3 步反应的收率分别为 98%、96%和 98%,路线总收率可达 92.2%;⑤该路线的原子经济性明显改善,原子利用率达到 77.4%,如果考虑到副产物乙酸可以回收利用,则该路线的原子利用率可趋近 100%。

HCB 路线总收率高,原子经济性好,副产物与催化剂回收利用后产生废弃物少,切实实现了环境影响的最小化,因此获得 1997 年度"绿色化学挑战奖"的变更合成路线奖。HCB 路线唯一的不足之处是,插羰基反应采用了高压设备。如果高压设备投资成本过关,设备和操作安全性可靠,能够实现自动控制,结合 HCB 路线的其他诸多优势,整个工艺的优势就凸显出来。因此,评价一个工艺要从总体上进行考虑。

思　考　题

(1)化学制药工艺路线选择的八大标准是什么?

(2)你怎么理解“技术路线可行”? 可举例说明。

(3)你怎么理解“生产设备可靠”? 可举例说明。

(4)你怎么理解“后处理简单”? 可举例说明。

(5)你怎么理解“过程安全”? 怎样保证过程安全?

(6)要实现“对环境的影响最小化”,有哪些方法和策略?

码 2.1　第 2 章教学课件

第3章

化学制药工艺优化

工艺优化指的是在了解反应机理和反应混合物各组分特性的基础上，研究化学反应与后处理条件对产物的收率和质量、生产成本以及废弃物排放的影响，从而确定最佳工艺条件的过程。化学反应与后处理条件包含反应物的配料比、反应物的浓度与纯度、加料顺序、反应时间、反应温度和压力、溶剂、催化剂及其配体、pH 值、反应器类型、搅拌方式与搅拌速度、产物分离与精制的设备以及相应的操作条件等。

本章重点从反应温度和浓度的选择、反应原料配比的选择、加料顺序的选择、加料时间的选择、后处理方法的选择和工艺控制等方面来探讨化学制药工艺优化。

3.1 反应温度和浓度的选择

3.1.1 动力学基本知识

3.1.1.1 转化率、选择性和收率

为更好地描述转化率、选择性和收率三个概念，设有一个反应，A 经反应生成产物 P 和 S：

$$A \longrightarrow P + S$$

其中 A 为反应原料，P 为主产物即目标产物，S 为副产物。对于这样一个反应，通常将反应物 A 的转化率 X 定义为：反应物 A 消耗的量与反应物 A 初始量的比值。

为了便于讨论，设该反应为恒定体积反应，则可以用反应物 A 的浓度代替物质的量来描述转化率。设 A 的初始浓度为 C_{A0}，t 时刻 A 的浓度为 C_A，产物 P 的浓度为 C_P，则转化率 X 可定义为：

$$X = \frac{C_{A0} - C_A}{C_{A0}}$$

其中，$C_{A0} - C_A$ 表示已经转化掉的 A 的量，C_{A0} 表示 A 的初始量。

为了便于讨论，假设反应物 A 与产物 P 之间的化学计量比为 1∶1。以 S 表示反应的选择性，定义为产物 P 的生成量与转化掉 A 的量的比值：

$$S = \frac{C_P}{C_{A0} - C_A}$$

则收率 Y 可定义为产物 P 的生成量与 A 的起始量的比值：

$$Y = \frac{C_P}{C_{A0}}$$

转化率、选择性和收率三者之间的关系可推导为：

$$Y = \frac{C_P}{C_{A0}} = \frac{C_P}{C_{A0} - C_A} \cdot \frac{C_{A0} - C_A}{C_{A0}} = S \cdot X$$

因此，收率 Y 为选择性 S 与转化率 X 的乘积。

收率 Y 与选择性 S 和转化率 X 之间的关系，还可以用图 3-1 表示。以转化率 X 为横坐标，以与之对应的选择性 S 为纵坐标，以 $S=f(X)$表达选择性与转化率之间的关系，则曲线 $S=f(X)$与横轴之间的面积，即 S 在转化率为 0 至反应结束时对应的转化率 X_f之间相对于 X 的积分即为收率，其中 $Y = \int_0^{X_f} S\mathrm{d}X$ 。

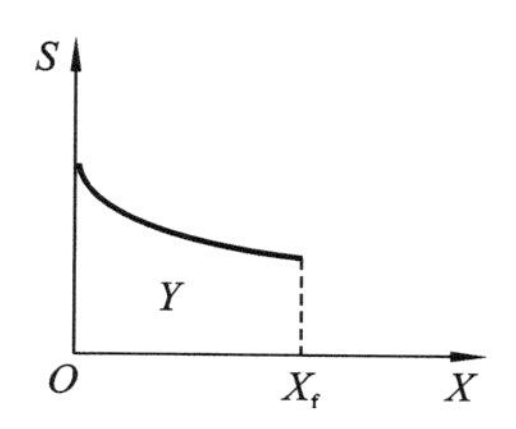

图 3-1　收率 Y 与选择性 S、转化率 X 之间的关系

3.1.1.2　目标函数的顺序选择

在药物合成过程中，经常说要提高目标产物的收率，那么在收率、转化率和选择性这三者中，收率是不是首选的目标函数呢？

设有一个反应，其主反应和副反应的活化能分别为 E_{vP} 和 E_{vS}，且 $E_{vS} > E_{vP}$，即副反应的活化能大于主反应的活化能，也就是说副反应在较高的温度才能发生，主反应在较低温度下就可进行。

如图 3-2(a)所示，若该反应在高温下进行，则反应速率快，且主反应和副反应同时发生，短时间内转化率就达到 100%，但因主、副反应均发生了，选择性较低，只有 50%。可见，高温短时间的反应条件下目标产物的总收率 Y_a仅为 50%。若想再提高收率已没有回旋的余地，因为原料已经转化完了。

同样的反应若在低温下进行(图 3-2(b))，则仅主反应发生了，而副反应没有发生，所以反应的选择性高达 100%。由于反应温度低，反应速率慢，且只有主反应发生而副反应没有发生，因此在短时间内转化率低，只有 50%。可见，在低温短时间的反应条件下目标产物的总收率 Y_b也是 50%。在此条件下，还有 50%的原料没有转化。

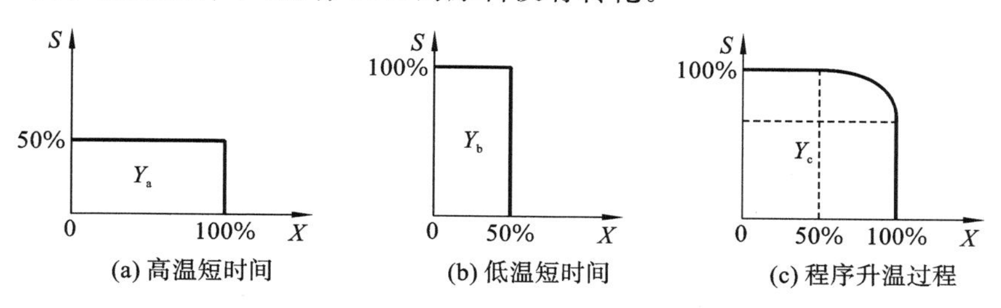

图 3-2　三种不同反应条件下的选择性

当在低温短时间内达到转化率 50%和选择性 100%时,想通过延长时间来增加收率较困难。如果程序升温(图 3-2(c)),这时转化率一点点增加,选择性因温度的升高副反应的发生而慢慢降低,直至转化率达到 100%。这样总收率就达到最大值 Y_c。由此可见,对于一个反应,优先以选择性为目标函数,其次以转化率为目标函数,可实现收率的最大化。

某同学对下述反应进行工艺优化:

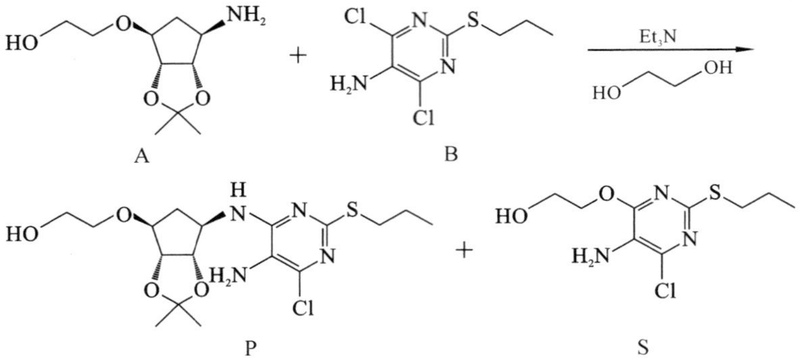

其中 A、B 表示两种原料,P 和 S 分别表示目标产物和副产物。从目标产物和副产物的结构看,目标产物 P 是原料 B 与原料 A 之间发生 N-烃化反应所生成的,而副产物 S 是原料 B 与溶剂乙二醇之间发生 O-烃化反应的产物。因此要减少副产物 S 的生产量,溶剂选择很重要。于是进行了溶剂筛选,结果如表 3-1 所示。

表 3-1　溶剂筛选的实验结果

实验序号	反应溶剂	反应温度/℃	W_B/(%)	W_P/(%)	(W_B+W_P)/(%)
1	2-丁醇	79	94.1	4.3	98.4
2	THF	65	95.9	2.2	98.1
3	二氧六环	100	92.2	7.6	99.8
4	异丙醇	82	83.3	16.6	99.9
5	叔丁醇	82	58.3	41.4	99.7
6	异丁醇	100	9.3	81.7	91.0
7	乙二醇单甲醚	100	11.4	80.4	91.8
8	DMSO	100	0	80.8	80.8
9	DMF	100	64.5	33.3	97.8
10	正丁醇	100	7.6	85.7	93.3

注:W_B表示未反应的原料 B 的百分率,W_P表示产物 P 的收率,100%-(W_B+W_P)表示副产物的收率。

根据收率的大小,该同学选择了实验 10 所对应的正丁醇为最佳溶剂,因为该实验对应的产物 P 的收率最高,达到 85.7%。实际上,实验 10 的 W_B+W_P只有 93.3%,这说明有 6.7%

的原料转化成副产物了，选择性不是最好的；而实验 3、实验 4 与实验 5 对应 W_B+W_P 的值均近乎 100%，说明副产物很少，选择性高。在实验 3、实验 4 与实验 5 中，实验 5 对应的 P 收率最大，还剩下 58.3% 的原料 A 没有转化。如果延长反应时间或提高温度，该反应的转化率一定继续增加。对于这样一个在接近叔丁醇沸点(84.6 ℃)下的回流反应，需要加压才能提高反应温度。

由此可见，在优化工艺的初始阶段，先让反应选择性最大化，再让转化率最大化；当二者都最大化的时候，就实现了目标产物收率的最大化。因此目标函数的选择顺序为：选择性、转化率、收率。

提高转化率的方法如下：①延长反应时间；②提高反应温度，从而加快反应速率来提高转化率；③对于可逆反应，把生成的产物及时移走可提高转化率；④对于 A 与 B 参与的可逆反应，提高 B 的配比，也有利于提高 A 的转化率。下述将重点阐述如何提高反应的选择性。

3.1.1.3　反应选择性的提高

在正式讨论如何提高选择性之前，先了解两大类复杂反应(平行反应和连串反应)的反应速率表达方式。

1. 平行反应的反应速率

为了方便讨论，设有如下的平行反应，A+B 生成目标产物 P，同时 A+C 生成副产物 S。

$$\begin{cases} A + B \xrightarrow[k_P]{E_{vP}} P \\ A + C \xrightarrow[k_S]{E_{vS}} S \end{cases}$$

其中 A、B、C 表示 3 种反应物，P 表示目标产物，S 表示副产物，k_P、k_S 分别为主反应和副反应的反应速率常数，E_{vP}、E_{vS} 分别为主反应和副反应的活化能。假设这两个反应都是基元反应，依据质量作用定律，则主反应和副反应的反应速率可用下面的表达式表示：

$$\begin{cases} r_P = k_P C_A^a C_B^b \\ r_S = k_S C_A^{a'} C_C^c \end{cases}$$

其中 r_P 和 r_S 分别为目标产物 P 和副产物 S 的生成速率，C_A、C_B 和 C_C 分别为反应物 A、B、C 的浓度，a、b、c、a' 为相关反应物的反应级数。

倘若以下面的 Arrhenius 方程(k、k_0、E_v 分别为反应速率常数、频率因子和活化能)描述上述 r_P 和 r_S 表达式中的反应速率常数 k_P 和 k_S：

$$k = k_0 e^{-\frac{E_v}{RT}}$$

则有：

$$\begin{cases} r_P = k_{0P} e^{-\frac{E_{vP}}{RT}} C_A^a C_B^b \\ r_S = k_{0S} e^{-\frac{E_{vS}}{RT}} C_A^{a'} C_C^c \end{cases}$$

其中 k_{0P}、k_{0S} 分别为主反应和副反应的反应速率的频率因子。

2. 连串反应的反应速率

为了方便讨论，设有下面的连串反应，即反应物 A 与 B 反应生成目标产物 P，P 又进一步

与 A 反应生成副产物 S:

$$A \xrightarrow[E_{vP}]{B} P \xrightarrow[E_{vS}]{A} S$$

假设主反应和副反应均为基元反应,根据质量作用定律,该连串反应中目标产物 P 和副产物 S 的生成速率可分别表示为:

$$\begin{cases} r_P = k_P C_A^a C_B^b \\ r_S = k_S C_A^{a'} C_P^p \end{cases}$$

其中 a、b、a'、p 为相关反应物的反应级数,C_P 为目标产物的浓度。

与平行反应的反应速率描述相同,也可以将连串反应的反应速率常数写成活化能和温度的函数,于是上述连串反应的主反应和副反应的反应速率 r_P 和 r_S 的表达式为:

$$\begin{cases} r_P = k_{0P} e^{-\frac{E_{vP}}{RT}} C_A^a C_B^b \\ r_S = k_{0S} e^{-\frac{E_{vS}}{RT}} C_A^{a'} C_P^p \end{cases}$$

3. 对比选择性

主反应和副反应的竞争归根结底是主反应的反应速率和副反应的反应速率的竞争。在前述主反应和副反应的反应速率方程中,要获得活化能和反应级数等动力学数据较困难,因此有诸多未知数的反应速率方程毫无实用价值。但当引入对比选择性概念并加以深入研究后,就会发现含有未知数的对比选择性方程具有极其重要的实用价值。

将对比选择性定义为主反应的反应速率与副反应的反应速率之比,并用 $\overline{S}$ 表示对比选择性。

1)平行反应和连串反应的对比选择性

对于下面的平行反应:

$$\begin{cases} A + B \xrightarrow[k_P]{E_{vP}} P \\ A + C \xrightarrow[k_S]{E_{vS}} S \end{cases}$$

其对比选择性 $\overline{S}$ 为主反应的反应速率 r_P 和副反应反应速率 r_S 的比值,将相应的速率表达式代入,可得对应的对比选择性表达式:

$$\overline{S} = \frac{r_P}{r_S} = \frac{k_{0P} e^{-\frac{E_{vP}}{RT}} C_A^a C_B^b}{k_{0S} e^{-\frac{E_{vS}}{RT}} C_A^{a'} C_C^c} = \frac{k_{0P}}{k_{0S}} e^{\frac{E_{vS}-E_{vP}}{RT}} C_A^{a-a'} C_B^b C_C^{-c} \tag{1}$$

其中,k_{0P}/k_{0S} 为常数项,$e^{\frac{E_{vS}-E_{vP}}{RT}}$ 是温度的函数,称为温度效应;由 A、B、C 三组分浓度构成的幂函数项($C_A^{a-a'} C_B^b C_C^{-c}$)与各组分的浓度有关,称为浓度效应。一般而言,反应级数 a、b、c、a' 为正值。可见,对比选择性的取值范围为 $0 \sim +\infty$。

由式(1)还可以看出,对比选择性 $\overline{S}$ 是浓度和温度的函数,对于浓度和温度具有连续、可导和无极值的特性。

同理,对于下面的连串反应也存在类似的对比选择性,如式(2)所示。

$$A \xrightarrow[E_{vP}]{B} P \xrightarrow[E_{vS}]{A} S$$

$$\overline{S} = \frac{r_P}{r_S} = \frac{k_{0P} e^{-\frac{E_{vP}}{RT}} C_A^a C_B^b}{k_{0S} e^{-\frac{E_{vS}}{RT}} C_A^{a'} C_P^p} = \frac{k_{0P}}{k_{0S}} e^{\frac{E_{vS}-E_{vP}}{RT}} C_A^{a-a'} C_B^b C_P^{-p} \tag{2}$$

特别要指出的是，对于连串反应，随着反应时间 t 的延长，原料 A 的转化率 X 不断增加，目标产物 P 的浓度 C_P 不断增加，导致对比选择性降低。因此连串反应的对比选择性与时间有直接的关系。

$$t\uparrow \rightarrow X\uparrow \rightarrow C_P\uparrow \rightarrow \overline{S}\downarrow$$

连串反应的对比选择性同样存在温度效应项和浓度效应项。因此，在下面讨论温度效应和浓度效应时，仅以平行反应为例进行讨论，所述结论同样也适合带有连串副反应的反应。

2)温度效应

以上述的平行反应为例，其对比选择性的表达式为：

$$\overline{S}=\frac{r_P}{r_S}=\frac{k_{0P}}{k_{0S}}e^{\frac{E_{vS}-E_{vP}}{RT}}C_A^{a-a'}C_B^{b}C_C^{-c}$$

当各组分的浓度一定时，对比选择性仅是温度的函数。令 K 为反应速率常数项与浓度效应项的乘积，即

$$K=\frac{k_{0P}}{k_{0S}}C_A^{a-a'}C_B^{b}C_C^{-c}$$

那么，对比选择性的表达式可重新整理为：

$$\overline{S}=Ke^{\frac{E_{vS}-E_{vP}}{RT}}$$

对于这种简化的只描述温度效应的对比选择性表达式而言，若副反应的活化能大于主反应的活化能，即 $E_{vS}>E_{vP}$，那么 $E_{vS}-E_{vP}>0$，则：

$$T\uparrow \rightarrow e^{\frac{E_{vS}-E_{vP}}{RT}}\downarrow \rightarrow \overline{S}\downarrow$$

$$T\downarrow \rightarrow e^{\frac{E_{vS}-E_{vP}}{RT}}\uparrow \rightarrow \overline{S}\uparrow$$

也就是说，温度升高，对比选择性降低，这是因为温度升高有利于副反应即活化能高的反应；温度降低，对比选择性增加，这是因为温度降低有利于主反应即活化能低的反应。

温度变化对对比选择性的影响趋势与主、副反应活化能的大小一一对应，总结如下：

$$\left.\begin{cases}T\uparrow \rightarrow \overline{S}\downarrow \\ T\downarrow \rightarrow \overline{S}\uparrow\end{cases}\right\}\leftrightarrow E_{vS}-E_{vP}>0$$

$$\left.\begin{cases}T\uparrow \rightarrow \overline{S}\uparrow \\ T\downarrow \rightarrow \overline{S}\downarrow\end{cases}\right\}\leftrightarrow E_{vS}-E_{vP}<0$$

在第一种情况下，温度升高时对比选择性减小或温度降低时对比选择性增大必然能推导出副反应的活化能大于主反应的活化能；反之，当副反应的活化能大于主反应的活化能时，必然能推导出温度升高会导致对比选择性减小或者温度降低会导致对比选择性增大。在第二种情况下，温度升高时对比选择性增大或温度降低时对应选择性减小必然能推导出副反应的活化能小于主反应的活化能；反之，当副反应的活化能小于主反应的活化能时，必然能推导出温度升高会导致对比选择性增大或者温度降低会导致对比选择性减小。

鉴于上述观点，在化学制药工艺研究过程中，选择反应温度是根据主反应与副反应活化能(E_{vP}和 E_{vS})的相对大小，而不是它们的具体数值。求取 E_{vP} 和 E_{vS} 的具体数值是很复杂的事情，而求取它们的相对大小就容易得多。主反应与副反应活化能的相对大小要通过实验来确定。

如图 3-3 所示，实验测定了两个不同温度 T_A 和 T_B 下的对比选择性，分别为 $\overline{S_A}$ 和 $\overline{S_B}$。若实验表明，当 $T_A>T_B$ 时，$\overline{S_A}<\overline{S_B}$，可推出副反应的活化能大于主反应的活化能，即 $E_{vS}-E_{vP}$

>0。可见降低温度是有利的。如果要进一步实验,所选择的温度只能比 T_B 更小,温度高于 T_B 的所有实验点的对比选择性都低于 $\overline{S_B}$。若实验表明,当 $T_A > T_B$ 时,$\overline{S_A} > \overline{S_B}$,可推出副反应的活化能小于主反应的活化能,即 $E_{vS} - E_{vP} < 0$。可见升高温度是有利的,最优温度高于 T_A。

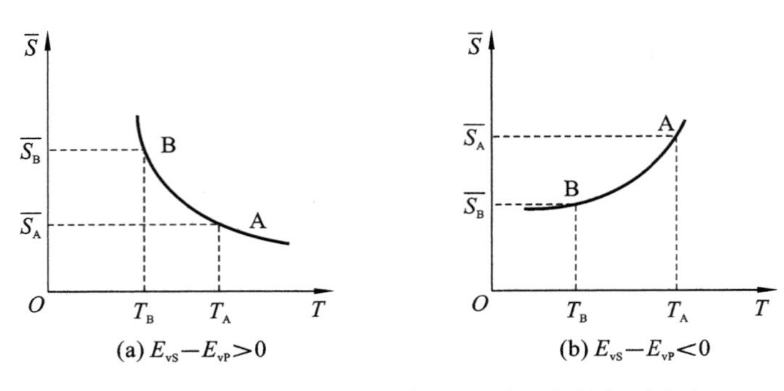

图 3-3　根据实验结果判断主、副反应活化能相对大小

特别需要指出的是,$\overline{S}$ 是主反应的反应速率与某一特定副反应的反应速率的比值,而不是与所有副反应的反应速率的比值。往往在不同的温度段,出现不同的副反应,这就要求对复杂问题进行分段讨论。

3)浓度效应

由前述可知,对于前述的平行反应,其对比选择性表达式为:

$$\overline{S} = \frac{r_P}{r_S} = \frac{k_{0P}}{k_{0S}} e^{\frac{E_{vS}-E_{vP}}{RT}} C_A^{a-a'} C_B^{b} C_C^{-c}$$

当温度一定时,可以将该表达式简化为:

$$\overline{S} = K C_A^{a-a'} C_B^{b} C_C^{-c}$$

其中 K 为反应速率常数项与温度效应项的乘积。$\overline{S}$ 相对于浓度是个连续、可导和无极值的函数。在一般情况下(各组分均不是反应抑制剂),a、b、c、a' 均为正值。B、C 组分浓度对对比选择性的影响已经十分明确,仅靠理论分析便可得知,即:

(1) $C_B \uparrow \rightarrow C_B^b \uparrow \rightarrow \overline{S} \uparrow$,因此 B 高浓度有利,应一次性加料;

(2) $C_C \uparrow \rightarrow C_C^{-c} \downarrow \rightarrow \overline{S} \downarrow$,也就是说 C 低浓度有利,除尽 C 最有利。

A 组分浓度对对比选择性的影响有三种情况:

(1) 当 $a - a' > 0$ 时,$C_A \uparrow \rightarrow C_A^{a-a'} \uparrow \rightarrow \overline{S} \uparrow$;

(2) 当 $a - a' < 0$ 时,$C_A \uparrow \rightarrow C_A^{a-a'} \downarrow \rightarrow \overline{S} \downarrow$;

(3) 当 $a - a' = 0$ 时,$C_A^{a-a'} = 1$,C_A 对 $\overline{S}$ 无影响。

因此,就浓度效应而言,关键要知道 a 与 a' 的相对大小,不需要知道 a 与 a' 的具体值。与在温度效应中提到的通过实验确定主、副反应活化能的相对大小一样,可通过实验测定 a 与 a' 的相对大小。

可在同一温度下做两个实验。第一个实验是将 A 组分一次性加入。这里要特别指出的是,若 A 一次性加入时,温度无法控制,将 B 组分改为滴加。第二个实验是将 A 组分慢慢滴入。第一个实验代表 A 组分的高浓度反应,第二个实验代表 A 组分的低浓度反应。比较两个实验的对比选择性。

若 A 组分一次性加料时,对比选择性较高,即 $C_A \uparrow \rightarrow \overline{S} \uparrow$,则说明 $a-a'>0$;反之,若 A

组分慢慢滴加时，对比选择性较高，即 $C_A \downarrow \rightarrow \overline{S} \uparrow$，则说明 $a-a'<0$。也就是说，高浓度有利于反应级数高的反应，低浓度有利于反应级数低的反应。

实际上，A 组分浓度对对比选择性的影响趋势与 a 与 a' 的相对大小及加料方式之间存在一一对应的关系：

$$C_A^{a-a'}\begin{cases}\left.\begin{array}{l}C_A\downarrow \rightarrow \overline{S}\downarrow\\ C_A\uparrow \rightarrow \overline{S}\uparrow\end{array}\right\}\leftrightarrow a-a'>0\leftrightarrow \text{A 组分一次性加入或维持高浓度}\\ \left.\begin{array}{l}C_A\uparrow \rightarrow \overline{S}\downarrow\\ C_A\downarrow \rightarrow \overline{S}\uparrow\end{array}\right\}\leftrightarrow a-a'<0\leftrightarrow \text{A 组分慢慢滴加或维持低浓度}\\ \left.\begin{array}{l}C_A\uparrow \rightarrow \overline{S}\text{不变}\\ C_A\downarrow \rightarrow \overline{S}\text{不变}\end{array}\right\}\leftrightarrow a-a'=0\leftrightarrow \text{加料方式不影响}\end{cases}$$

第一种情况下，A 组分的浓度减小时对比选择性减小或 A 组分的浓度增大时对应选择性也增大，必然推导出 $a-a'>0$，也必然推导出 A 组分一次性加入或维持高浓度是有利的。反之，A 组分一次性加入或维持高浓度时对比选择性增大，必然推导出 $a-a'>0$，也必然推导出 A 组分的浓度减小时对比选择性减小或 A 组分的浓度增大时对比选择性也增大。

第二种情况下，A 组分的浓度增大时对比选择性减小或 A 组分的浓度减小时对比选择性也增大，必然推导出 $a-a'<0$，也必然推导出 A 组分慢慢滴加或维持低浓度是有利的。反之，A 组分慢慢滴加或维持低浓度时对比选择性增大，必然推导出 $a-a'<0$，也必然推导出 A 组分的浓度增大时对比选择性减小或 A 组分的浓度减小时对比选择性也增大。

第三种情况下，A 组分的浓度升高或降低时对比选择性不变，必然推导出 $a-a'=0$，也必然推导出 A 的加料方式对反应的对比选择性没有影响。反之，当 A 的加料方式对反应的对比选择性没有影响时，必然能推导出 $a-a'=0$，也必然推导出 A 组分的浓度变化对反应的对比选择性没有影响。

一般情况下，将可发生副反应的组分的浓度降低，则可减少该副反应。因此，往往可以根据副产物的结构确定加料方式（表 3-2）。

表 3-2　副产物 S 结构与浓度效应的关系

序号	副产物 S 结构	信息解读	优化方式
1	A+C	杂质 C 有影响	除去杂质 C
2	A+A	$C_A \uparrow \rightarrow \overline{S} \downarrow$	A 组分稀释后滴加
3	A+P	$C_A \uparrow \rightarrow \overline{S} \downarrow$ $C_P \uparrow \rightarrow \overline{S} \downarrow$ $X \uparrow \rightarrow \overline{S} \downarrow$	①A 组分稀释后滴加； ②及时移走产物 P； ③C_B 增加有利，相当于稀释了 A、P 两组分； ④控制 A 转化率使其位于较低水平
4	A+B	$\overline{S}=KC_A^{a-a'}C_B^{b-b'}$	对比实验：①A 滴加；②B 滴加；③A、B 分别滴加（或 A、B 低温混合滴加）；④A、B 一次性加入（若温度可控）

根据副产物的结构,确定是由原料A与杂质C产生的时候,可以将原料中C除掉。如果副产物S是由2分子的原料A或多分子的原料A产生的,那么A组分一定采取滴加的方式加料,最好稀释后再滴加。如果副产物S是由原料A和产物P进一步反应得到的,那么采取的优化方式如下:A组分一定为滴加或稀释后滴加;可能的话,及时移走产物P;如果不能移走P,控制低的转化率很重要;反应原料B一次性加入,相当于稀释了A、P两组分,对反应也是有利的。如果副产物S是由A和B产生的,因为A和B同时生成目标产物,那么主反应与副反应的对比选择性$\overline{S}=KC_A^{a-a'}C_B^{b-b'}$中$a$与$a'$的相对大小以及$b$与$b'$的相对大小只能通过实验进行测定。这里的对比实验包含四种情况:A滴加;B滴加;A、B分别滴加(或A、B低温混合滴加);若温度可控,A、B一次性加入。通过这四次实验,找出A与B最优的加料方式。

3.1.2 平行反应的反应温度和浓度的选择

在前述动力学基本知识的基础上,先来讨论平行反应的反应温度和浓度的选择。

由前述可知,对于下面的平行反应:

$$\begin{cases} A+B \xrightarrow[k_P]{E_{vP}} P \\ A+C \xrightarrow[k_S]{E_{vS}} S \end{cases}$$

其对比选择性可表达为:

$$\overline{S}=\frac{k_{0P}}{k_{0S}}e^{\frac{E_{vS}-E_{vP}}{RT}}C_A^{a-a'}C_B^{b}C_C^{-c}$$

该对比选择性表达式由三部分构成,即常数项、温度效应项和浓度效应项。该平行反应优化需要考察的参数就只有温度和各组分的浓度。根据前述的实验方法确定主反应和副反应活化能的相对大小,从而可以判断温度的影响趋势。也可根据前述的实验方法确定A组分浓度的反应级数a与a'的相对大小,从而确定A组分浓度的影响趋势。而组分B和C浓度的影响是确定的。B的浓度愈大愈好,C的浓度是愈小愈好,最好除尽。这就是平行反应的一般优化方式。

3.1.3 连串反应的反应温度和浓度的选择

由前述可知,对于下面的连串反应:

$$A \xrightarrow[E_{vP}]{B} P \xrightarrow[E_{vS}]{A} S$$

其对比选择性表达式为:

$$\overline{S}=Ke^{\frac{E_{vS}-E_{vP}}{RT}}C_A^{a-a'}C_B^{b}C_P^{-p}$$

同样,该对比选择性表达式也是由常数项、温度效应项和浓度效应项组成。

如前所述,对于连串反应,随着反应时间t的延长,转化率X增加,产物P的浓度不断增加,会导致对比选择性的降低。因此,对于连串反应,除了考虑反应温度和各组分浓度影响趋势外，还应该控制反应时间或者说控制转化率。

$$t\uparrow \rightarrow X\uparrow \rightarrow C_P\uparrow \rightarrow \overline{S}\downarrow$$

反应温度的影响趋势和 A 组分浓度的影响趋势也是通过实验来确定的。组分 B 和组分 P 的浓度对反应对比选择性的影响趋势是显而易见的。B 的浓度愈大愈好，P 最好能除尽。可以采用连续流管式反应器或微通道反应器对反应时间或转化率进行控制。

例如，如图 3-4 所示，1，4-二氟苯的混酸硝化过程为强放热反应。当温度过高时会产生连串反应副产物——多硝基化合物和硝基酚类。因此及时将热量传导出去和控制反应时间非常重要。如图 3-5 所示，当采用连续流微通道反应器时，以 2 倍物质的量的硫酸和 1.1 倍物质的量的硝酸组成的混酸为硝化剂时，前两个反应器的平均停留时间均为 1 min，温度依次控制在 30～35 ℃和 65～70 ℃。后一个反应器的温度高于前一个反应器的温度，目的是提高转化率。最后一个反应器温度控制在－5～0 ℃时，用于淬灭反应。通过上述的连续流硝化，能有效地避免连串副反应的发生，将总的副产物的含量控制在 1％以下。

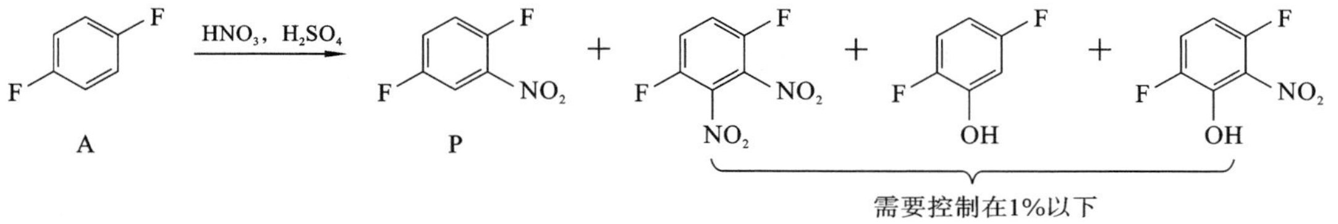

图 3-4　1，4-二氟苯的混酸硝化反应

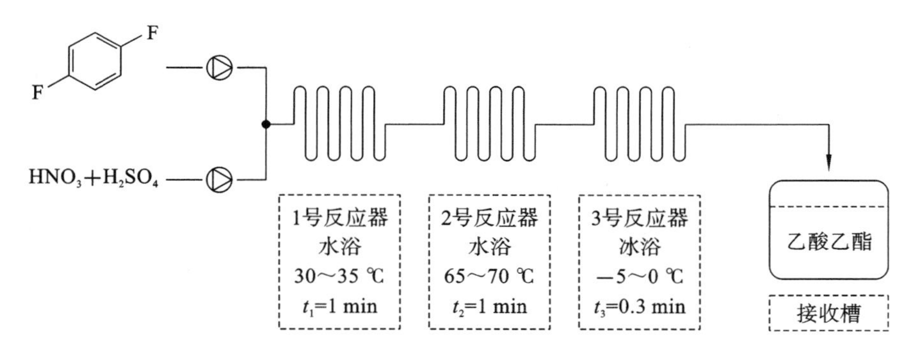

图 3-5　微通道反应器连续流硝化制备 1，4-二氟-2-硝基苯

3.1.4　动力学方法优化实例

1. 动力学方法优化实例 1

如图 3-6 所示，苯酚既可以进行对位卤取代，也可以进行邻位卤取代，而对位卤取代的产物还可以进一步进行邻位卤取代。如果对位卤取代的产物是目标产物，那么这是一个既有平行副反应，又有连串副反应的复杂反应。

1）反应的简化

将前述的复杂反应简化为下面的一般形式，其中 A＋B 生成目标产物 P，继而生成副产物 S_2，同时 A 又与 B 生成副产物 S_1。

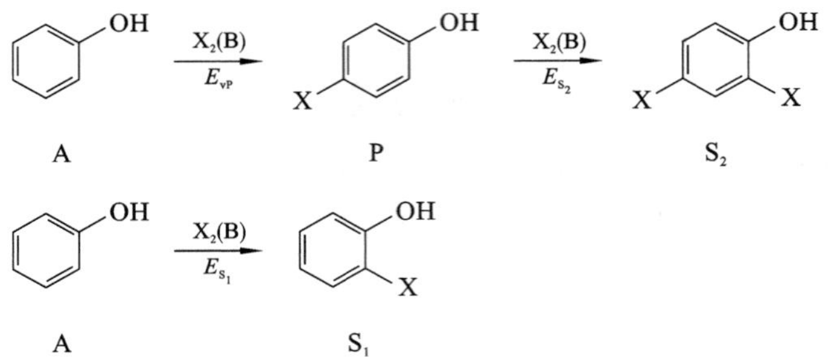

图 3-6　苯酚的卤化反应

$$\begin{cases} A + B \xrightarrow[k_P]{E_{vP}} P \xrightarrow[k_{S_2}]{E_{vS_2}} S_2 \\ A + B \xrightarrow[k_{S_1}]{E_{vS_1}} S_1 \end{cases}$$

先讨论平行反应，然后来讨论连串反应。

2)平行反应中的温度效应

对于 A+B 生成目标产物 P，同时 A 又与 B 生成副产物 S_1 的平行反应：

$$\begin{cases} A + B \xrightarrow[k_P]{E_{vP}} P \\ A + B \xrightarrow[k_{S_1}]{E_{vS_1}} S_1 \end{cases}$$

其对比选择性的表达式为：

$$\overline{S_1} = \frac{k_{0P}}{k_{0S_1}} e^{\frac{E_{vS_1} - E_{vP}}{RT}} C_A^{a-a'} C_B^{b-b'}$$

先来讨论温度效应。通过实验发现，反应同样长的时间后，当 $T=80$ ℃时，目标产物 P 和副产物 S_1 的浓度比(即色谱峰面积比)为 2，即 $C_P/C_{S_1}=2$；当 $T=10$ ℃时，目标产物 P 和副产物 S_1 的色谱峰面积比为 5，即 $C_P/C_{S_1}=5$。可见，降低温度有利于提高对比选择性，故主反应的活化能小于副反应的活化能($E_{vP}-E_{vS_1}<0$)。后续探索反应温度时应该把温度控制在 10 ℃以下。结果发现在 $T=-30$ ℃时，P 组分与副产物 S_1 的色谱峰面积比为 10($C_P/C_{S_1}=10$)，已经足够好，因此反应温度选定在 -30 ℃。

3)平行反应中的浓度效应

对于 P 与 S_1 来说，组分 A 和组分 B 的浓度效应不明显，可以认为 $a-a'\approx 0$，$b-b'\approx 0$。因此，浓度效应可能主要体现在连串反应上。

4)连串反应中的温度效应

对于上述复杂反应中的 A 与 B 反应生成 P，然后进一步与 B 反应生成副产物 S_2 的连串反应：

$$A \xrightarrow[E_{vP}]{B} P \xrightarrow[E_{vS_2}]{B} S_2$$

相应的对比选择性可表达为：

$$\overline{S_2} = \frac{k_{0P}}{k_{0S_2}} e^{\frac{E_{vS_2} - E_{vP}}{RT}} C_A^{a} C_B^{b-b'} C_P^{-p}$$

同样，通过实验来研究其温度效应。实验发现：当 $T=80$ ℃时，P 组分与副产物 S_2 的色谱峰面积比为 1,即 $C_P/C_{S_2}=1$;当 $T=10$ ℃时,P 组分与副产物 S_2 的色谱峰面积比为 10,即 $C_P/C_{S_2}=10$。由此可见,低温对主反应有利,即主反应的活化能小于副反应的活化能($E_{vP}-E_{vS_2}<0$)。

5)连串反应中的浓度效应

由上述连串反应对比选择性表达式可知,原料 A 组分和目标产物 P 组分的浓度效应是显而易见的,即 A 组分的浓度升高时,对比选择性增加,所以 A 组分高浓度有利,应一次性加料;产物 P 的浓度升高时,对比选择性降低,故产物 P 低浓度有利,在反应生成后应尽可能除去。对于不能直接看出浓度效应的 B 组分,则需通过实验确定。

实验表明,当 B 组分滴加时,产物 P 与副产物 S_2 的色谱峰面积比为 15,即 $C_P/C_{S_2}=15$;当 B 组分一次性加料时,产物 P 与副产物 S_2 的色谱峰面积比为 1,即 $C_P/C_{S_2}=1$。由此可见,组分 B 的浓度降低时,对比选择性增加,因此 $b-b'<0$,B 组分应该滴加。

6)总结

综上所述,对于苯酚卤代的实例,通过上述的温度效应和浓度效应的分析,并结合实验研究,可以获得以下结论:

(1)反应温度降低有利于提高反应总体选择性,因此应该选择低温。

$$T\downarrow \rightarrow \overline{S}\uparrow$$

(2)原料 A 的浓度越大越有利于总体选择性的提高,因此原料 A 应该一次性加入。

$$C_A\uparrow \rightarrow \overline{S}\uparrow$$

(3)原料 B 的浓度越低越有利于总体选择性的提高,因此原料 B 应该滴加。

$$C_B\downarrow \rightarrow \overline{S}\uparrow$$

(4)目标产物 P 的浓度越低越有利于总体选择性的提高。因此,一旦生成后,应尽快将其从反应系统中移走。

$$C_P\downarrow \rightarrow \overline{S}\uparrow$$

2. 动力学方法优化实例 2

如图 3-7 所示,卤代苯的氰化反应包括卤素原位被氰基取代的主反应与卤素从取代基 R 的对位异构到邻位的平行副反应。

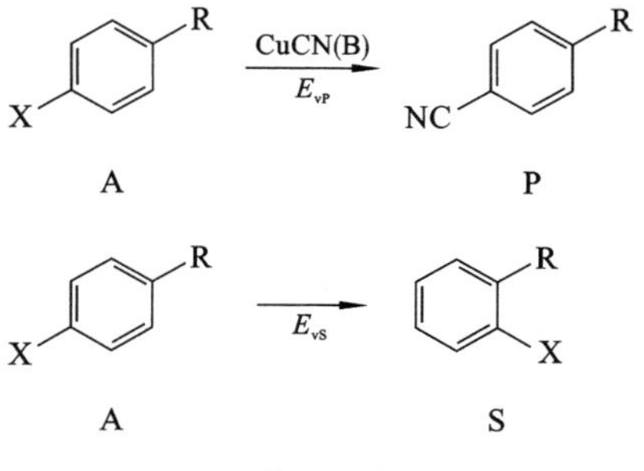

图 3-7 苯酚的氰化反应

1)反应的简化

同样,为了便于讨论,把该实例 2 简化成平行反应的一般形式,即 A+B 生成目标产物 P,同时 A 又转化成副产物 S。

$$\begin{cases} A+B \xrightarrow{E_{vP}} P \\ A \xrightarrow{E_{vS}} S \end{cases}$$

相应的对比选择性可表示为：

$$\overline{S}=\frac{k_{0P}}{k_{0S}}e^{\frac{E_{vS}-E_{vP}}{RT}}C_A^{a-a'}C_B^b$$

2)温度效应

先来讨论温度效应。实验发现，当 $T=120$ ℃时，目标产物 P 与副产物 S 的色谱峰面积比为 0，即 $C_P/C_S=0$，这表明主反应还未发生；当 $T=150$ ℃时，目标产物 P 与副产物 S 的色谱峰面积比为 10，即 $C_P/C_S=10$。可见，高温对主反应有利，即主反应的活化能大于副反应的活化能。

3)浓度效应

由上述平行反应的对比选择性表达式可知，B 组分的浓度愈大，对比选择性愈高。因此，B 组分应该一次性加料。

对于 A 组分，由于受到温度效应的限制，不可能在低温下一次性加入，否则在升温的过程中副反应优先发生。对于主反应活化能大于副反应活化能($E_{vP}>E_{vS}$)的反应，一定要在缺一种原料的条件下(该原料也参与副反应)，将参与主反应的另一种反应物加热至反应温度后，再滴加未加入的那种原料，以避免低温段仅发生副反应。故对于原料 A 组分，无论 $a-a'$ 与 0 的相对大小如何，只能选择滴加，但是滴加速度取决于 $a-a'<0$ 还是 $a-a'>0$。可将快速滴加与慢速滴加相对比，如果对比选择性无区别，可选择快速滴加来缩短操作时间。

4)总结

综合上述分析，对于卤代苯氰化的实例，可得出以下结论：

(1)反应温度升高有利于反应选择性增大，因此应采取高温反应。

$$T\uparrow\ \rightarrow \overline{S}\uparrow$$

(2)A 只能滴加。如果 A 的快速滴加与慢速滴加对反应选择性没有影响，因此选择高温条件下快速滴加 A。

$$C_A\uparrow\ \text{或}\ \downarrow\ \rightarrow \overline{S}\ \text{不变}$$

(3)原料 B 组分浓度增大有利于反应选择性增大，因为不参与副反应，B 组分适合低温一次性加料。

$$C_B\uparrow\ \rightarrow \overline{S}\uparrow$$

3. 动力学方法优化实例 3

如图 3-8 所示，重氮盐被次磷酸还原是主反应，重氮盐被水解获得副产物 S_1，进而又与重氮化合物发生偶联反应生成副产物 S_2。显然，限制了副产物 S_1 的生成，也就限制了副产物 S_2 的生成。故该反应可以看作仅有平行副反应的反应。

1)反应的简化

实例 3 的反应可简化为 A+B 生成目标产物 P，同时 A+C 生成副产物 S 的平行反应。

$$\begin{cases}A+B\xrightarrow{E_{vP}}P\\A+C\xrightarrow{E_{vS}}S\end{cases}$$

相应的对比选择性可表达为：

$$\overline{S}=\frac{k_{0P}}{k_{0S}}e^{\frac{E_{vS}-E_{vP}}{RT}}C_A^{a-a'}C_B^bC_C^{-c}$$

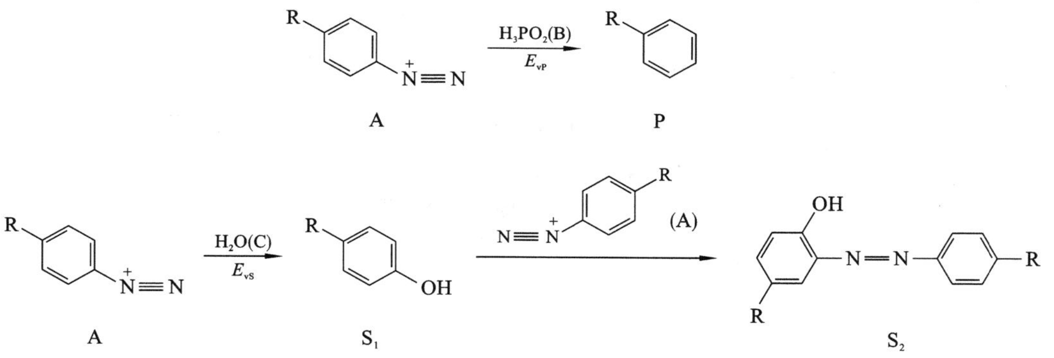

图 3-8　重氮基的还原

2）温度效应

实验研究表明，当 $T=5$ ℃时，P 组分与副产物 S 的色谱峰面积比为 5，即 $C_P/C_S=5$；当 $T=20$ ℃时，P 组分与副产物 S 的色谱峰面积比为 2，即 $C_P/C_S=2$。由此可见，低温对主反应有利，那么 $E_{vP}-E_{vS}<0$，即主反应的活化能小于副反应的活化能。

3）浓度效应

从上述平行反应对比选择性的表达式可明显看出，原料 B 组分浓度增大有利于对比选择性增大，因此原料 B 组分要一次性加入，适当过量更好；原料 C 组分浓度降低有利于对比选择性增大，因此原料 C 组分低浓度有利。但很遗憾，C 代表的是水溶剂。

对于 A 组分而言，因为该反应是强放热反应，无论 $a-a'$ 是否大于 0，都无法与 B 同时加入。这意味着，如果 B 一次性加入，A 必须滴加。如果 A 一次性加入，B 必须滴加。实验比较 A 滴加与 B 滴加，结果 A 滴加收率更高，表明 $a-a'<\mathrm{b}$。也就是说，增加 B 的浓度比增加 A 的浓度有利。无论 $a-a'$ 是正值还是负值，A 组分只有滴加有利。实际上，A 组分滴加相当于增加了 B 的浓度，而刚好 B 组分的反应级数也更高。

4）总结

实例 3 中温度和浓度的影响可总结如下：

(1)反应温度降低有利于反应选择性增大，因此采取低温反应。

$$T\downarrow \rightarrow \overline{S}\uparrow$$

(2)实验表明，原料 A 组分滴加有利。

$$C_A\downarrow \rightarrow \overline{S}\uparrow$$

(3)原料 B 组分浓度增大有利于反应选择性增大，因此一次性加料且过量有利。

$$C_B\uparrow \rightarrow \overline{S}\uparrow$$

(4)原料 C 组分浓度降低有利于反应选择性增大，因此 C 组分浓度越低越好。但是 C 组分是溶剂水，无法除去。

$$C_C\downarrow \rightarrow \overline{S}\uparrow$$

以上实例也表明，只有清晰地知道一个反应体系包含的主反应和副反应及反应机理，才能判断反应温度和浓度对反应选择性的影响趋势。

3.2 反应原料配比的选择

调节反应物之间的配比也是提高产物收率的重要途径之一。调节反应物之间的配比一般可以从以下几种情况来考虑。

(1)针对可逆反应,为了提高反应速率和目标产物的收率,除了常用的从反应体系中不断地除去低沸点的某一产物以外,另一个常用的措施就是增加其中一个反应物的配料分数。

例如在局部麻醉药丁卡因的合成(图 3-9)中,为了提高其收率,反应物 A 与 B 的配比达到 1∶1.94,接近 1∶2。

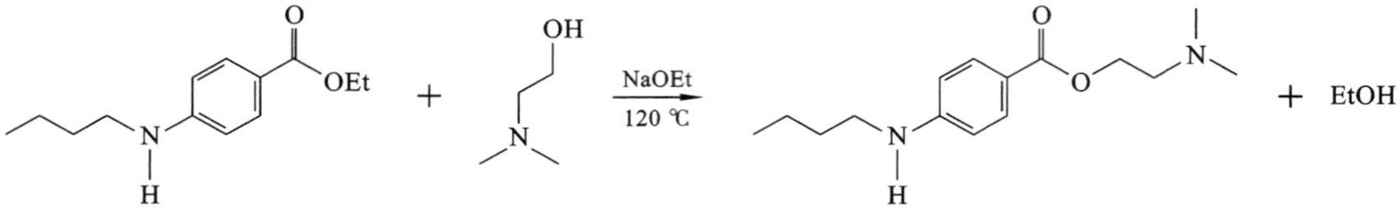

A + B —NaOEt, 120 ℃→ 丁卡因 + EtOH

图 3-9 丁卡因的合成

(2)当反应产物的生成量取决于某一反应物时,应该增加其配料分数。配比增加,目标产物的收率也增加,但是物料单耗也在提高。因此,应该挑选一个最合适的配比,在此配比下,收率较高,同时单耗较低。

例如,如图 3-10 所示,在磺胺类抗菌药的合成过程中,乙酰苯胺氯磺化的反应产物对乙酰苯胺磺酰氯(ACS)是一个重要中间体,它的收率取决于乙酰苯胺与氯磺酸的配比。氯磺酸的用量越大,即氯磺酸的配料分数越大,ACS 的生成量越多。如乙酰苯胺与氯磺酸的配比为 1.0∶4.8 时,ACS 的收率为 84%;当配比增加到 1.0∶7.0 时,ACS 的收率可达到 87%。鉴于成本和环境保护,工业生产上较为合理的配比为 1.0∶(4.5~5.0)。

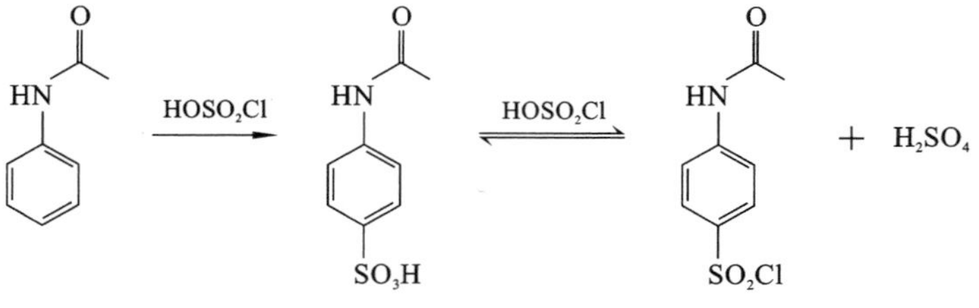

—$HOSO_2Cl$→ (SO_3H) ⇌$HOSO_2Cl$ (SO_2Cl) ACS + H_2SO_4

图 3-10 对乙酰苯胺磺酰氯的合成路线

(3)若某反应中某一反应物不稳定,则需要增加其配料分数,以保证有足够的量参与主反应。

例如,如图 3-11 所示,催眠药苯巴比妥生产中最后一步反应是苯基乙基丙二酸二乙酯与尿素之间的缩合。该缩合反应在碱性条件下进行,而尿素在碱性条件下加热易分解,所以要用过量的尿素。

(4)当参与主、副反应的反应物不尽相同时,可利用这一差异,通过增加主反应中某一反应物的用量来增强主反应的竞争能力。

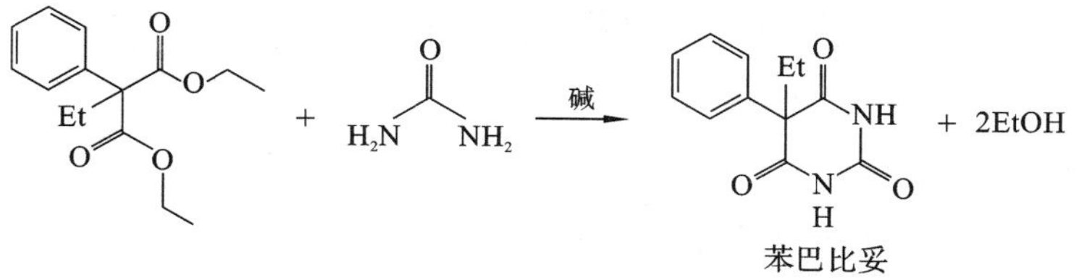

碱

苯巴比妥

图 3-11　苯巴比妥的合成

例如，如图 3-12 所示，抗精神分裂症药物氟哌啶醇中间体 4-对氯苯基-1，2，3，6-四氢吡啶可由对氯-α-甲基苯乙烯与甲醛、氯化铵反应生成噁嗪中间体，再经酸性重排制得。其副反应之一是对氯-α-甲基苯乙烯单独与 2 分子甲醛反应，生成 1，3-二氧六环化合物。

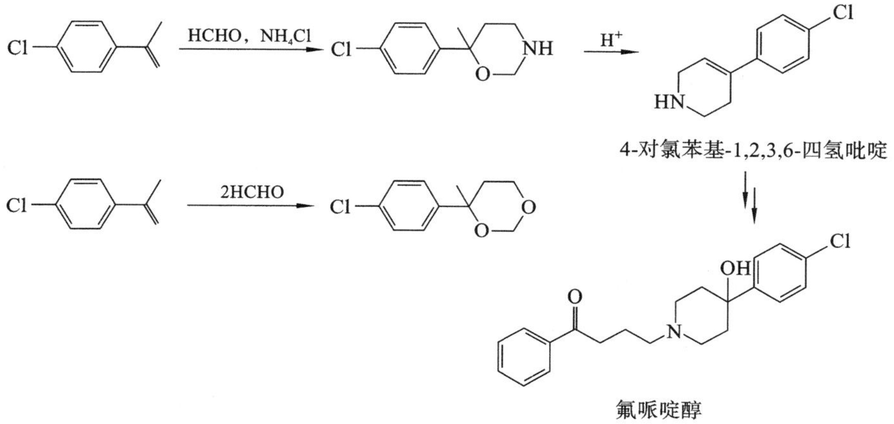

4-对氯苯基-1,2,3,6-四氢吡啶

氟哌啶醇

图 3-12　氟哌啶醇的合成

这个副反应可看成主反应的一个平行反应。要抑制此副反应，方法之一为适当增加氯化铵的用量。目前生产上氯化铵的用量是理论量的 2 倍。当然，由前述知识可知，另一种抑制副反应的方法为滴加甲醛。

(5)为了防止连串副反应的发生，有些反应的配比宜小于理论量，使反应只进行到一定程度。

例如，如图 3-13 所示，乙苯是在三氯化铝催化下由乙烯对苯进行烃化制得。所得乙苯比苯更为活泼，极易继续引入第二个乙基。如不控制乙烯的用量，易产生二乙苯或多乙基取代苯。为了避免二取代苯和多取代苯的产生，在工业生产上乙烯与苯的摩尔比控制在 4∶10 左右。这样乙苯收率较高，过量的苯可以回收循环利用。

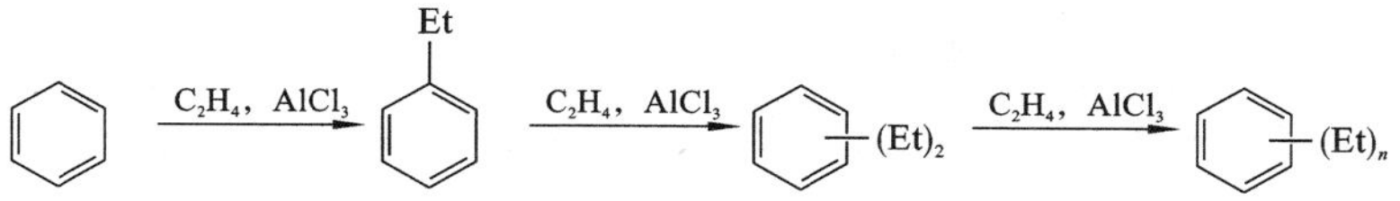

图 3-13　乙苯的合成

3.3 加料顺序的选择

加料顺序会对工艺简便性、工艺安全性和目标产物收率产生重要的影响。就工艺简便性和安全性而言，一般先加固体后加液体。如果固体是难溶或难分散性的，先加溶剂，边搅拌边加入固体。如果遇到腐蚀性的酸，一般加入溶剂后再加入腐蚀性的酸。如果酸腐蚀性小且为液体，其他为固体，酸也可先加入。如果试剂是有毒有害的，最好不要滴加。其次，要考虑热安全。对于放热反应，将起决定作用的反应物慢慢滴入溶有另一反应物的溶剂中。有时还需要将反应物用溶剂稀释，防止滴液点由于该反应物浓度局部过浓而过热并产生副反应。

最重要的是，加料顺序会影响产品的收率、杂质含量，甚至改变反应历程而得不到目标产物。前面用动力学分析方法探讨反应温度和浓度选择时，有的物料需要一次性加料，有的物料需要慢慢滴加，有的物料需要等温度升到一定值后才能进行滴加。这些不同的加料方式或顺序都是为了获得最大收率的目标产物。

(1)加料顺序不同，目标产物和杂质含量不同。

例如，如图 3-14 所示，在抗艾滋病药甲磺酸奈非那韦的关键中间体甲磺酸酯 P 的合成中，加料顺序不同，P 的收率和杂质 S 的含量就不同。

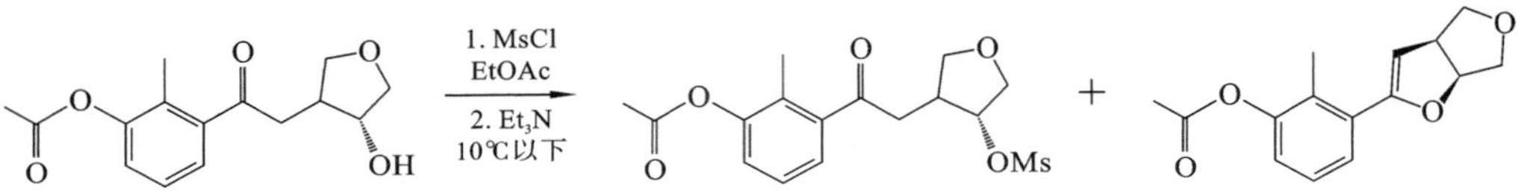

1. MsCl EtOAc 2. Et_3N 10℃以下

A P S

图 3-14 甲磺酸酯 P 的合成

如果采用常规加料法，即将甲磺酰氯加入原料 A 和三乙胺的混合物中时，产物 P 与副产物 S 的比例为 95∶5。如图 3-15 所示，当三乙胺大量存在时，产物 P 羰基 α-碳上的氢离子被夺取，该 α-碳带上负电，环上—OMs 带着一对电子离去，分子内亲核取代得副产物 S。因此，上述反应实际上是带有连串副反应的复杂反应，如图 3-16 所示。

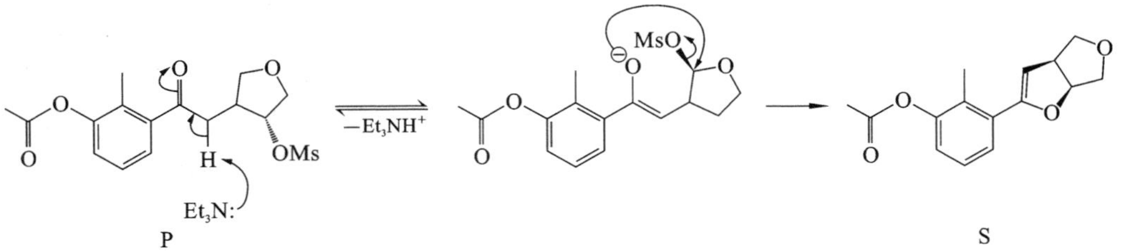

$-Et_3NH^+$ Et_3N: P S

图 3-15 副产物 S 产生的机理

可见，三乙胺既参与了主反应，又参与了连串副反应，因此三乙胺一定要滴加。由于第一步反应为放热反应，为了控制放热速度，反应原料 A 与甲磺酰氯二者之一要滴加。因此，若将甲磺酰氯溶于乙酸乙酯中，采用半连续生产工艺，平行地加入原料和三乙胺，可以得高收率的目标产物 P，且为唯一产物。可见，加料顺序不同，目标产物和杂质含量不同。

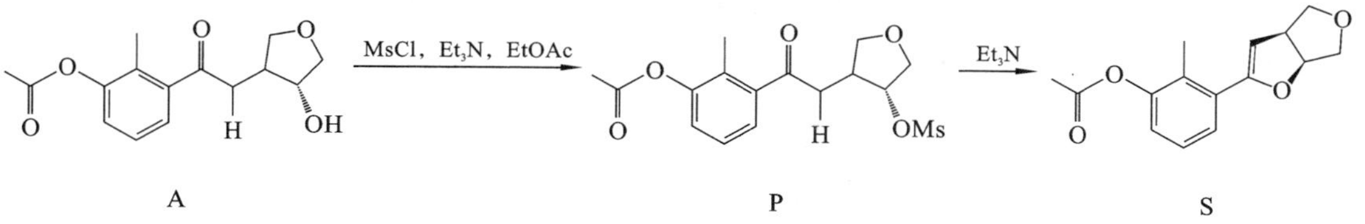

MsCl, Et_3N, EtOAc　　Et_3N

O　H　OH　O　H　OMs　O　O

A　P　S

图 3-16　甲磺酸酯 P 的合成及连串副反应

(2)有时候,加料顺序改变会引发诸多副反应。

例如,如图 3-17 所示,在氯霉素的制备过程中,由对硝基-α-氨基苯乙酮盐酸盐乙酰化制备对硝基-α-乙酰氨基苯乙酮时,需要加入乙酸酐和乙酸钠。乙酸酐是酰化剂,乙酸钠是缚酸剂。

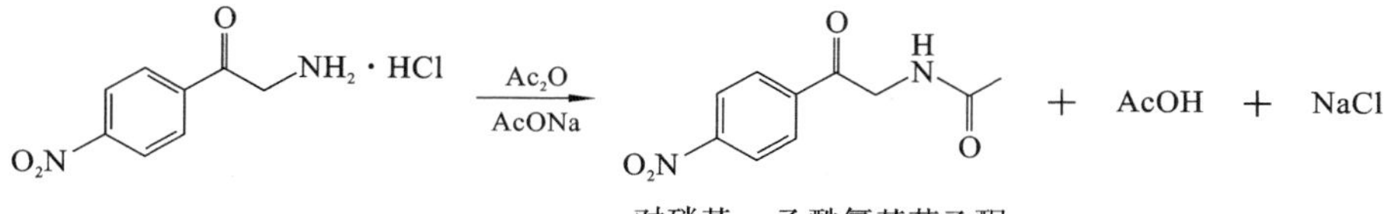

O_2N　$NH_2 \cdot HCl$　$\xrightarrow[AcONa]{Ac_2O}$　O_2N　H N　O　+ AcOH + NaCl

对硝基-α-乙酰氨基苯乙酮

图 3-17　对硝基-α-乙酰氨基苯乙酮的合成

正确的加料顺序为:先往反应罐中加入母液,即上次同一个反应析出产物晶体后的滤液,然后将母液冷却至 0～3 ℃,向反应罐中加入被酰化物,即对硝基-α-氨基苯乙酮盐酸盐,搅拌一段时间后,加入乙酸酐,而后先慢后快地加入乙酸钠进行反应。

乙酸钠用来中和对硝基-α-氨基苯乙酮盐酸盐中的盐酸,使得氨基变成游离状态,立即被乙酸酐酰化掉,使得氨基为游离状态的对硝基-α-氨基苯乙酮尽可能少。反应生成的乙酸与加入的乙酸钠形成缓冲液,pH 值维持在较低的范围(3.5～4.5)内。

如果先加入乙酸钠后慢慢加入乙酸酐,那么大量的 α-氨基苯乙酮盐酸盐的盐酸被夺取,氨基为游离状态的对硝基-α-氨基苯乙酮就很多,同时反应体系的 pH 值维持在较高的范围(5.5～6.0)内。在较高的 pH 值范围内,如图 3-18 所示,对硝基-α-氨基苯乙酮发生双分子缩合生成

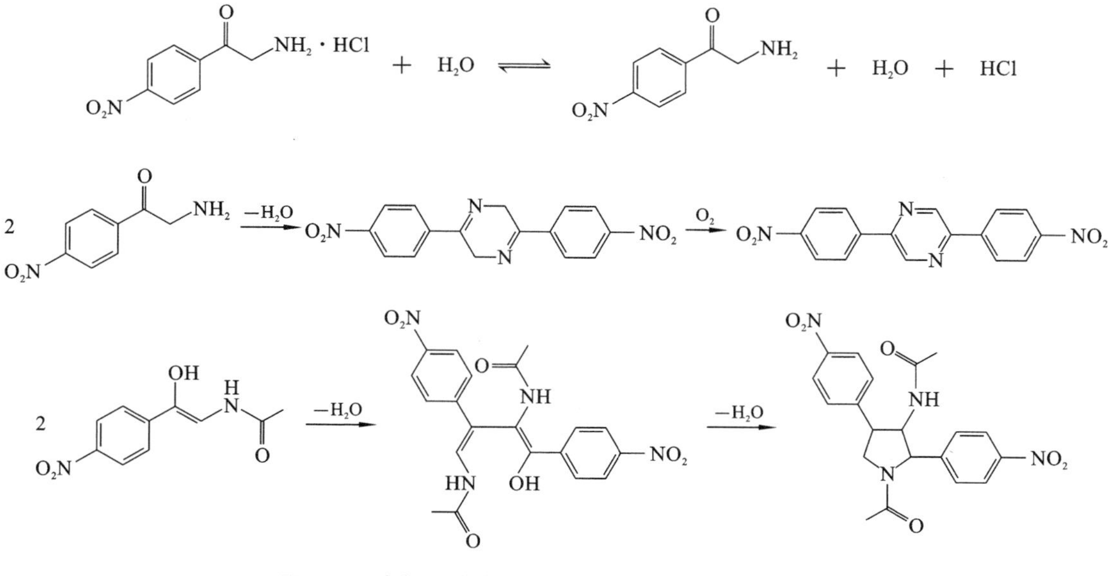

O_2N　$NH_2 \cdot HCl$　+ H_2O ⇌ O_2N　NH_2　+ H_2O + HCl

2 O_2N　NH_2　$\xrightarrow{-H_2O}$　O_2N　N　N　NO_2　$\xrightarrow{O_2}$　O_2N　N　N　NO_2

2 O_2N　OH　H N　O　$\xrightarrow{-H_2O}$　O_2N　O　NH　HN　OH　NO_2　O　$\xrightarrow{-H_2O}$　O_2N　O　NH　N　NO_2　O

图 3-18　先加乙酸钠后慢慢加入乙酸酐导致的副反应

吡嗪副产物，而且反应产物对硝基-α-乙酰氨基苯乙酮也会发生双分子缩合生成吡咯类化合物。可见，加料顺序的改变会导致诸多副反应。

(3)加料顺序不正确，甚至会导致反应物的破坏。

例如，如图 3-19 所示，在用莱氏法化学合成维生素 C 的生产过程中，在酮化罐内加入含量 96%～98%、水分 0.5%以下的丙酮，冷却至 5 ℃ 以下，再缓缓加入发烟硫酸，然后加入山梨糖进行酮化反应。该加料次序不能颠倒，否则糖易被碳化。

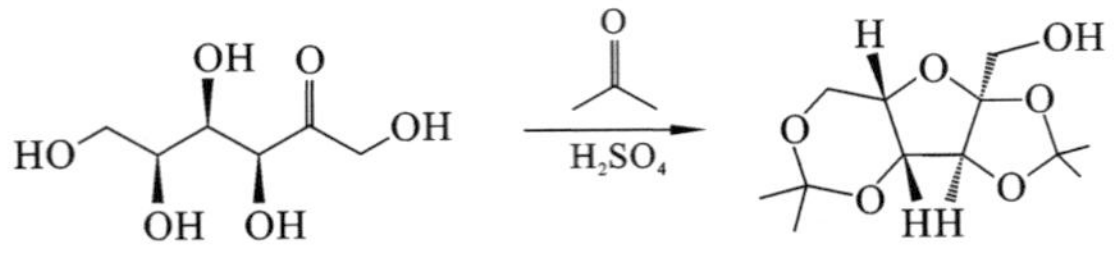

L-山梨糖 → 双丙酮-L-山梨糖（丙酮，H_2SO_4）

图 3-19 莱氏法化学合成维生素 C 过程中的酮化反应

酮化反应结束后，要进行中和反应。先将浓度为 38%的碱液在中和罐中冷却至－5 ℃，然后将预冷到－8 ℃的酮化液一次性迅速地倾入中和罐中，控制 pH 值在 7.5～8.5。因为双酮糖在酸中不稳定，所以迅速中和并保持碱性是非常重要的。一般不建议将碱倾入酮化液中，以免局部浓度过酸而导致双酮糖分解。

(4)反应后处理时加料顺序不同，也会对目标产品和杂质的含量造成影响。

很多反应结束后需要采用淬灭操作，如酰氯或酸酐参与的酰化反应，氯化亚砜、五氯化磷和三氯化磷参与的卤取代反应，氢化铝锂或硼氢化钠参与的还原反应，钠、氢化钠、氨基钠、格式试剂等金属有机试剂参与的反应，三氯化铝参与的催化反应等都涉及淬灭。淬灭剂一般为水、一定浓度的酸或碱溶液。或者先用水淬灭，再用一定浓度的酸或碱溶液中和。

淬灭有两种加料方式：一种是将淬灭剂或淬灭剂的溶液加入反应液，称为正淬灭；另一种是将反应混合物加入淬灭剂，称为逆淬灭。很多淬灭过程中放热，因此一般都是缓慢加入淬灭剂或反应液，并剧烈搅拌。有时为了进一步降低热效应的危害，将淬灭剂、反应液预先冷却。正淬灭为经常采用的淬灭方式，但是在热效应明显的情况下，也可以采用逆淬灭。正淬灭和逆淬灭也会带来不同的结果。图 3-19 所示的酮化反应结束后的中和就是典型的例子。

再比如，如图 3-20 所示，氰基化合物与格式试剂反应后，如果采用正淬灭，即将水加入反

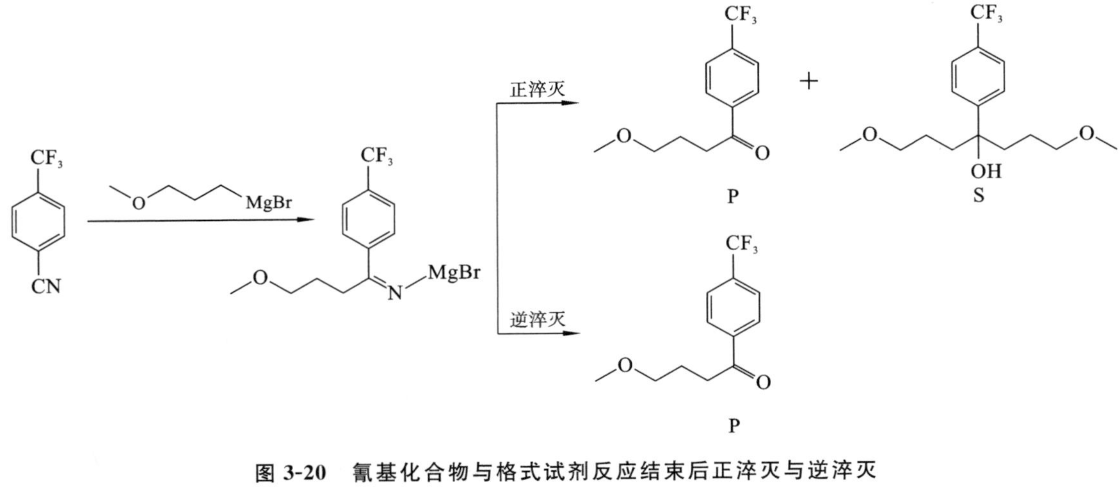

正淬灭 → P + S；逆淬灭 → P

图 3-20 氰基化合物与格式试剂反应结束后正淬灭与逆淬灭

应液，则在得到目标产物P的同时，还得到副产物S；如果采用逆淬灭，即将反应液加入水，则只得到目标产物P。可见，除了反应时加料顺序对产品收率产生影响外，后处理加料顺序对产品收率也会产生较大的影响，都需要慎重选择。

3.4 加料时间的选择

加料时间对产品收率的影响包含两层含义：一是指加料时间长短的影响；二是指加料时间点的影响。

(1)加料时长对小试时产品收率的影响不大。随着反应规模的增大，所加物料的增多，加料时长就相应延长，在反应条件下就可能出现意外情况。

例如，如图3-21所示，通过Swern氧化法来制备目标产物P。

在小试的时候，反应温度为－15 ℃，收率为55%。而当中试放大时，草酰氯和三乙胺的加料各需要2 h，收率下降到31%。这是由于加料时间长，反应温度升高，中间体M分解。后来将反应温度进一步降低到－40 ℃，并加快了加料速度，收率达到51%。当然加料也不是越快越好，随着反应而异。

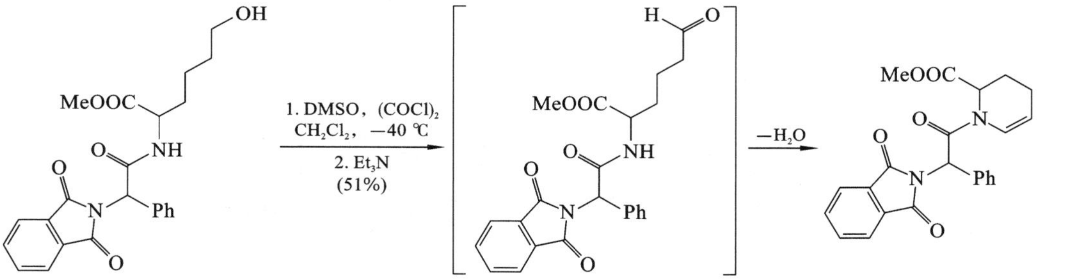

1. DMSO, $(COCl)_2$
CH_2Cl_2, −40 ℃
2. Et_3N
(51%)

$-H_2O$

A M P

图3-21 Swern氧化法制备目标产物P

(2)对于催化反应而言，延长底物或反应试剂的滴加时间，控制底物与反应试剂的摩尔比，有利于提高反应的选择性。

例如，如图3-22所示，在2-异丙氧基-3-甲氧基苯乙烯(A)的不对称双羟化反应中，以N-甲基吗啉-N-氧化物即NMMO为氧化剂，以二水合锇酸钾和氢化奎宁-1,4-(2,3-二氮杂萘)二醚($(DHQ)_2PHAL$)分别为催化剂和配体时，为提高Sharpless不对称二羟基化反应的立体选择性和得到高选择性的产物P，控制反应物A的滴加时间非常重要。在中试规模反应中，采用蠕动泵将2.5 kg反应物A以5.6 mL/min的速度加入反应液中，加料时间超过6 h，保持反

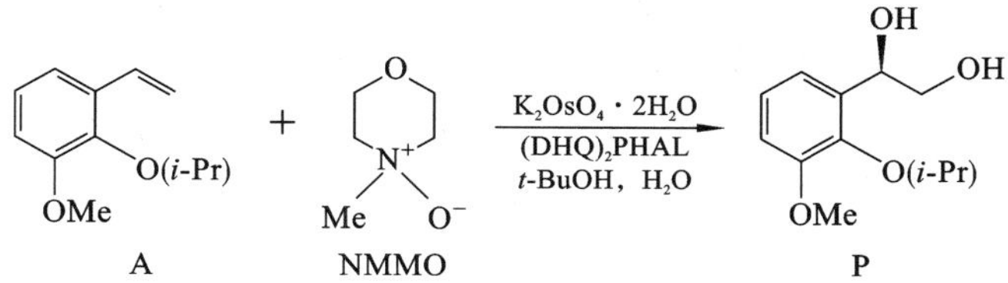

$K_2OsO_4 \cdot 2H_2O$
$(DHQ)_2PHAL$
t-BuOH, H_2O

A NMMO P

图3-22 2-异丙氧基-3-甲氧基苯乙烯的不对称双羟化反应

应物 A 浓度低于 1%,反应收率可达 94%,对映体过量值可达到 95%。如果滴加的速率大于反应的速率,反应物 A 蓄积,使催化剂失去对映体选择性催化的能力。

(3)加料时间节点对产品的收率也会产生影响。

例如,如图 3-23 所示,在依那普利马来酸盐的制备过程中,经过工艺优化,SSS 与 RSS 的比例可以达到 94.5∶5.5,其中 SSS 为目标产物。反应结束后,加入乙醇,调节 pH 值,浓缩,将溶剂替换成乙酸乙酯后,要立即加入马来酸,否则 SSS 以每小时 1%的速度进行环合形成副产物 S。

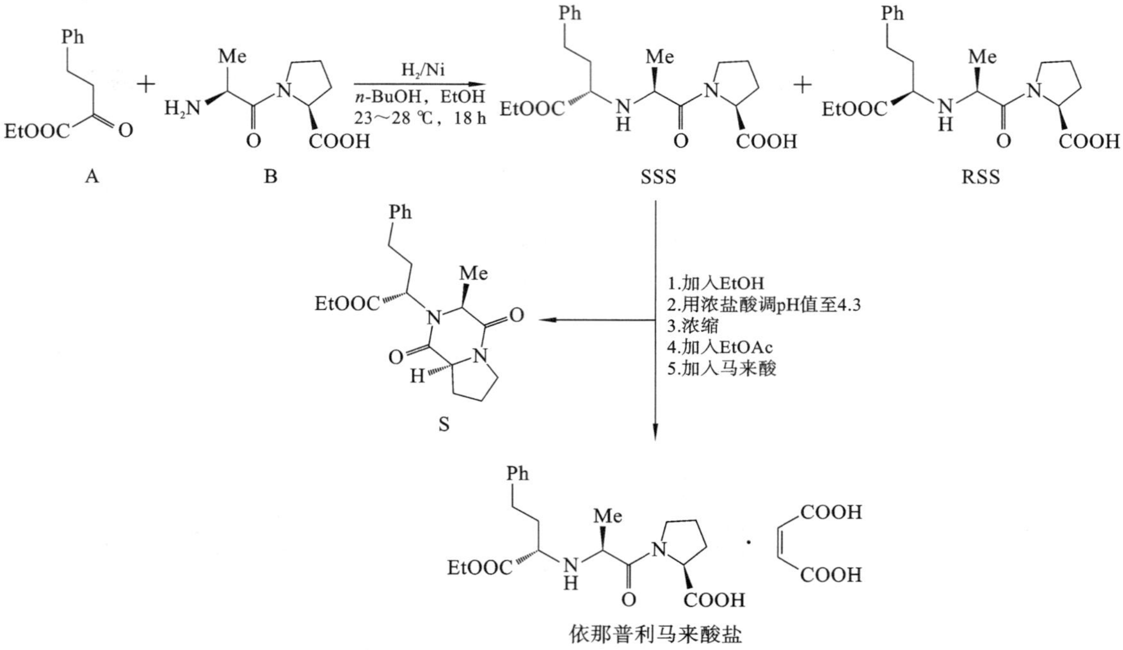

A + B $\xrightarrow[n\text{-BuOH, EtOH, }23\sim28\ ^\circ C,\ 18\ h]{H_2/Ni}$ SSS + RSS

SSS → 1.加入EtOH 2.用浓盐酸调pH值至4.3 3.浓缩 4.加入EtOAc 5.加入马来酸 → 依那普利马来酸盐(副产物 S)

图 3-23　依那普利马来酸盐的合成

3.5　后处理方法的选择

反应结束后,获得的反应液中除了反应产物外,还包含未反应完的反应原料、催化剂、溶剂和副产物。将反应产物从反应混合物中经过一系列的物理或化学单元操作(如淬灭、调节 pH 值、沉淀、萃取、吸附、蒸馏、柱层析、离子交换、结晶等)获得目标产物的过程称为后处理过程,也可以称为分离纯化过程。后处理过程设计的合理性可用四项标准来衡量:①产品是否最大限度地被回收,并保证质量;②原料、中间体、溶剂及有价值的副产物是否最大限度地得到回收和利用;③后处理步骤,无论工艺还是设备,是否足够简化;④“三废”量是否最小化。因此,对后处理工艺也应该进行研究,以达到以下目标:在保证目标产物质量的前提下,目标产物的收率最大化;实现原料、催化剂、中间体及溶剂的回收利用,降低成本;操作步骤尽可能少,所用设备少,人力少;“三废”产量最小化。后处理的任务就是将淬灭、调节 pH 值、沉淀、萃取、吸附、蒸馏、柱层析、离子交换、结晶等过程巧妙地组合在一起,实现上述四个目标。

后处理有一些特色构思,具体包括:①酸碱化合物的中和萃取法;②酸碱化合物的中和吸附法；③酸碱化合物的成盐洗涤法；④一些盐形式的选择；⑤重结晶混合溶剂的选择；⑥打浆纯化。前三种特色构思都是针对酸性或碱性化合物，因为药物中间体和原料药中有相当一部分是有机弱酸或有机弱碱。

下面以一些简单的有机弱酸和有机弱碱为例，讨论有机弱酸和有机弱碱的性质。如图3-24所示，苯酚和苯甲酸在碱性条件下由分子形式变为离子形式，该离子形式在酸性条件下又转变为分子形式；而苯胺则在酸性条件下由分子形式变为离子形式，该离子形式在碱性条件下又转变为分子形式。有机弱酸和有机弱碱的性质在分子和离子状态时截然不同。例如，就水溶性而言，分子形式难溶，而离子形式易溶；就在有机溶剂中的溶解性而言，分子形式易溶于有机溶剂，而离子形式不易溶于有机溶剂；就挥发性而言，分子形式易挥发，而离子形式不挥发；就与活性炭的作用而言，分子形式易被活性炭吸附，而离子形式不易被活性炭吸附。因为有机弱酸和有机弱碱有这样的特性，对于这类化合物的纯化，经常用到中和萃取法、中和吸附法和成盐洗涤法。

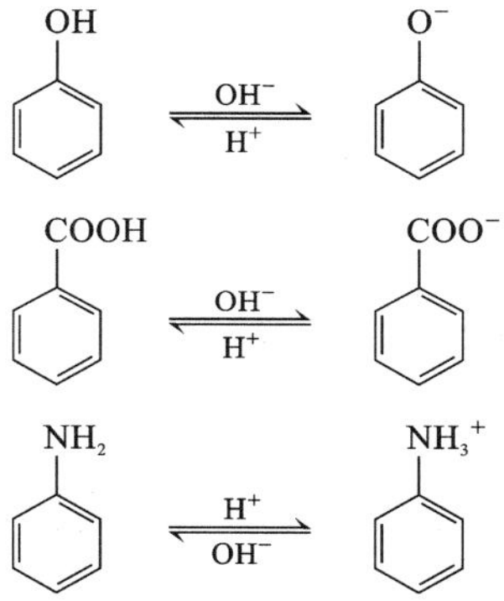

图3-24　有机酸和有机碱的分子形式与离子形式

3.5.1　中和萃取法

中和萃取法是工业上常见的方法。它是利用有机弱酸或有机弱碱呈离子状态时溶于水而呈分子状态时溶于有机溶剂的原理，向反应液中加入碱或酸使得它们变成离子状态溶于水，从而实现与依然溶于有机溶剂的非酸或非碱杂质的分离。下面以具体的例子说明用中和萃取法实现目标化合物与杂质的分离。

例如，如图3-25所示，在合成β-内酰胺抗生素阿扑西林时，对于中间体P就是利用其酸性实现与其他杂质的分离。原料A与甲胺发生氨解反应，氨解产物同时与甲胺形成盐M而溶于水。用乙酸乙酯萃取，可萃取非水溶性杂质。将水层调pH值至3，中间体M变为弱酸分子形式P而能够溶于有机溶剂，再用有机溶剂萃取即可得到中间体P。

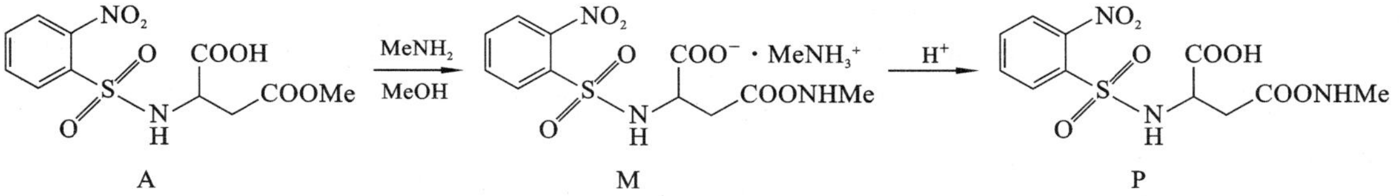

图3-25　β-内酰胺抗生素阿扑西林的中间体P的合成

3.5.2 中和吸附法

中和吸附也是对于有机弱酸和有机弱碱化合物常用的分离方法。如图 3-26 所示，华法林为抗凝药，由 4-羟基香豆素和亚苄基丙酮在水中加入催化剂进行的非均相反应来合成。反应开始时溶液呈红色，随着反应的进行颜色逐渐变深、变黑。2 h 后，产物成一个大块黏附在搅拌叶上，釜内的溶液已澄清，停止反应。文献报道的华法林的提纯方法几乎都用到重结晶，所采用的溶剂的种类和用量有所不同，但是精制收率均较低。

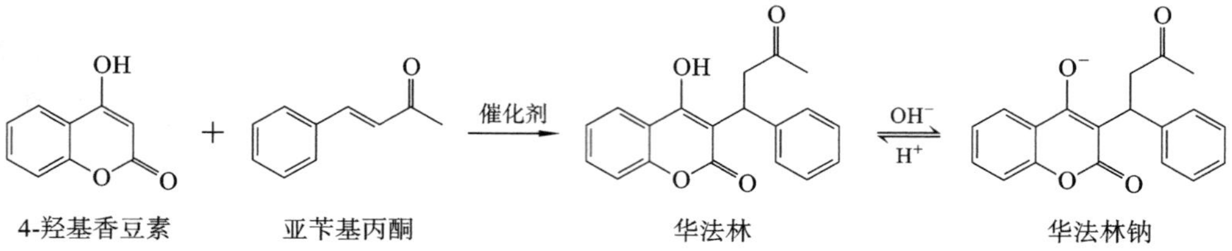

4-羟基香豆素 + 亚苄基丙酮 →(催化剂) 华法林 ⇌(OH^- / H^+) 华法林钠

图 3-26 华法林的合成

华法林的结构上有一个与 π 键共轭的羟基，类似于酚羟基，该羟基上的氢具有一定的酸性，可用碱中和。于是向反应结束后的混合物中加入碱，发现表面有一层油状物，接着用活性炭吸附，过滤除去活性炭。酸化滤液后华法林析出，过滤得华法林的白色晶体。华法林的色谱纯度达到 99%。

可见，某些时候用中和吸附法可简化后处理过程。由于活性炭不吸附离子，故产品损失量为零；由于酸与碱比较廉价，处理费用低。没有有机溶剂的挥发问题，故操作条件好。由于采用了过滤操作，机械杂质可以除去，因而产品干净。

中和吸附法有广泛的应用。例如，重氮盐水解生成酚的过程中总是有焦油生成。若用有机溶剂除去焦油，一方面要消耗有机溶剂，另一方面存在着溶剂和焦油对酚的溶解损失。若用中和吸附法除去焦油，则不存在上述缺陷，收率也较高。

3.5.3 成盐洗涤法

成盐洗涤法是依据具有不同结构的有机物中高浓度物质优先结晶而杂质不结晶的原理，使有机弱碱(或有机弱酸)与酸(或碱)成盐结晶，而杂质留在母液中的方法。经过滤实现固液分离后，再洗去表面的母液，烘干后即得到精品盐，最后将精品盐中和至原来的分子状态。这种方法常用于有机碱的纯化上。

例如，如图 3-27 所示，在由乙酰苯胺溴化制备对溴苯胺的过程中，溴化结束后在酸性条件下于乙醇中水解，减压蒸除乙醇，加水析出对溴苯胺粗品。要求最终产品中邻位异构体邻溴苯胺控制在 0.1%以下，可用成盐洗涤法对其纯化。

成盐洗涤法的具体做法如下：将对溴苯胺固体粗品加入盐酸中制成盐，加入甲苯共沸带水。不需要将水全部带尽，留一部分水用来溶解邻溴苯胺盐酸盐。随着水被不断带出，对溴苯胺盐酸盐由于浓度高，优先析出，经冷却后过滤，用氯仿、甲基叔丁基醚、四氢呋喃或乙酸乙酯等弱极性有机溶剂对滤饼洗涤后干燥，即可获得高纯度的对溴苯胺盐酸盐。将对溴苯胺盐酸盐加碱中和，对溴苯胺就从水中析出，经过滤和干燥即可得到对溴苯胺。因此，成盐洗涤法的

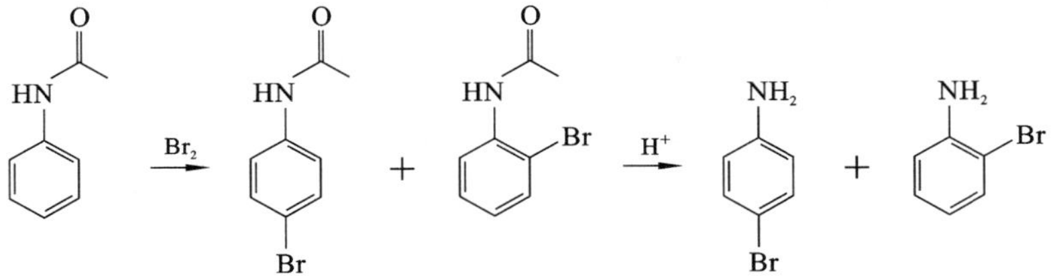

图 3-27　对溴苯胺的合成路线

一般步骤如下：①将有机碱与酸成盐并溶解于水中；②共沸脱水；③结晶与过滤；④洗涤与干燥；⑤加碱中和；⑥过滤与干燥。

3.5.4　一些盐形式的选择

通过恰当选择一些盐的形式，造成产物与反应试剂溶解性差别增大，这是最为简单的有效后处理方法。例如，如图 3-28 所示，原料 A 与 B 在乙腈中发生 N-烃化反应，得到具有 5-HT 激动活性的吲哚类化合物 P，在乙腈中会析出来。使用二异丙基乙胺为缚酸剂比三乙胺效果好，这是因为反应中生成的二异丙基乙胺盐酸盐可溶解在乙腈中，从而与产物顺利分离；而三乙胺盐酸盐不溶于乙腈，与产物一起析出，增加了产物分离的难度，需要采用其他分离技术将产物和三乙胺盐酸盐再分离。

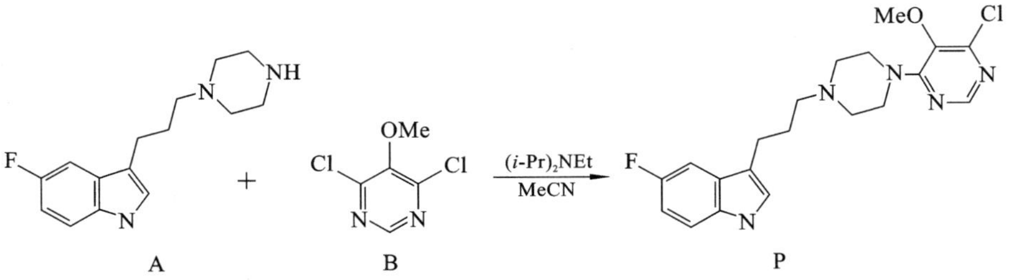

图 3-28　吲哚类化合物 P 的合成路线

再比如，中和过程会生成相应的盐。钠盐比相应的锂盐和钾盐在水中的溶解性差，而锂盐在醇中的溶解性比相应的钠盐和钾盐高。对于氢氧化钠参与的反应，可以用很多种酸来中和。最常用的有盐酸和硫酸。如果使用一定浓度的浓硫酸来中和，由于硫酸钠在水中的溶解度相对较低，大部分硫酸钠会沉淀或结晶析出。如果反应产物溶于水，则可通过过滤除去硫酸钠，实现产物与无机盐杂质的分离。如果后续操作中用有机溶剂萃取产物，用浓硫酸来中和时可能产生液-液-固三相混合物，使操作变复杂，这时应该选用其他酸，相应的钠盐有很好的水溶性。如果产物在酸性条件下会结晶析出，使用浓盐酸比浓硫酸好，因为氯化钠的水溶性比硫酸钠好，氯化钠夹杂在产物晶体中的可能性比较小。

以上讲述的是一些盐形式的选择，其目的是便于盐与目标产物的分离。

3.5.5 重结晶混合溶剂的选择

图 3-29 给出了常用溶剂的极性顺序。在这些溶剂中,异丙醇是较佳的重结晶溶剂,因为它可以任意比例与其他溶剂互溶。乙酸乙酯是较佳的萃取剂,其左边的溶剂均与水不互溶,其右边的溶剂均与水互溶。必须谨记的是,作为萃取剂,卤代烃溶剂应避免在碱性条件下使用,醚类溶剂应避免在酸性条件下使用,酯类萃取剂应在中性条件下使用。

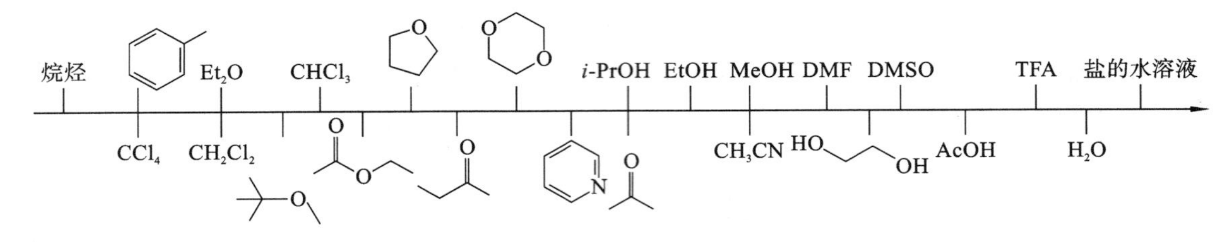

图 3-29　常用溶剂的极性顺序

图 3-30 所示为手性药物中间体(1*R*,2*R*)-2-苄氧基环己胺结构式,其粗品的对映体过量值为 92%,参照文献用异丙醇重结晶,1 次重结晶的收率为 70%,2 次重结晶的收率为 50%。可见异丙醇对该手性中间体的溶解损失大。为了除去 8%的杂质,却损失了 50%的目标产物。

图 3-30　手性药物中间体(1*R*,2*R*)-2-苄氧基环己胺

若高温下用异丙醇溶解该手性中间体,然后冷却,再加入庚烷析出,最后发现庚烷与异丙醇的体积比为 5∶1 时,1 次重结晶的收率为 80%,2 次重结晶的收率为 70%。对于弱极性化合物,还可以用乙酸乙酯与庚烷的混合溶剂结晶。可见,通过选择恰当的混合溶剂进行结晶可提高目标产物的收率。

3.5.6 打浆纯化

一般而言,如果固体产物中杂质的溶解性较差,可用重结晶进行纯化。反之,如果固体产物中杂质的溶解性好,可用打浆的方式进行纯化。打浆纯化是指将颗粒足够细的固体产物置于其不良溶剂中搅拌,让吸附在颗粒或晶体表面的杂质、随固体产物带入的高沸点溶剂溶于选定的溶剂中,经过过滤将杂质或高沸点溶剂予以除去。打浆时固体颗粒尽量研磨成很细的颗粒,可尽可能多地将杂质溶出。打浆时可以加热,也可以常温下进行。但是熔点较低的固体,最好不要加热。该方法比重结晶简单,是替代重结晶的最佳方法。晶体的晶型在打浆的过程中可能发生变化。

例如,如图 3-31 所示,在合成 β-内酰胺化合物 P 时,后处理得到的粗品中含有未反应完的原料对硝基苄溴。将 P 的粗品在叔丁基甲醚与己烷(体积比为 80∶20)的混合溶液中搅拌,打浆处理 2 h 后抽滤,以叔丁基甲醚洗涤,对硝基苄溴等杂质溶解在滤液中,得到目标产物 P 的纯品,收率为 90.5%。

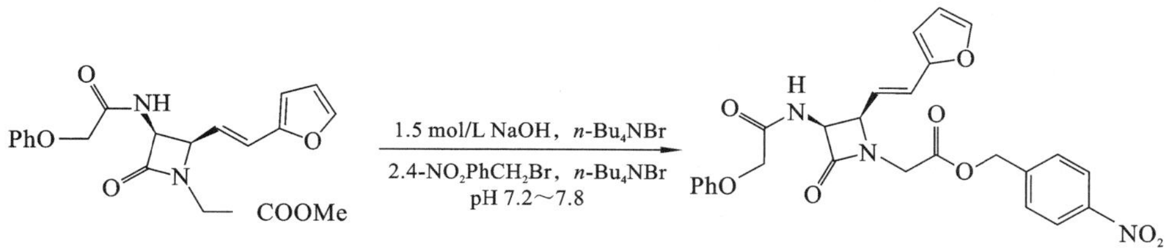

A　　1.5 mol/L NaOH，n-Bu_4NBr；2.4-NO_2PhCH_2Br，n-Bu_4NBr，pH 7.2～7.8　　P

图 3-31　β-内酰胺化合物 P 的合成

以上讲述的仅是后处理方法的一些特色构思，并不代表全部。上述例子也揭示了这样的规律：要对待分离的对象所包含的原料、中间体、产物和副产物的理化差异和稳定性有深刻的认识或预测，进而设计分离工艺和流程，以最简便的工艺得到质量合格的产物。

3.6　工艺控制

工艺控制主要包括工艺过程参数的控制、原辅材料和中间体的质量控制和反应终点的控制。

3.6.1　工艺过程的参数控制

工艺过程的参数控制是指对药物制备过程的一些重要工艺参数进行实时监控，确保工艺过程达到预期的目标。就化学制药工艺而言，具体包括对反应过程和后处理过程中关键参数的控制。例如，对反应温度、浓度、加料顺序、加料时间、配料比、pH 值、压力、水含量等反应条件进行监控；对过滤过程中滤液中氯离子含量进行控制；对甲苯萃取液进行共沸蒸馏除水时，通过流出液澄清度判断除水是否干净。这些都属于工艺过程控制。凡对产品收率和质量产生影响的环节，都应该进行工艺参数控制。

3.6.2　原辅材料和中间体的质量控制

原辅材料和中间体的质量控制也是重要的工艺控制点。如果原辅材料或中间体含量发生变化时仍旧按照原配料比投料，会导致真实的配料比不符合要求而影响产物的质量和收率。正确做法是重新计算配料比。因此，若原辅材料来源改变，需严格检验是否合适，做过渡实验确认是否可行。如果原辅材料或中间体所含杂质或水分超过限量，会导致反应异常或影响收率。例如，加氢反应中带入催化剂的毒物会导致副反应或收率异常。几乎每个药物合成反应都有副反应，必要时通过一定的分离手段除去副产物或杂质，保证所生成的中间体达到质量标准，不严重影响后续反应。

1. 原辅材料质量控制实例

某药企在连续三批中试半合成头孢曲松钠的过程中，发现最后获得的头孢曲松钠内毒素不合格。经过分析,只有两个环节可能带入内毒素:一是过滤环节滤布滋生细菌;二是由去除内毒素的活性炭本身带入。经过排查,发现因为活性炭的使用量非常大,每隔 3 d 就得换一个批号。对活性炭生产厂家进行再次检查发现,正在使用的某批号活性炭曾经被洪水泡过,细菌吸附在活性炭上,死后释放出内毒素。显然,用带有内毒素的活性炭作为吸附剂,获得的产品内毒素会超标。

因此,对于原辅材料或中间体的质量控制关键在于:针对可能对下游产品收率和质量产生影响的各个因素如主要物质含量、水含量、重金属含量、杂质含量、异构体或结构类似物含量、菌含量、类毒素含量建立相应的质量标准、检测方法或控制方法,必要时也可建立方法以尽可能减小这些因素的影响或者对供应商提出更高的要求。

2. 中间体质量控制实例

如图 3-32 所示,在氯霉素的中间体对硝基-*α*-氨基苯乙酮盐酸盐的制备过程中,对硝基-*α*-溴代苯乙酮和六次甲基四胺经 Delepine 反应合成目标产物对硝基-*α*-氨基苯乙酮盐酸盐。该工艺过程实际上包括两步反应:第一步是对硝基-*α*-溴代苯乙酮和六次甲基四胺反应,生成对硝基-*α*-溴代苯乙酮六次甲基四胺盐;第二步是对硝基-*α*-氨基苯乙酮六次甲基四胺盐在酸性条件下水解为对硝基-*α*-氨基苯乙酮盐酸盐。

对硝基-*α*-溴代苯乙酮　六次甲基四胺　对硝基-*α*-溴代苯乙酮六次甲基四胺盐　HCl　对硝基-*α*-氨基苯乙酮盐酸盐

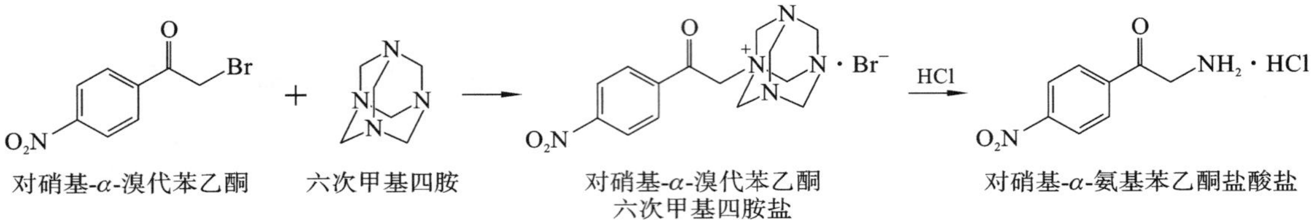

图 3-32　对硝基-*α*-氨基苯乙酮盐酸盐的合成

对硝基-*α*-溴代苯乙酮六次甲基四胺盐的制备工艺过程如下:将反应釜预先干燥;向干燥的反应釜加入经脱水的氯苯或成盐反应的母液作为溶剂;在搅拌的状态下加入干燥的六次甲基四胺,用量比理论量稍微过量;将混合物用冰盐水冷却至 5～15 ℃;真空抽入上游获得的对硝基-*α*-溴代苯乙酮氯苯溶液;在 33～38 ℃反应约 1 h,测定反应终点;无须过滤,冷却,用于下一步水解反应。显然,这步反应对原材料氯苯和六次甲基四胺以及反应釜要控制水的含量。此外,还要控制溴化氢的含量。这是因为水和溴化氢同时存在时,能使六次甲基四胺分解,生成甲醛和溴化铵(图 3-33)。其次,若有水存在,生成物对硝基-*α*-溴代苯乙酮六次甲基四胺盐与水发生 Sommelet 反应,生成对硝基苯乙酮醛(图 3-34),易聚合成胶状物。

$$(CH_2)_6N_4 + 4\,HBr + 6\,H_2O \longrightarrow 6\,HCHO + 4\,NH_4Br$$

图 3-33　六次甲基四胺遇水和溴化氢分解

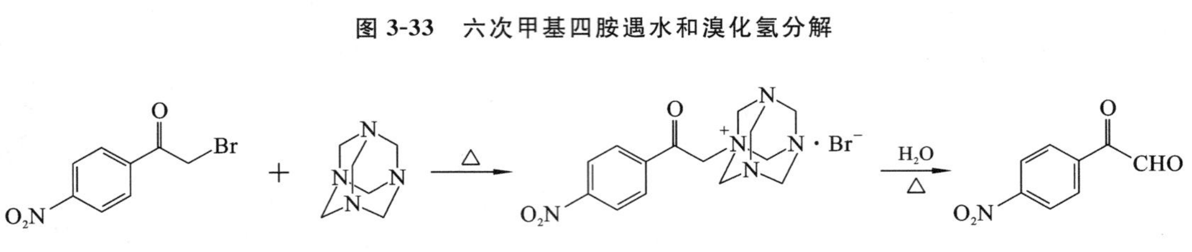

图 3-34　对硝基-*α*-溴代苯乙酮六次甲基四胺盐遇水发生 Sommelet 反应

对水含量的控制主要通过对液体原料或溶剂预先除水,固体原料预先干燥,反应釜预先干燥来实现。原料中的溴化氢来自上游对硝基-*α*-溴代苯乙酮的制备过程(图 3-35)。

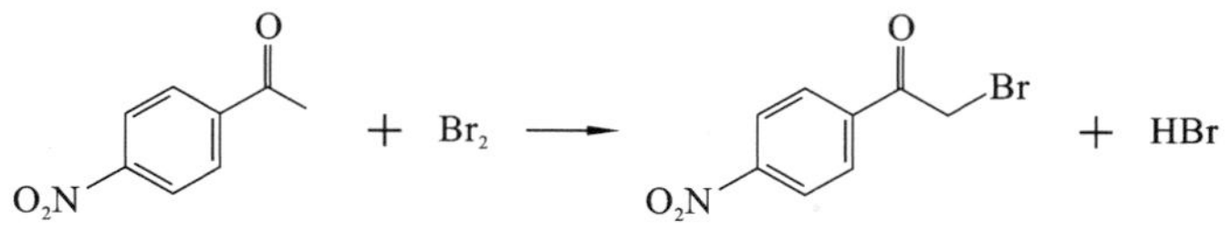

图 3-35 对硝基-α-溴代苯乙酮的合成

对硝基-α-溴代苯乙酮制备的工艺过程如下：向溴代罐中加入对硝基苯乙酮固体粉末；接着加入含水量小于0.2%的氯苯溶剂；然后在搅拌下加入少量的溴(占溴总量的2%～3%)，用于引发反应；当有大量溴化氢产生且红棕色(溴)消失时，说明反应引发成功；这时保持体系温度为26～28 ℃，逐渐加入其余的溴，产生的溴化氢用适当的真空抽出，用水吸收；溴滴加完毕，继续反应1 h；升温至35～37 ℃，通入压缩空气排走溴化氢；静置0.5 h，得到澄清的对硝基-α-溴代苯乙酮的氯苯溶液，作为下游反应的原料。可见，在对硝基-α-溴代苯乙酮制备过程中，是通过向反应混合物中通入压缩空气将溴化氢从原料中带出来控制溴化氢含量的。

3.6.3 反应终点的监控

反应终点的监控有两个目的：①确定反应时间，反应时间直接影响到生产周期和生产能力；②确定反应终点，若反应终点到了，却延长反应时间，产物会进一步反应生产副产物，从而影响目标产物的收率和质量。若提前终止反应，则反应物未完全转化，也影响目标产物的收率和质量。

常用的对反应终点进行监控的方法有薄层层析、气相色谱、高效液相色谱、显色、沉淀、pH值、水分溜出、晶型改变等。其中大家非常熟悉的方法是薄层层析法，简便易实施。气相色谱法和高效液相色谱法虽然精确，但是很烦琐。显色、沉淀、pH值、水分溜出、晶型改变等定性方法也简便易行。下面以沉淀法和晶型改变法为例进行说明。

1. 沉淀法

如图3-32所示，在氯霉素中间体对硝基-α-氨基苯乙酮盐酸盐的制备过程中，对硝基-α-溴代苯乙酮六次甲基四胺盐合成反应的终点确定方式为沉淀法。这里特别指出的是，六次甲基四胺比理论量稍微过量。因此，在检测反应终点时，只需要检测对硝基-α-溴代苯乙酮是否消耗完毕。如果消耗完毕，反应就达到终点。

沉淀法用于本反应的检测依据为：①原料对硝基-α-溴代苯乙酮既溶于氯仿，又溶于氯苯；氯苯是该反应的溶剂。②原料六次甲基四胺只溶解于氯仿，不溶于氯苯。也就是说，六次甲基四胺不溶于反应溶剂氯苯，反应时以颗粒形式悬浮于溶剂氯苯中。③产物对硝基-α-溴代苯乙酮六次甲基四胺盐既不溶于氯仿，也不溶于氯苯。因此，反应产物是以沉淀的形式存在于溶剂氯苯中的。

沉淀法用于本反应终点检测的过程如下：①取少许反应液，过滤。过滤的目的是除去未反应的原料六次甲基四胺和反应生成的对硝基-α-溴代苯乙酮六次甲基四胺盐，因为这二者都不溶于氯苯。经过过滤后，滤液中只剩下没有反应完的对硝基-α-溴代苯乙酮。②向上述滤液中加入六次甲基四胺的氯仿溶液(六次甲基四胺是溶于氯仿的)，然后加热振荡，冷却。③如果冷却后出现混浊，表明有对硝基-α-溴代苯乙酮六次甲基四胺盐生成，因为对硝基-α-溴代苯乙酮六次甲基四胺盐既不溶于氯仿，也不溶于氯苯。若有对硝基-α-溴代苯乙酮六次甲基四胺盐生成，则说明上述滤液中还有未反应完的对硝基-α-溴代苯乙酮，反应还未达到终点。相反，如果冷却后不混浊，表明没有对硝基-α-溴代苯乙酮六次甲基四胺盐生成，即滤液中不再有对硝基-

α-溴代苯乙酮,反应已经达到终点。

2. 晶型改变法

图 3-36 所示为氯霉素中间体对硝基-α-乙酰氨基-β-羟基苯丙酮的合成工艺路线,对硝基-α-乙酰氨基苯乙酮在碱性条件下与甲醛经 Aldol 缩合生成目标产物对硝基-α-乙酰氨基-β-羟基苯丙酮。

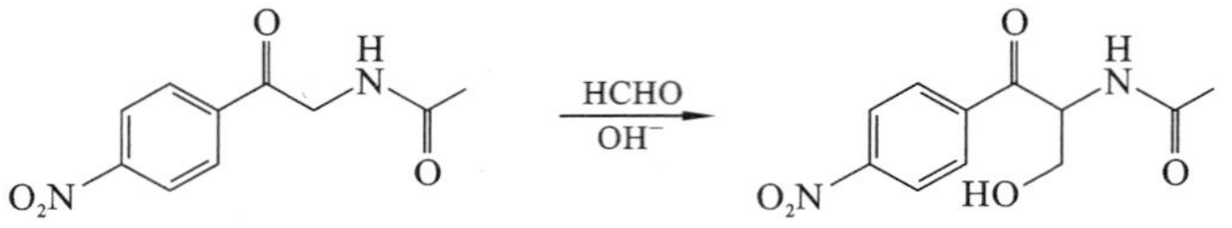

O_2N — HCHO / OH^- — O_2N … HO

对硝基-α-乙酰氨基苯乙酮　　对硝基-α-乙酰氨基-β-羟基苯丙酮

图 3-36　对硝基-α-乙酰氨基-β-羟基苯丙酮的合成

该反应的工艺过程如下:向反应釜中加入溶剂甲醇,升温至 28～33 ℃后,加入甲醛,接着加入对硝基-α-乙酰氨基苯乙酮。这里需要指出的是,要预先将对硝基-α-乙酰氨基苯乙酮加水调成糊状,pH 值应为 7。加入碳酸氢钠,调节体系的 pH 值为 7.5。反应放热,温度开始上升。此时不断取反应液于玻璃片上观察,对硝基-α-氨基-苯乙酮的针状晶体不断减少,对硝基-α-乙酰氨基-β-羟基苯丙酮的长方形柱状晶体不断增多。经过多次观察,确认针状结晶全部消失,即达到反应终点。接着降温、离心过滤、洗涤和干燥,即得到目标产品对硝基-α-乙酰氨基-β-羟基苯丙酮。可见,通过简单的晶型观察就能确定反应终点。

对于反应终点的监控,关键是要建立每步反应终点监控的方法。监控方法要根据每个反应体系的特性进行制定,越简单越好。

3.7　化学原料药的质量控制

化学原料药的质量控制除了按照药典标准进行核查外,还包括跟工艺密切相关的杂质的控制、原料药晶型和粒度的控制等。

3.7.1　原料药中杂质的控制

对杂质控制要体现源头控制、过程控制和终点控制相结合的理念。

根据药典规定的检测方法,确定原料药纯度是否达标、杂质是否超标。如果杂质超标,要根据杂质的结构确定杂质的来源,判断是来源于溶剂、试剂、副反应,还是在储存或运输过程因为条件的变化导致部分药物变质了,或者来自生产过程中的交叉污染。在前述的工艺优化中提到可根据杂质结构推测反应机理,根据反应机理确定工艺优化的方向。如果经过工艺优化后仍然存在对后期反应不利的杂质,则要想办法分离。如果杂质因与待分离的目标物质结构和性质非常相似不便分离,可以将二者转变成衍生物再分离。

例如,如图 3-37 所示,在福辛普利钠的侧链合成过程中,在第一步反应中次磷酸对原料 A 加成时除了生成目标中间体 P_1 外,还生成副产物 S_1,副产物 S_1 约占 2%。如果 S_1 没有除去,继续参与反应生成杂质 S_2。S_2 如果没分离,则继续生成杂质 S_3。S_3 实际上是 4 个光学异构体的混合物。由于 S_1 与 P_1 难以分离,则在生成中间体 P_2 阶段,将 S_2 分离即可。中间体 P_2 纯化时,用甲基异丁基酮替换水进行重结晶,可将杂质 S_2 的含量控制在 0.1%以下,随后以 99.6%的

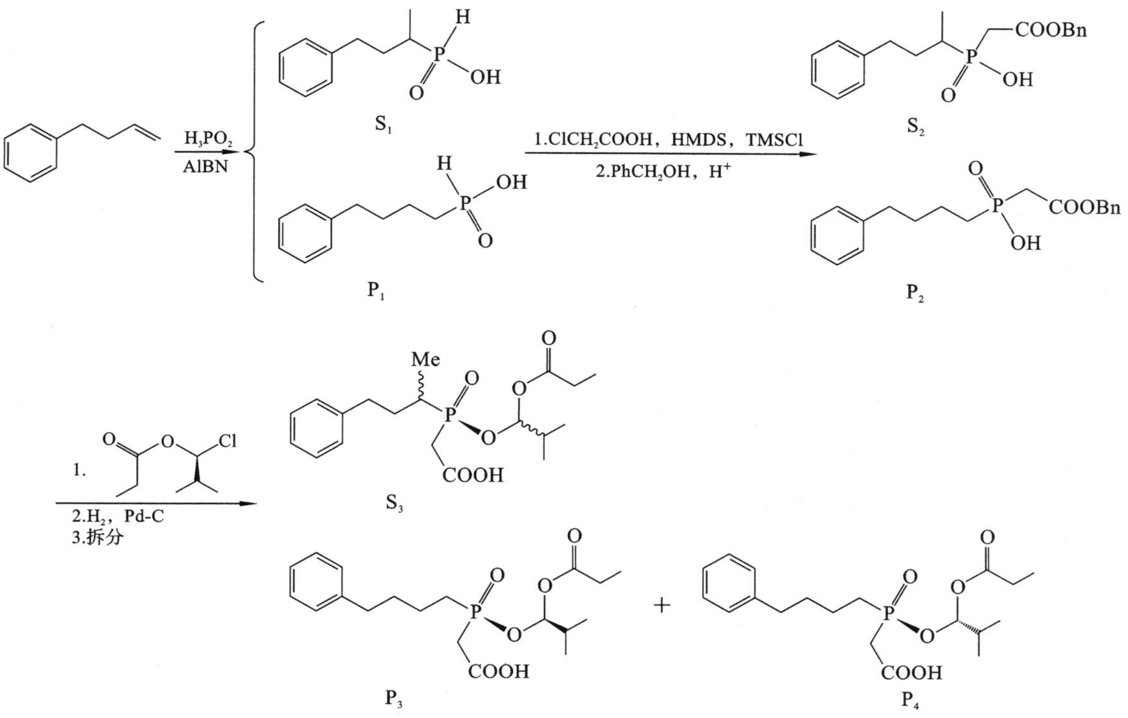

图 3-37 福辛普利钠侧链的合成工艺路线

收率得到目标产物 P_3。

杂质也有可能是由溶剂和辅助试剂转化而来的。缬沙坦为降压效果好且毒副作用小的降压药。2018 年国内制药界发生了“缬沙坦事件”，缬沙坦原料中杂质亚硝基二甲胺超标。动物实验表明，亚硝基二甲胺具有基因毒性，被归为 2A 类致癌物质。缬沙坦的原研药中不含亚硝基二甲胺。仿制公司在制备过程中采用了 N,N-二甲基甲酰胺(DMF)作为溶剂。杂质亚硝基二甲胺生成的可能机理如图 3-38 所示：①DMF 在酸性条件下发生了水解，生成二甲胺；②亚硝酸钠在酸性条件下转变为亚硝酸；③二甲胺被亚硝基亲核取代生成亚硝基二甲胺。显然，用其他溶剂替换 DMF 作为溶剂，就不会有亚硝基二甲胺杂质产生。

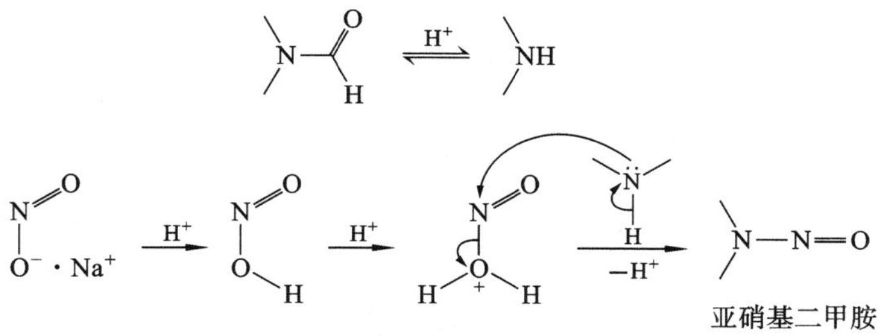

图 3-38 缬沙坦原料药中杂质亚硝基二甲胺的来源推测

3.7.2 原料药晶型和粒度的控制

药品的生物等效性是指在体内的吸收、分布和药代动力学要保持一致。就口服固体制剂而言,影响药品生物等效性的因素有晶型和粒度。原料药的晶型不同,获得的生物有效性也不同。如无味氯霉素有 A、B、C 三种晶型及无定型,其中 A 和 C 为无效型,B 及无定型为有效型。世界各国都规定无味氯霉素中无效晶型不超过 10%。晶型不同,药物稳定性也不同;粒度和晶型不同,药物溶解性也不同。原料药粒度越小,溶解度越大。1998 年,美国雅培制药公司撤回了上市的 HIV 蛋白酶抑制剂利托那韦胶囊,直接损失达 2.5 亿美元。这是因为利托那韦胶囊中药物晶型发生了转化,从Ⅰ型晶系转变为更加稳定的Ⅱ型晶系,而Ⅱ型晶系的溶解度仅为Ⅰ型晶系的 50%。后来,雅培制药公司对药物晶型和处方进行再研究,确保制剂产品中Ⅰ型晶系的稳定性后,再将利托那韦重新上市。

根据制药分离工程的有关知识,产物的晶型受到结晶方式、所采用的溶剂、结晶推动力、搅拌器类型与搅拌速度等因素的影响。例如,冷却速度、析出剂加入的速度均会影响晶体的粒度和大小。此外,研磨也可以改变产品的晶型。如图 3-39 所示,抗肿瘤药物伊布替尼在不同的结晶方式下产生不同的晶型。这里特别强调的是,并不是所有的药物都要制备成晶体,无定形也显示良好的药效和生物利用度,例如抗肿瘤药物甲氨蝶呤、解热镇痛药物布洛芬、消化系统药物埃索美那唑、抗艾滋病药物甲磺酸奈非那韦等。

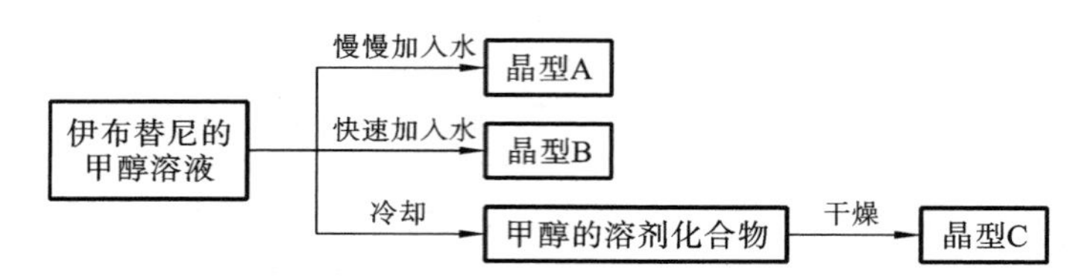

图 3-39　抗肿瘤药物伊布替尼的多晶现象与结晶方式的关系

思　考　题

(1)化学制药工艺的研究内容是什么?

(2)对于既有连串副反应又有平行副反应的复杂反应,该怎样进行工艺优化?

(3)原料配比对哪些反应的选择性有影响? 可举例说明。

(4)加料顺序是如何影响反应的选择性的? 可举例说明。

(5)加料时间对反应的选择性有怎样的影响? 可举例说明。

(6)如何选择后处理方法?

(7)如何对工艺进行控制?

(8)原料药的粒度、晶型对原料药的生物等效性和稳定性有怎样的影响?

(9)倘若发现原料药中杂质超标,该怎么办?

码 3.1　第 3 章教学课件

第4章 微生物发酵制药工艺

4.1 微生物药物

4.1.1 微生物药物的发现

青霉素(penicillin)是人类历史上第一个实用的抗生素,其发现被誉为"人类寿命的第二次革命"。1928年,英国学者 Alexander Fleming 在研究葡萄球菌的变异时,偶然发现一种霉菌(后来被鉴定为点青霉,*Penicillium notatum*)能够抑制葡萄球菌的生长。在点青霉的菌落周围,出现了无葡萄球菌生长的透明圈。Alexander Fleming 利用点青霉的培养滤液进行了抗感染实验,并获得成功。

从1928年 Alexander Fleming 发现青霉素,到1938年 Howard Walter Florey 领导的团队对青霉素的活性和培养工艺进行系统研究,经历了整整十年的时间。最终,在化学家 Ernst Boris Chain 的协助下,成功分离纯化出高纯度的青霉素,使得青霉素成为一种真正的药品,造福于人类。1945年 Alexander Fleming、Howard Walter Florey 和 Ernst Boris Chain 三人因发现青霉素而共同获得诺贝尔生理学或医学奖。

早期,青霉素的发酵效价非常低,价格昂贵,而且很难获得。现在,青霉素已经变得非常普遍、低廉,每个人都能负担得起。这要归功于生物技术制药工艺的发展。如图4-1所示,从20世纪40年代到90年代,发酵效价从40 U/mL提高到80000 U/mL,提高了2000倍。这个单

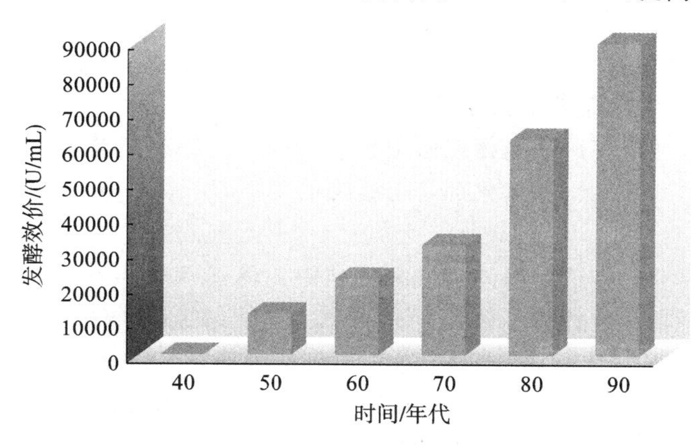

图4-1 20世纪40—90年代青霉素发酵效价的变化

位是效价单位(U),表示抗生素的抗菌活性。青霉素以国际标准品青霉素G钠盐0.6 μg为1 U。

目前市场上的青霉素产品主要有青霉素注射液。根据早期的发酵效价40 U/mL,每支4000000 U的青霉素注射液需要100000 mL发酵液(以100%的回收率进行理论值计算)提取精制,即100 L青霉菌的发酵液才能生产1支青霉素注射液。而按照当前100000 U/mL的发酵水平,同样以100%的回收率计算,只需40 mL青霉菌发酵液就能生产1支青霉素注射液。

微生物发酵制药工艺的发展,极大地提高了微生物药物的生产效率,降低了生产成本,从而使得相关药物能够更好地造福于人类社会。

4.1.2 微生物药物的定义

微生物药物(microbial medicine)是微生物在其生命活动过程中产生的、具有生理活性的次级代谢产物及其衍生物,主要包括抗微生物感染、抗肿瘤、免疫调节、特异性酶抑制、受体拮抗或抗氧化等作用的药物。

抗生素(antibiotic)是在低浓度下能选择性地抑制某些生物生命活动的微生物次级代谢产物及其衍生物。在20世纪40年代,青霉素被广泛应用于临床,为人类作出了卓越的贡献。然而,在20世纪50年代,抗生素(如青霉素、链霉素和四环素等)主要用于抗菌。“antibiotic”一词也被译为“抗菌素”,直到80年代才逐渐超出对致病微生物作用的范围。它们不仅具有抗菌作用,还具有抗肿瘤、抗病毒、免疫抑制、杀虫和除草等作用。

随着基础生命科学和现代生物技术的发展,越来越多的微生物产生的生物活性物质被报道,如免疫调节剂、特异性酶抑制剂、受体拮抗剂和抗氧化剂等。这些物质和抗生素都是微生物的次级代谢产物,在生物合成机制、药物筛选和生产工艺等方面都有许多共同的特点。因此,它们和抗生素统称为微生物药物。

4.1.3 发酵制药的类型

根据微生物药物的种类,可以将发酵制药分为以下三类:

(1)微生物菌体发酵,目的是获得微生物菌体,例如整肠生、妈咪爱、乳酸菌素片和酵母片等。

(2)微生物代谢产物发酵,主要包括初级代谢产物(如氨基酸、核苷酸、维生素和有机酸等)和次级代谢产物(最主要的是各类抗生素)。

(3)微生物转化发酵,利用微生物或微生物产生的某种或多种酶,将一种化合物转变为结构相关的更有价值的产物。生物催化剂具有很强的专一性,微生物转化发酵是近年来手性药物制备技术的主流。

以福州大学郭养浩教授课题组的扁桃酸医药中间体产业化项目为例,他们筛选出对苯乙酮酸具有较高催化还原活性的酵母菌株FD1,将底物苯乙酮酸合成(*R*)-(−)-扁桃酸医药中间体。其反应式如图4-2所示。产物比生成速率达到最大值0.36～0.38 mmol/(g(dw)·h),目标产物(*R*)-(−)-扁桃酸的对映体过量值达97.3%。(*R*)-扁桃酸具有良好的反应稳定性,未观察到(*R*)-扁桃酸发生消旋或生成副产物的现象。

发酵制药的类型决定了微生物发酵制药的工艺。

苯乙酮酸 —酵母→ (*R*)-(−)-扁桃酸

图 4-2　微生物转化合成(*R*)-(−)-扁桃酸的反应式

4.1.4　制药微生物的类型

微生物药物生产中使用的微生物主要包括细菌、放线菌和真菌(图 4-3)。制药微生物的种类决定了其保存和培养的条件。

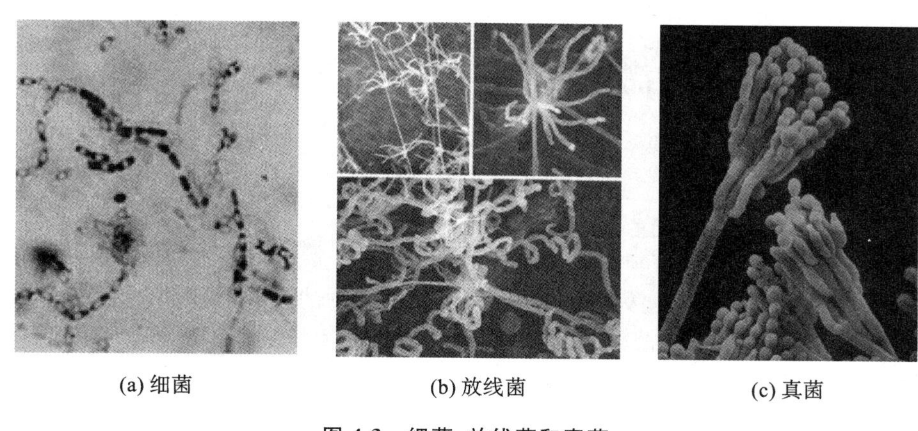

(a) 细菌　(b) 放线菌　(c) 真菌

图 4-3　细菌、放线菌和真菌

细菌主要产生多肽类抗生素,例如芽孢杆菌产生的产杆菌肽,以及多黏芽孢杆菌产生的黏菌肽和多黏菌素等。此外,细菌还可以用于生产氨基酸和维生素等初级代谢产物,例如利用黄色短杆菌生产谷氨酸,通过小菌氧化葡萄糖酸杆菌和大菌巨大芽孢杆菌混合发酵生产维生素 C。

放线菌则主要产生各类抗生素,占微生物产生的抗生素的 70%以上。例如链霉菌属产生的链霉素、新霉素和卡那霉素等,以及小单孢菌属产生的庆大霉素。

真菌主要包括霉菌和酵母。霉菌产生的药物如青霉素菌属产生的青霉素和灰黄霉素等,以及头孢菌属产生的头孢霉素等。酵母则常用于基因工程蛋白药物的生产。酵母可以在简单且廉价的培养基上生长,并达到高浓度。更重要的是,酵母(如酿酒酵母和毕赤酵母)的细胞组分和代谢物对人体是无毒的。

这些微生物的选择和使用对于微生物药物的生产至关重要。根据药物的不同类型和需求,选择合适的微生物进行发酵和生产。

4.1.5　发酵制药的基本生产过程

发酵制药的基本生产过程分为四个阶段。

第一阶段是菌种工段,主要负责菌种的选育和保存。这一阶段的目标是选择具有特定药效的微生物,并通过各种方法进行育种和改良,以提高药物产量并减少副产物。

第二阶段是发酵工段,主要负责微生物的培养和目标药物的代谢调控。在这一阶段,将微生物在适合的生长条件下进行培养,同时通过各种手段进行药物代谢的调控,以获得更多的目标药物。

第三阶段是提炼工段,主要负责目标药物的分离纯化。这一阶段的目标是通过各种物理、化学和生物技术,将目标药物从培养液中分离出来,并进行纯化,以提高药物的纯度和收率。

最后一个阶段是成品工段,主要负责最终药物成品的检测和包装。在这一阶段,对药物进行质量检测和稳定性考察,以确保药物的质量和有效性。最后,药物被包装成各种规格和剂型,以便使用和储存。

这四个阶段相互衔接,形成一个完整的微生物发酵制药生产过程。每个阶段都有其特定的任务和要求,需要专业的技术和设备支持。

4.2 微生物生长和生产的关系

4.2.1 微生物反应动力学

微生物反应动力学,也称为发酵动力学,描述了微生物的反应过程和速率。微生物反应动力学是研究微生物培养过程中菌体生长、底物消耗和产物生成的动态平衡和内在规律的科学。它包括微生物生长动力学、底物利用动力学和产物合成动力学。

通过研究微生物反应动力学,我们可以确定最佳的微生物培养条件,建立发酵工艺参数的控制方案,并通过模拟来优化生产控制。

微生物反应动力学有以下三个主要特征:

(1)微生物细胞作为反应过程的主体,是微生物反应过程的生物催化剂。微生物细胞从原料中摄取营养,通过细胞中特定的酶进行复杂的生化反应,将底物转化为产物。微生物细胞的特性及其在反应过程中的变化是影响微生物细胞反应过程的关键因素。

(2)微生物反应过程的本质是一个复杂的酶催化反应过程。在微生物细胞反应过程中,一方面,从外界摄取营养物质,这些物质通过细胞内的各种变化转化为细胞本身的成分,这种变化称为同化作用;另一方面,细胞内的成分不断分解成代谢产物排出,这种变化称为异化作用。从简单的小分子物质到复杂或更大物质的合成过程需要能量,而分解过程形成的小分子物质可以作为合成的原料,伴随着能量的释放。通过分解和合成的作用,细胞内可以维持物质和能量的平衡。细胞中的这些代谢活动是通过一系列复杂的酶催化反应进行的。

(3)微生物反应不同于酶催化反应。酶催化反应为分子水平的反应,在酶催化反应过程中,酶本身无法复制。而细胞反应是细胞和分子之间的反应,并且在反应过程中,细胞也得以生长,细胞的形态、组成和活性处于动态变化过程中。

这些特征导致描述、控制和利用微生物细胞反应过程的复杂性。通过将菌种接种到适宜的培养基中,并每隔一定时间取样测定菌体浓度或生物量(X)和底物浓度(S)等,以发酵时间为横坐标作图,可以得到微生物反应动力学曲线,如图4-4所示。

这些变化可以用速率,也就是单位时间内某一参数的变化量来衡量。此外,也可以使用比

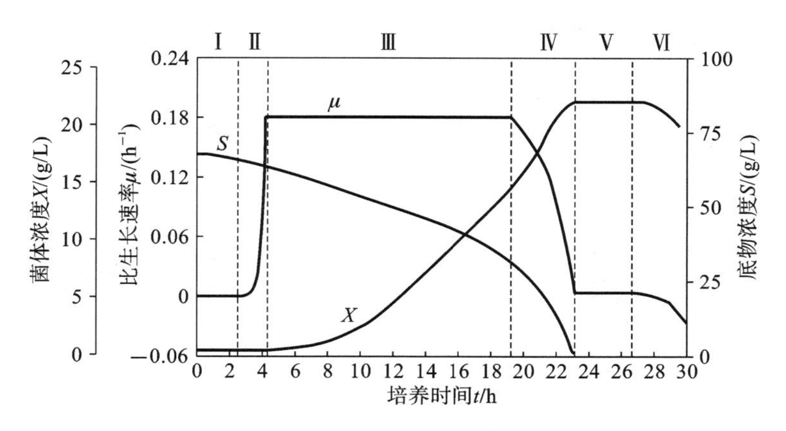

图 4-4 微生物反应动力学曲线

速率来描述,比速率通常用于描述微生物细胞生长、底物消耗和产物生成等过程中的动态变化。例如,比生长速率 μ 是以单位细胞生物量 X 为基准,表示单位菌体浓度的生长速率。

4.2.2 微生物细胞的分批培养特性

在典型的微生物分批培养过程中,细胞的生长曲线可以被划分为几个阶段,包括延滞期、增速期、对数生长期、减速期、稳定期和衰退期。

在延滞期(区域 Ⅰ),接种的微生物正在适应新的培养环境。这个阶段的时间长短主要取决于接种物的活性、接种量、培养基的可利用性和培养基中营养成分的浓度。无论是实验室研究还是工业生产过程,都希望尽可能缩短延滞期,以减少染菌率并提高发酵效率。

在增速期(区域 Ⅱ),接种物适应了新培养环境,逐渐增加生长速率。

对数生长期(区域 Ⅲ)是微生物快速增殖的阶段。在营养物质充足且不存在菌体生长抑制因素的情况下,微生物以指数型规律增殖。随着微生物的增殖,营养成分不断消耗,同时有害代谢物不断累积。

当菌体持续以恒定比生长速率 μ 生长一定时间后,进入减速期(区域 Ⅳ),菌体生长速率逐渐下降,比生长速率也逐渐下降。

稳定期(区域 Ⅴ)中,微生物的比生长速率 μ 等于零,实际上是处于菌体生长和死亡的动态平衡阶段。在这个阶段,菌体的次级代谢作用十分活跃,许多次级代谢产物在稳定期大量合成。

在衰退期(区域 Ⅵ),微生物进入内源呼吸阶段,死亡速率超过生长速率,菌体大量死亡,并发生自溶。

4.2.3 微生物生长动力学

微生物生长曲线描述了微生物细胞数量随培养时间的变化情况,描述了微生物从接种到自溶死亡的整个过程。

生长速率 r 表示在单位时间(t)内菌体浓度或质量(X)的变化量:

$$r = \frac{\mathrm{d}X}{\mathrm{d}t}$$

比生长速率 μ 则表示为单位菌体浓度的生长速率,反映了菌体的活力:

$$\mu = \frac{1}{X}\frac{\mathrm{d}X}{\mathrm{d}t}$$

4.2.4 底物利用动力学

在菌体生长过程中,随着底物逐渐被吸收利用,底物浓度呈现降低的趋势。底物浓度的减少可以用底物消耗速率(r_S)和底物比消耗速率(q_S)来表示:

$$r_S = -\frac{\mathrm{d}S}{\mathrm{d}t}$$

$$q_S = -\frac{1}{X}\frac{\mathrm{d}S}{\mathrm{d}t}$$

底物的比消耗速率表示底物被利用的效率,可用于不同微生物之间的发酵效率的比较。

法国生物学家 Monod 研究大肠杆菌利用葡萄糖与生长速率的关系后发现,当底物浓度 S 较低时,比生长速率 μ 随着底物浓度 S 的增大而增大。然而,当底物 S 达到一定浓度后,继续增加底物浓度,比生长速率不再增大,表现出饱和现象。

Monod 方程:

$$\mu = \frac{\mu_{max} S}{K_S + S}$$

由此方程可以得出,当 S 很低时,可以近似认为 $K_S + S = K_S$,则 $\mu = \mu_{max} S/ K_S$,表明底物浓度与比生长速率成正比。当 S 很高时,可以近似认为 $K_S + S = S$,则 $\mu = \mu_{max}$,表明在高底物浓度下,菌体能以最大的比生长速率进行生长。

Monod 方程对应的动力学曲线如图 4-5 所示,其中 μ_{max} 为限制性底物过量时的最大比生长速率;K_S 为半饱和常数,相当于比生长速率为最大比生长速率的一半时的底物浓度。μ_{max} 的意义在于表示各种底物对菌体的生长效率,可用于不同底物之间的比较。K_S 的意义在于表示菌体对底物亲和力,K_S 越小,亲和力越大,越能被菌体更好地利用。

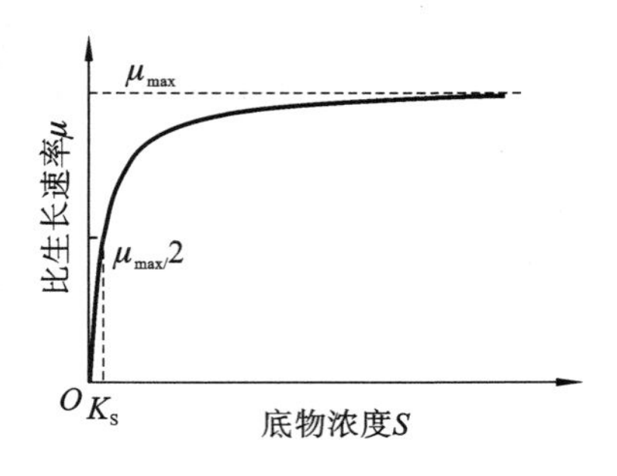

图 4-5 Monod 方程对应的动力学曲线

Monod 方程是基于以下假设建立的:在微生物生长过程中,只有一种物质(其他组分过量)的浓度会影响其生长速率,这种物质被称为限制性底物。此外,假设微生物的生长是均衡的,并且为简单的单一反应。

4.2.5 微生物生长与产物的关系

1950 年,Gaden 教授根据微生物分批培养过程中细胞的比生长速率 μ 与目标产物比生成

速率 q_P 的关系，将目标产物的合成模式区分为三大类（图 4-6）：Gaden Ⅰ型，即生长与生产偶联型；Gaden Ⅱ型，即生长与生产半偶联型；Gaden Ⅲ型，即生长与生产非偶联型。

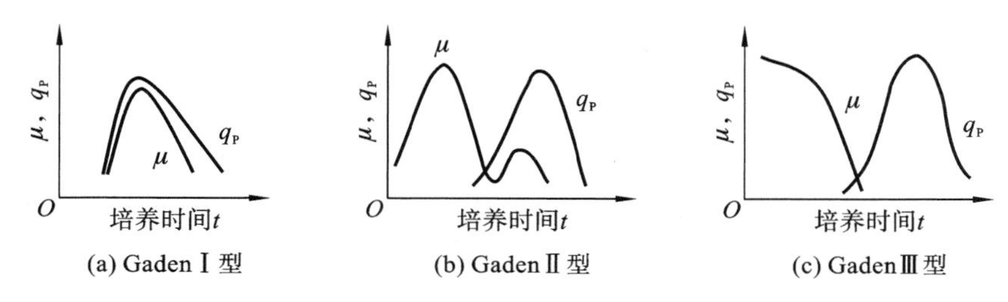

图 4-6　Gaden Ⅰ型、Gaden Ⅱ型和 Gaden Ⅲ型曲线

（1）Gaden Ⅰ型：生长与生产偶联型。

Gaden Ⅰ型微生物发酵过程，其目标产物的比生成速率与菌体比生长速率呈正相关：

$$q_P = \frac{dC_P}{dt} = \alpha \frac{dC_X}{dt}$$

式中，C_X 为菌体浓度。

这类代谢物大多是碳源或氮源物质分解代谢途径的直接产物或进一步反应的衍生物。典型的产物包括乙醇、葡萄糖酸、乳酸，以及某些胞外水解酶等。以菌体为目标产物的培养过程也属于此类过程。

（2）Gaden Ⅱ型：生长与生产半偶联型。

Gaden Ⅱ型微生物发酵过程，其目标产物的比生成速率与菌体比生长速率存在部分关联：

$$q_P = \frac{dC_P}{dt} = \alpha C_X + \beta \frac{dC_X}{dt}$$

这类代谢产物大多是合成代谢过程的产物或其衍生物。典型的产物包括大多数的有机酸、氨基酸以及微生物合成的某些胞内酶和特殊蛋白。

（3）Gaden Ⅲ型：生长与生产非偶联型。

Gaden Ⅲ型微生物发酵过程，其目标产物的比生成速率与菌体比生长速率几乎没有关系。

微生物的非生长关联代谢产物也被称为次级代谢产物。这些代谢产物（如激素、抗生素等）不是微生物正常生命过程所必需的，其合成途径由调控基因控制。通常在菌体生长限制性底物下降至某个低浓度水平时，或在培养基中添加某诱导物时，次级代谢产物开始形成。

4.3　微生物菌种的选育与保藏

制药生产对菌种的要求主要体现在以下六个方面：

（1）纯种：菌种必须是无杂菌和噬菌体的，以确保生产过程中微生物的一致性。

（2）遗传稳定性：菌种须具有长期的繁殖能力，并且不易发生变异或退化，以保证生产的可重复性。

（3）易培养性：容易控制发酵条件，生长旺盛且迅速，以便于实验和生产的操作和控制。

（4）抗污染性：菌种须具有一定的自我保护机制，以抵抗杂菌的污染，从而保证生产过程的稳定性。

（5）经济性：菌种能够利用价格低廉且易于获得的原料，发酵周期短，并且产量高，以降低生产成本并提高经济效益。

(6)突变敏感性:菌种须对外界的各种诱变因素敏感,这样可以提高菌种的适应性和生产潜力。

4.3.1 菌种的选育

以改善菌种的特性,提高产量,降低成本,改善工艺,方便管理及综合利用为目的的菌种选育工作是十分必要的。经典的菌种选育方法主要有自然分离、自然选育、诱变育种、杂交育种以及基因工程育种五种。

1. 自然分离

1)样品的采集

一般从大陆表层土壤(0～10 cm)、水体(0～100 m)等环境中采集带有目标微生物的样品。

2)样品预处理

为了更好地进行微生物的分离和获取,可以根据分离的目的和微生物的特性,利用物理或化学的手段对样本进行处理。

例如,通过在较高的温度(40～120 ℃)下处理样本数十分钟至数小时,可以将不同种类的放线菌进行分离。

此外,使用某些化学试剂如十二烷基硫酸钠、碳酸钙或氢氧化钠处理样本,能够有效地减少细菌的数量,从而有利于放线菌的分离。而使用乙酸乙酯、氯仿或苯等试剂处理样本,则能够有效地清除真菌。

3)菌种的分离培养

在微生物的分离培养阶段,主要采用稀释法、平板划线法和滤膜法等方法,从预处理过的样本中筛选并分离出目标微生物。

同时,应根据目标微生物在营养需求、培养条件等方面的特性,选择合适的培养基和培养条件进行培养,以进一步富集目标微生物。例如目标微生物是放线菌时,通常选择适合放线菌生长的培养基如高氏 1 号培养基,并加入抗真菌和抗细菌抗生素,然后在一定的高温条件下进行培养,以此富集目标放线菌。

4)目标药物产生菌的筛选

以抗生素产生菌为例,为了避免可能出现的感染病原体的风险,通常选择非致病性且能代表某种致病菌的微生物作为实验菌株。

如表 4-1 所示,采用金黄色葡萄球菌来筛选抗革兰氏阳性球菌的抗生素,使用大肠杆菌来筛选抗革兰氏阴性杆菌的抗生素,选用曲霉和白色假丝酵母菌来筛选抗真菌的抗生素。

表 4-1　常用的实验菌和代表的致病微生物

实验菌	代表的致病微生物
金黄色葡萄球菌	革兰氏阳性球菌
枯草芽孢杆菌	革兰氏阳性杆菌
耻垢分枝杆菌	结核分枝杆菌
大肠杆菌	革兰氏阴性杆菌

续表

实验菌	代表的致病微生物
白色假丝酵母菌	酵母状真菌
曲霉	丝状真菌
噬菌体	病毒、肿瘤细胞

经过样品采集、处理以及菌种分离培养后，可以获得许多可能产生目标药物的原始菌株。然而，要真正将这些菌株转化为新药生产菌，还需要进行大量的工作。其中，筛选和鉴定能够产生目标药物活性的微生物是至关重要的环节。

通过特定的筛选方法，可以找出具有活性的阳性菌，并对其进行扩大培养。随后，对目标化合物进行分离和纯化，这些步骤是实现从菌种筛选到新药生产的重要环节，但仅仅是开始，后续还需进行大量的研究和开发工作。

2. 自然选育

在发酵生产过程中，自然选育是指基于菌种自然突变而进行的筛选过程，未经过人工诱变处理。常用的方法是单菌落分离，通过反复筛选以确定生产能力比原菌株高的菌种。自然选育操作简单易行，可达到纯化菌种、防止退化、稳定生产水平和提高产量的目的。然而，其效率较低，增产幅度有限。

福州大学药物生物技术与工程研究所为企业筛选了一株红曲霉菌，如不进行自然选育，菌种会不断退化，产量逐渐下降。经过半年自然选育后，以 7 d 为一个周期筛选，得到 *M. FZU04* 菌株（如图 4-7 所示），色素产量从 5000 U/g 提高到 5600 U/g，提高了约 10%，并且保证了企业生产的稳定性。

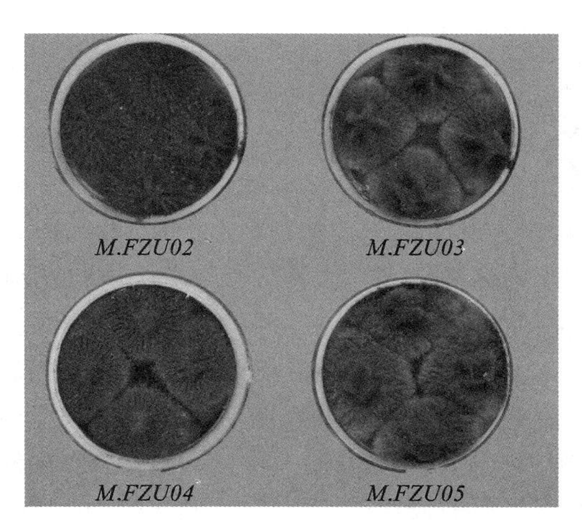

图 4-7　自然选育红曲霉菌株

3. 诱变育种

诱变育种是一种通过人为创造条件（如使用诱变剂处理），使菌种发生变异，然后从这些变异个体中筛选出优良个体并淘汰劣质个体的方法。引起突变的因素包括物理、化学和生物三类。诱变育种是传统菌种选育的主要方法，其特点是速度快、收效大和方法相对简单，但是它缺乏定向性，因此通常需要配合大规模的筛选工作。

4. 杂交育种

杂交育种是两种具有不同基因型的菌株通过接合或原生质体融合,使遗传物质发生重新组合的过程。通过这种方式,可以从中分离并筛选出具有优良性状的新菌株,这种育种方式带有定向育种的性质。如图 4-8 所示,杂交育种包括以下三种方式。

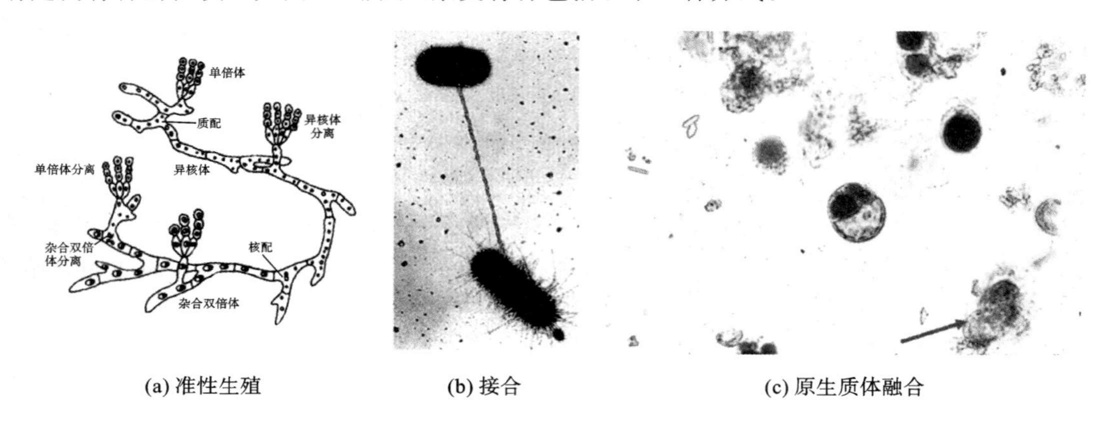

(a) 准性生殖　(b) 接合　(c) 原生质体融合

图 4-8　准性生殖、接合和原生质体融合

1)准性生殖

准性生殖是一种类似于有性生殖,但比它更为原始的生殖方式,它可使同种生物不同菌株的体细胞发生融合,也就是不经过减数分裂就能导致基因重组的生殖过程。

2)接合

接合是指直接混合培养两个菌种,细菌通过细胞的暂时沟通,将基因片段输入另一细胞,即遗传物质发生转移而导致基因重组。

3)原生质体融合

原生质体融合是指人为用酶解法将微生物细胞壁除去,制成原生质体,在高渗溶液环境下,用聚乙二醇促进原生质体发生融合,再生细胞壁,从而获得异核体或重组子。

5. 基因工程育种

基因工程育种是一种按照人类需求改造基因序列,促进目标产物表达或敲除不利代谢产物合成的基因,从而创造新生物体的技术。该技术主要分为有目的性和无目的性两种方式。

有目的性基因工程育种,主要通过过量表达或抑制表达某个或一组基因。以血红蛋白为例,它具有提高氧气传递速率的功能。如果将编码血红蛋白的基因转入某些耗氧速率高的抗生素生产菌株中,就有可能降低发酵过程的供氧能耗。福州大学孟春教授等将透明颤菌血红蛋白基因转入金霉素生产菌株金色链霉菌 FD-2 中。研究表明,在低溶解氧和局部氧传递不均匀的条件下,透明颤菌血红蛋白的表达能够促进金色链霉菌的菌体生长和金霉素的合成,工程菌株的菌体浓度比参照菌株高 5%～10%,金霉素放罐效价提高了 11.4%。

无目的性基因工程育种的代表之一是体外同源重组技术(DNA shuffling)。这种技术将来源不同但功能相同的一组同源基因,用核酸酶 Ⅰ 消化成随机片段,由这些随机片段组成一个文库,使之互为引物和模板,进行 PCR 扩增。当一个基因拷贝片段作为另一个基因的引物时,引起模板互换,因而发生重组。在导入体内后,会选择正突变体进行新一轮的体外重组。无目的性的基因工程育种技术需要高效的筛选手段,以从众多突变菌株中筛选出正突变体菌株。

4.3.2　菌种的保藏

菌种经过多次传代，容易发生遗传变异并出现退化现象，从而丧失生产能力甚至导致菌株死亡。因此，菌种保藏的目的是保持菌种的原有优良特性，延长其生命周期，确保其长期存活且不退化。

菌种保藏的原理是使菌种的代谢处于不活跃状态，即让其在生长繁殖受到抑制的休眠状态下存活。

为了达到以上目的，可以采用物理和化学方法来创造低温、干燥、缺氧和缺乏营养等条件。这些措施可以抑制微生物的生长繁殖，使其处于休眠状态。

菌种的保藏方法主要有五种，分别是斜面低温保藏法、液体低温保藏法、石蜡油封藏法、沙土管保藏法和冷冻干燥法，具体信息如表 4-2 所示。

表 4-2　菌种的保藏方法

方法名称	主要措施	适宜菌种	保藏期	评价
斜面低温保藏法	低温(4～8 ℃)	各类	3～6 月	简便
液体低温保藏法	低温(−196～4 ℃)、保护剂	各类	1～10 年	简便有效
石蜡油封藏法	低温、缺氧	各类	1～2 年	简便
沙土管保藏法	干燥、无营养	产孢子微生物	1～10 年	简便有效
冷冻干燥法	干燥、无氧、低温、有保护剂	各类	5～15 年	简便高效

经常使用的菌种通常采用斜面低温保藏法。在适宜的平板培养基或斜面试管中接入菌种，然后在一定的生长温度下培养至旺盛期，最后放入 4 ℃的冰箱中保存。低温环境能够降低微生物的新陈代谢，从而延长菌种的保存时间。每隔 3 个月左右，需要重新保藏一次。此方法操作简便，但保存时间较短，且易发生变异。

对于不经常使用的菌种，一般采用液体低温保藏法。使用甘油、二甲基亚砜、脱脂奶或血清等作为保护剂，以降低菌体细胞的冰点并减少冰晶对细胞的伤害。将菌种保存在−20 ℃的冰箱、−80 ℃的冰箱或液氮罐中，此法可较长时间保存菌种，避免菌种因频繁传代而发生变异。

若需长期保存菌种，一般采用冷冻干燥法。将菌体与保护剂(如脱脂奶或血清)混合制成菌悬液，分装于安瓿管中。使用冻干机进行冷冻干燥处理后，在抽真空的同时用酒精喷灯封口，如图 4-9 所示。冷冻干燥法具有较长的保存时间，通常在 4 ℃的环境下可稳定保存 5～15 年。此法适用于保存各种细菌、酵母和霉菌等，且储存和运输方便。

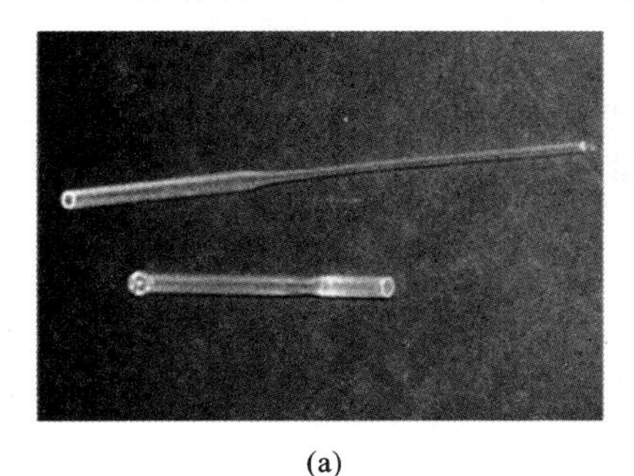

(a)

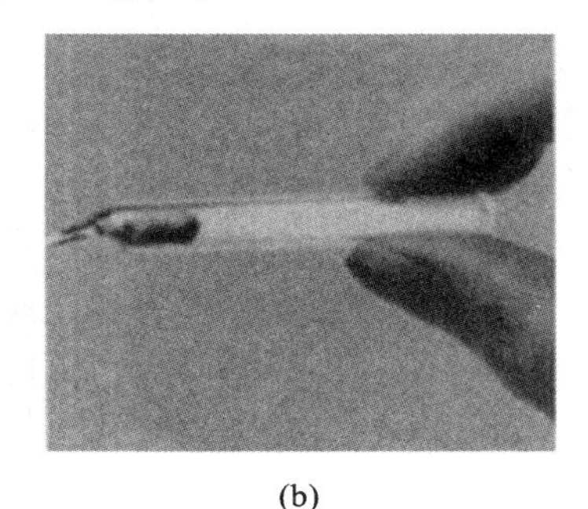

(b)

图 4-9　冷冻干燥法所用安瓿管

4.4 微生物的培养基

在发酵过程中,选择适宜的培养基是至关重要的。微生物的培养基是微生物生长繁殖和合成各种代谢产物所需的多种营养物质的混合物,这些物质需要按照一定的比例进行配制。

培养基除了提供营养作用外,还能提供微生物生长所必需的环境条件,如渗透压、pH值等。

在工业化生产中,为了保持稳定的工艺条件并提高产量,通常会向培养基中加入少量非营养成分,如前体、促进剂和消沫剂等。

培养基的组成和比例是否适宜,会直接影响微生物的生长、生产、工艺选择、产品质量和产量。因此,在发酵过程中,选择和优化培养基是至关重要的。

4.4.1 培养基的成分和功能

微生物的培养基的主要成分包括碳源、氮源、无机盐、水、生长因子、前体与促进剂和消沫剂。

1. 碳源

碳源为微生物提供能量及合成胞内外物质所必需的碳骨架,是微生物生存的基础之一,可来自糖类、醇类、有机酸和脂类等。葡萄糖、淀粉和糊精是常用的碳源。另外,糖蜜是制糖的副产物,作为碳源价格低廉。糖蜜中还含有维生素、矿物质及生长因子等成分,有利于某些微生物的生长及次级代谢产物的合成。

2. 氮源

氮是微生物生长和合成次级代谢产物的重要元素,氮源可以分为无机氮源和有机氮源两类。不同的微生物对氮源的喜好差异显著。

生产上常用的有机氮源有黄豆饼粉、花生饼粉、玉米浆和蛋白胨等,这些有机氮源含有丰富的蛋白质、多肽和氨基酸等。同时,含有少量的糖类、脂肪、无机盐、维生素和生长因子等,有利于微生物的生长和代谢。

无机氮源主要有硝基氮(如硝酸盐)和氨基氮(如铵盐、氨水),一般微生物可以直接利用铵盐中的氮,硝酸盐中的氮必须还原为氨才可被利用,铵盐比硝酸盐更快被利用。

3. 无机盐

无机盐包含大量元素和微量元素,是微生物生理活性物质的成分或具有生理调节作用,包括磷、硫、铁、镁、钙、锰、锌和钼等。一般低浓度时起促进作用,高浓度时起抑制作用。

微生物生长对磷酸盐的需求量较大,但在代谢产物合成阶段,如果磷酸盐影响代谢产物的合成,需要控制磷酸盐的浓度。

对于特殊的菌株和产物,不同的元素具有独特的作用,如铜能促进谷氨酸的发酵,锰能促进芽孢杆菌合成杆菌肽,钴能提高维生素 B_{12}、链霉素和庆大霉素的产量。

4. 水

水是微生物细胞的主要成分,同时也是营养传递的介质和调节细胞生长环境温度的良好导体。

5. 生长因子

生长因子是维持微生物生长所必需的微量有机物，包括维生素、氨基酸、脂肪酸、嘌呤或嘧啶及其衍生物等。

6. 前体与促进剂

前体是加入发酵培养基中的某些化合物，能直接参与产物的生物合成，被直接结合到目标产物分子中，而自身的结构无多大的变化。添加前体是提高抗生素产量的重要措施，如青霉素G的前体有苯乙酸或苯乙酰胺。有些前体有毒性或者易被菌体分解，需要多次少量流加。

促进剂是促进产物生成的物质，但不是营养物，也不是前体的一类化合物。氯化物有利于灰黄霉素和金霉素合成。此外，表面活性剂、清洗剂和脂溶性小分子化合物等可以起诱导作用，或者促进产物由胞内释放到胞外。

7. 消沫剂

消沫剂的作用是消除泡沫，防止逃液和染菌。消沫剂一般为动植物油脂和合成的高分子化合物。

4.4.2 培养基的种类

培养基的种类繁多，可按组成、用途和物理性质进行分类。在工业发酵过程中，通常会根据培养基在发酵过程中的位置和作用来对其进行分类。

（1）按组成划分：培养基可以分为合成培养基、天然培养基和半合成培养基。合成培养基是由已知化学成分的纯化学物质构成的。天然培养基则是用天然材料如血清、动物组织等制备，成分不完全明确。半合成培养基是在天然培养基的基础上添加了已知成分的物质。

（2）按用途划分：培养基可以分为选择性培养基、鉴别性培养基和富营养培养基等。选择性培养基用于选择性地培养某种特定微生物，鉴别性培养基用于鉴别不同的微生物，富营养培养基则提供丰富的营养以支持微生物的生长。

（3）按物理性质划分：培养基可以分为液体培养基、半固体培养基和固体培养基。液体培养基的成分基本上溶于水，营养成分分布均匀，易于控制微生物的生长代谢状态。把少量的凝固剂（如 0.2%～1%琼脂）加入液体培养基中，就制成半固体培养基。常用作凝固剂的物质有琼脂、明胶和硅胶等。在液体培养基中加入适量的凝固剂（如 1%～2%琼脂）即成固体培养基。

（4）按发酵过程中的位置和作用，可分为斜面或平板固体培养基、种子培养基、发酵培养基和补料培养基。这些不同类型的培养基在发酵过程中发挥着不同的作用，如种子培养基用于提供发酵所需的菌种，发酵培养基用于支持微生物的大量生长和代谢，补料培养基则在发酵后期添加以提供额外的营养。

1. 斜面或平板固体培养基

通常采用斜面或平板固体培养基，主要用于保存和筛选菌种。

对于细菌和酵母，为了满足其快速生长并避免发生变异，需要加入丰富的营养成分。而对于链霉菌和丝状真菌，由于它们主要以孢子形式进行繁殖，其孢子培养基通常具有较低的基质浓度和适中的无机盐浓度，以促进孢子的形成。

2. 种子培养基

种子培养基用于提供孢子发芽和菌体生长繁殖的环境。这种培养基通常为液体，包括摇瓶和一级、二级种子罐培养基。使用种子培养基的主要目标是短时间内大量繁殖菌体,因此需要提供丰富、完全的营养成分以支持菌体的健壮生长。由于要缩短发酵的延滞期,种子培养基的营养组成应与发酵培养基尽量接近,避免出现太大的差异。

3. 发酵培养基

发酵培养基是用于微生物生长和目标产物生成的生产用培养基。这种培养基不仅要满足菌体的生长和繁殖需求,还需要支持菌体合成目标产物。因此,发酵培养基是发酵生产中最为关键和核心的培养基。为了达到这一目标,发酵培养基需要具备丰富完整的组成和适中的营养物质浓度及黏度。对于不同的菌种和目标产物,发酵培养基的组成和配方需要进行针对性的优化。

4. 补料培养基

补料培养基是在发酵过程中添加补充的培养基。其主要作用是稳定工艺条件,有利于微生物的生长和代谢,延长发酵周期并提高目标产物的产量。从发酵过程的一定时间点开始,一般为发酵的对数生长期的中后期,底物逐渐消耗殆尽。此时,需要间歇或连续补加各种必要的营养物质,如碳源、氮源和前体等。这些营养物质的补加可以通过补料培养基实现。

4.4.3 制药生产用培养基的配制

1. 制药生产用培养基的配制原则

1)生物学原则

针对不同微生物的营养和生长需求进行培养基的设计。培养基富含各类营养物质,其浓度应适当,以满足菌体生长和合成所需产物的需求。酸性和碱性物质应适当搭配,以维持适宜的 pH 值和渗透压。各成分间的比例应适当,特别是碳氮比应适宜。同时,各原料间不应发生化学反应,以保持培养基的稳定性。

2)工艺原则

培养基的选择和制备应符合工艺要求,确保发酵生产过程容易操控,不干扰通气和搅拌,不影响产物分离纯化、精制以及废物处理过程。

3)低成本原则

为降低生产成本,原料的选择应因地制宜,来源丰富且容易获取,质量稳定且价格低廉。

4)高效经济原则

培养基应满足菌体生长和合成所需产物的需求,同时产品的产率要高、副产物要少。生产过程应安全、稳定,对环境影响小。

2. 制药生产用培养基的设计思路

培养基设计整体上通常包括以下五个步骤。

1)初步确定培养基的成分

这一阶段,需要参照前人的经验和广泛使用的成分,通过查阅文献资料,初步确定培养基的成分。这个初始的培养基可以作为进一步研究的基础。

2)单因素实验确定适宜的培养基成分

在这个阶段,可以采用单因素实验法,对每个可能影响培养效果的成分进行实验,以确定较佳的浓度。由于培养基的各个成分之间可能存在交互作用,因此通过分别进行单因素实验来得出每个成分的最优浓度,然后将这些最优浓度组合在一起,往往并不能得到最佳的培养基组成。这是因为在单因素实验中，无法考虑不同成分之间的相互作用，可能忽略一些关键的交互作用对培养基整体性能的影响。为了得到最佳的培养基组成，通常需要进行更复杂的实验设计，例如正交实验或响应面分析等，来全面考虑各个成分之间的相互作用。

3)多因素实验优化培养基配方

在多因素实验阶段，将各种成分之间的浓度和配比进行优化。这一阶段通常需要采用均匀设计、正交实验、响应面分析和遗传算法等多种方法对培养基进行优化设计。例如，通过正交实验结果的直观分析和方差分析，可以明确各个实验因素的重要性以及它们之间的相互作用。与单因素实验结果相比，多因素优化后的培养基通常能提高产量 10%以上。

4)中试放大实验

由于发酵过程的复杂性，实验室规模的摇瓶实验结果与小型、中型和大型发酵罐的发酵水平往往存在“放大效应”。因此，需要逐步放大实验规模，从摇瓶实验到小型发酵罐，再到中型发酵罐(中试)，最后放大到生产规模的发酵罐。这是逐级放大的过程。

5)综合考虑确定生产配方

在最后阶段，需要综合考虑各种因素，比如产量、纯度和成本等，以确定一个适宜的生产配方。这个配方将是用于实际生产的培养基配方。

4.4.4　理论计算与定量配制

微生物生长和生产的关系可以表示为：

$$碳源+氮源+其他营养物质+O_2 \longrightarrow 细胞+产物+CO_2+H_2O+生物热$$

如果能够进行定量表述，就可以计算出获得一定细胞生物量所需的最少营养物质。若已知生物量与产物间的特定关系，就可以推算出获得特定产物的最小底物浓度。然而，由于培养基成分和发酵过程的复杂性，通常只能针对碳源和氮源进行转化率的计算和分析。

转化率指的是单位质量的底物原料所生成的产物质量或细胞质量。理论转化率是在理想状态下，根据代谢途径的物料衡算得出的结果，而实际转化率则是发酵过程中实际测量得到的数据。因此，理论转化率高于实际转化率。我们的目标是使实际转化率趋近理论转化率，然而这一目标在目前还远未实现。

我们无法从生化反应原理推导出最佳培养基配方。只能根据生理学和生物化学理论，参考前人使用的经验培养基，并结合特定菌株的生物学特性和产品要求，对培养基的成分进行深入实验。一种发酵培养基配方应随着菌株的改良、发酵控制条件和发酵设备的变化进行相应的调整。

4.5　灭菌工艺

在微生物培养生产过程中，除了所需的菌种之外，其他任何微生物都被视为杂菌。当目标微生物培养体系受到杂菌感染时，这种情况被称为污染。制药工业中的微生物培养过程需要的是纯种发酵，一旦受到污染，可能引发严重的后果。杂菌不仅会消耗营养物质，还会抑制生产菌的生长，影响代谢产物的合成。如果微生物培养生产过程受到噬菌体的污染，可能导致发酵失败而引发“倒罐”、生产过程紊乱甚至短期停产。

消毒是通过物理或化学方法杀灭或清除病原微生物,使其无害化的过程,微生物杀灭率在99.9%以上。消毒虽然能够杀死一部分微生物的营养体,但无法杀死芽孢体。杀菌则是杀灭或清除所有微生物,包括芽孢体的过程,微生物杀灭率达 99.9999%以上。灭菌则是杀灭或清除物料或设备中所有微生物,达到无活微生物存在的程度,微生物杀灭率达 99.999999%以上,比杀菌更进一步。

在微生物发酵制药工业中,灭菌是一个非常重要的工序,包括对培养基、发酵设备及局部空间的彻底灭菌,以及通入空气的净化除菌。

4.5.1 灭菌方法与原理

常用的灭菌方法主要有两类:化学灭菌和物理灭菌。

在化学灭菌过程中,利用化学物质来杀灭微生物。常见的化学灭菌剂主要分为氧化剂类、卤化物类以及有机化合物类。这些化学灭菌剂能够使微生物的蛋白质变性、酶失活,并破坏细胞膜透性,最终导致微生物死亡。常用的化学灭菌剂如表 4-3 所示。

表 4-3 常用的化学灭菌剂

种类	灭菌剂	主要作用	使用浓度/(%)
卤化物类	次氯酸钙	产生活性氯离子,破坏微生物蛋白质和酶类	0.1～2
氧化剂类	过氧乙酸	强氧化剂,可将菌体蛋白质氧化	0.1～0.5
	高锰酸钾	使蛋白质、氨基酸氧化	0.1～3
有机化合物类	甲醛	强还原剂,与氨基结合	37
	乙醇	使细胞脱水,蛋白质凝固变性	75
	戊二醛	在碱性条件下具有杀死芽孢的能力	2
	酚类	与合成细胞壁的酶反应,导致细胞裂解	1～5
	苯扎溴铵	以阳离子形式与菌体表面结合,引起菌体外膜损伤和蛋白质变性	0.1～0.3

过去在无菌间或接种室中,每隔一段时间或经常发生细菌污染时,通常采用甲醛熏蒸来彻底灭菌。将高锰酸钾投入甲醛液体中,然后密闭房间过夜。然而,这种方法毒性较大,容易导致视力下降或失明,且不利于环保,因此现在较少使用。

对于皮肤表面、器具、实验室和工厂无菌区域的台面、地面、墙壁及空间的灭菌,通常采用75%乙醇或 0.1%～0.3%新洁尔灭进行消毒。

对于培养瓶、培养皿等玻璃器皿的灭菌,可以采用重铬酸钾-硫酸洗液浸泡。这种洗液的主要成分为重铬酸钾与硫酸,是一种强氧化剂,能够去污和杀菌。

物理灭菌方法包括使用各种物理条件,如辐射、高温及过滤等进行除菌。这些方法具有效果好、操作简便的特点,被广泛使用。

辐射灭菌是利用电离辐射杀死微生物的有效方式。用于灭菌的电磁波有微波、紫外线、X射线和 γ 射线等。这些辐射对生物细胞具有杀伤能力,高能量电磁辐射使微生物的核酸发生光化学反应导致微生物死亡。在所有辐射中,紫外线是最常用的灭菌方法,其原理在于细胞DNA 吸收紫外线后形成嘧啶二聚体,这些分子之间发生交联导致 DNA 结构改变,从而使生物细胞死亡。然而,紫外线的穿透力极低,因此只适合于表面灭菌,常用于一定空间的空气灭菌，如无菌室、超净工作台等的消毒。相比之下，γ 射线的穿透力非常强，适合于物品的内部杀菌处理。γ 射线主要由放射性同位素获得，常用的放射线同位素为 Co-60，Co-60 辐射是食品和医疗器械的一种很常见的灭菌形式。

干热灭菌是在高温（120 ℃以上）的环境中进行的，它导致蛋白质和核酸等生物大分子变性，细胞破裂，内容物释放。这种方法主要用于实验室器皿的灭菌。高压蒸汽灭菌的原理与干热灭菌相同，但高压蒸汽灭菌的效果优于干热灭菌。在高压条件下，热穿透力增强。高压蒸汽灭菌常用于培养基和设备、容器的灭菌，常用条件为 115～121 ℃，维持 15～30 min。

过滤除菌是使用一定孔径的物理惰性材料或高分子材料截留微生物。这种方法主要用于无菌空气制备。对于某些培养基成分受热容易分解破坏的情况，也常常采用过滤除菌。

4.5.2　培养基灭菌工艺

1. 微生物高温死亡动力学与灭菌的关系

在加热灭菌过程中，同时发生微生物死亡和培养基成分破坏两个过程。对大多数微生物来说，受热后死亡为一级动力学反应，其死亡动力学与灭菌效果之间的关系可以由以下公式描述：

$$\frac{\mathrm{d}X}{\mathrm{d}t}=-K_{\mathrm{d}}X$$

式中，X 为存活菌体浓度，t 为灭菌时间，K_{d} 为比死亡常数。在一定的灭菌温度下，存活菌体浓度（X）随着灭菌时间的延长而减小。

如果从零时刻（$t=0$）、存活菌体浓度为 X_0 开始灭菌，在一定温度下，由积分式可得灭菌时间 t 与比死亡常数 K_{d} 的关系：

$$t=\frac{1}{K_{\mathrm{d}}}\ln\frac{X_0}{X}$$

菌体浓度与灭菌时间成正比，菌体浓度越高，所需灭菌时间越长。

细胞比死亡常数 K_{d} 与温度 T 的关系可表示为：

$$K_{\mathrm{d}}=A_{\mathrm{d}}\exp\left(-\frac{E_{\mathrm{d}}}{RT}\right)$$

式中，A_{d} 为常数，E_{d} 为死亡活化能，T 为绝对温度，R 为气体常数。

细胞比死亡常数 K_{d} 与温度 T 正相关。可见，温度越高，K_{d} 越大，死亡越快。因此，在高温下进行灭菌操作可以缩短灭菌时间。

需要注意的是，比死亡常数 K_{d} 会受到微生物种类、生理状态以及灭菌温度等多种因素的影响。在发酵工业中，如果要计算灭菌所需的时间，一般会设定存活菌体浓度 X 为 0.001，即千分之一的灭菌失败率。而在实际操作中，为了确保彻底灭菌，通常会再加上 50% 的保险系数。

2. 灭菌温度和灭菌时间的选择

微生物的生长都有其适宜的温度范围，一旦环境温度超过其生命活动的最高限度，它们便会面临死亡的威胁。这个导致微生物死亡的极限温度被称为致死温度。在致死温度下，微生物全部死亡所需的时间就是致死时间。在致死温度之上，温度越高，致死时间就越短。

由于微生物的营养体、芽孢和孢子的结构各异，它们对热的抵抗力也不同。通常情况下，无芽孢的营养菌体在60 ℃下保持10 min即可被全部杀死,而芽孢则需要在100 ℃下保持数小时才能被杀死。

一般来说,灭菌的温度和时间主要以能否杀死芽孢杆菌为衡量标准。表4-4列出了湿热灭菌法杀死芽孢的温度和时间。在实际操作中,为了确保灭菌效果彻底,在灭菌时间的控制上加上50%的保险系数。例如,在120 ℃下实验室灭菌只需要15 min,但在实际生产中,采用的时间是20~30 min;在130 ℃下连续灭菌实验室操作只需要2.5 min,但在实际生产中,采用的是5~8 min。

表4-4 湿热灭菌杀死芽孢的温度和时间

温度/℃	时间/min
100	1200
110	180
115	30
121	15
125	6.5
130	2.5
140	0.9

干热灭菌的效果不如湿热灭菌。表4-5列出了干热灭菌所需的温度和时间,同样温度条件下干热灭菌所需的时间显著长于湿热灭菌,这种灭菌方式只适用于那些在干燥状态下能够保持其使用要求的物料。通常情况下,玻璃器皿等器具采用干热灭菌的方式进行灭菌处理,一般干热灭菌的条件是160 ℃和120 min。

表4-5 干热灭菌所需的温度和时间

温度/℃	时间/min
121	过夜
140	180
150	150
160	120
170	60

3. 培养基营养成分破坏动力学

类似于微生物的死亡过程,营养物质的降解也遵循一级动力学。营养物质的降解动力学与灭菌效果之间的关系可以由以下公式描述:

$$\frac{dC}{dt}=-K_cC$$

式中,C为营养物浓度,t为反应时间,K_c为降解常数。在一定的灭菌温度下,培养基营养物浓度(C)随着灭菌时间的延长而减小。

降解常数K_c与温度T的关系可表示为:

$$K_c=A\exp\left(-\frac{E_c}{R_cT}\right)$$

式中，A_c 为比例常数，E_c 为降解活化能，T 为绝对温度，R 为气体常数。

降解常数 K_c 与温度 T 正相关。可见，温度越高，K_c 越大，培养基营养成分降解越快。灭菌时间越长，培养基营养成分破坏越厉害。

在灭菌过程中，不仅要考虑微生物的死亡，还要考虑培养基成分的破坏。因此，在选择灭菌温度时，需要找到一个平衡点：既要达到灭菌的要求，又要确保营养成分不被破坏。

4. 灭菌过程中高温对培养基质量的影响

在高温长时间灭菌过程中，一方面，营养成分会遭受破坏，例如，蛋白质、维生素和激素等在高温下可能发生分解或失活；另一方面，高温还可能产生有害物质，例如，葡萄糖等碳水化合物与含氮化合物之间发生美拉德反应，形成甲基糠醛和棕色的黑精类物质。

此外，磷酸盐与碳酸钙、镁盐、铵盐等在灭菌过程中可能发生反应，形成沉淀物或配位化合物，导致磷酸盐和铵离子的利用率降低。

值得注意的是，灭菌过程还会引起培养基 pH 值的变化。通常情况下，培养基中的糖类在高温下会酸化，从而导致 pH 值下降。这些变化可能对培养基的品质和性能产生不良影响，因此在选择灭菌条件时需要充分考虑这些因素。

5. 减少高温损害的措施

对于那些在高温条件下容易遭到破坏的维生素和激素等成分，可以采用单独过滤灭菌的方法来保护其结构和功能。对于容易发生化学反应的培养基成分，如含有钙离子或铁离子的化合物以及磷酸盐，可以先对它们进行分别灭菌，然后将它们混合在一起。这样可以避免它们之间发生反应形成沉淀物。另外，对于糖类培养基在高温下酸化的现象，可以采用低压灭菌的方法来降低灭菌过程中糖类培养基的 pH 值变化。

微生物的死亡过程符合一级动力学方程，随着温度的升高，微生物的死亡速率也会加快。但是，这个过程要比营养物质的分解快得多。因此，高温短时灭菌成为一种有效的灭菌方式，它既可以达到与长时间灭菌相同的灭菌效果，又可以大大减少对营养物质的破坏。这就是高温短时灭菌的理论基础，并且已经在工业上实现了连续式操作应用。实践证明，在能够达到完全灭菌的情况下，采用高温快速灭菌是一种有效的措施。

6. 分批灭菌操作

将配制好的培养基转入发酵罐内，通过直接蒸汽加热，达到灭菌要求的温度和压力后维持一段时间，再将其冷却至微生物培养所需的温度，这一整个工艺过程被称为分批灭菌或间歇灭菌。由于培养基与发酵罐是一起进行灭菌的，因此也被称为实罐灭菌。

分批灭菌的特点是不需要其他的附属设备，操作相对简单，适合于小批量生产规模，因此在国内外得到广泛应用。然而，这种灭菌方式的缺点是加热和冷却时间较长，可能导致营养成分的损失，并且发酵罐的利用率相对较低。

分批灭菌过程主要分为三个阶段，其温度变化曲线如图 4-10 所示。

第一阶段：加热升温。

第二阶段：维持灭菌温度，一般在生产中选择 121 ℃灭菌 30 min。

第三阶段：冷却降温。

每个阶段对于灭菌效果的影响取决于时间长短。

发酵罐分批灭菌操作如图 4-11 所示，可以分为以下三个步骤。

1）培养基预热

在灭菌过程中，需要先将培养基加热到 80～90 ℃，再导入蒸汽升温到 120～130 ℃。如果

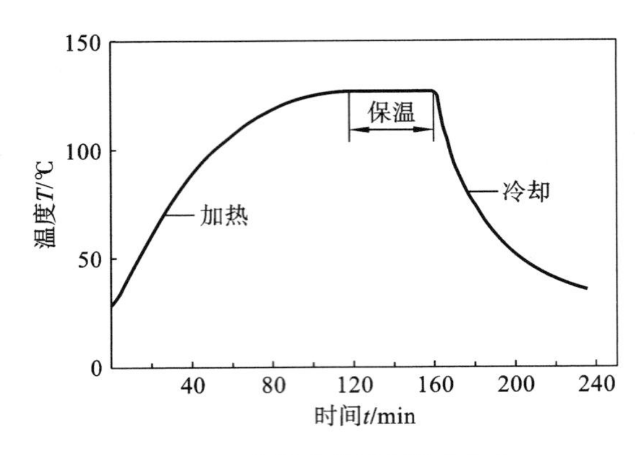

图 4-10 分批灭菌过程温度变化

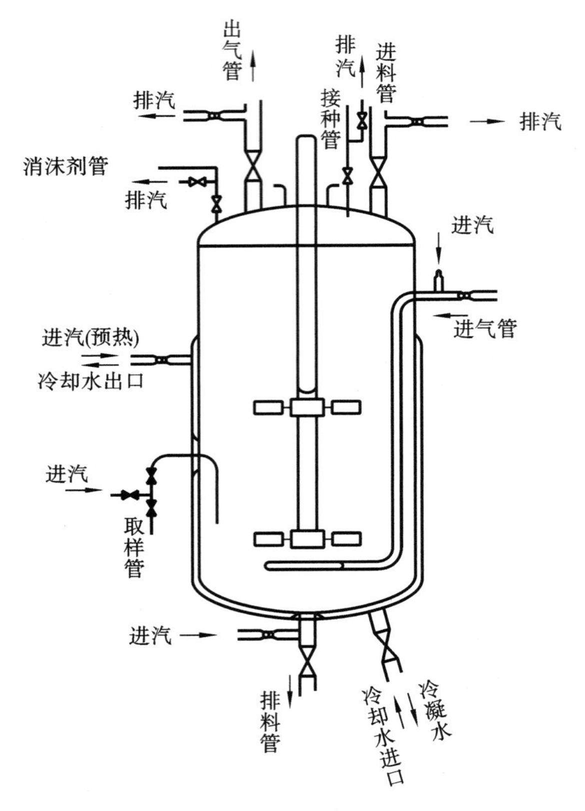

图 4-11 发酵罐分批灭菌操作

直接导入蒸汽,由于培养基与蒸汽的温差过大,会产生大量的冷凝水促使培养基稀释,同时直接导入蒸汽还容易造成泡沫急剧上升而引起物料外溢。因此,正确的预热方法是先将各排汽阀打开,将蒸汽引入夹套进行预热,待发酵罐温度升到 80～90 ℃后,再将排汽阀逐渐关小。

2)培养基灭菌

将蒸汽从进汽口、排料口和取样口直接导入罐内,使发酵罐温度上升到 120～130 ℃,并保持 30 min。在灭菌过程中,应注意各路蒸汽进口的畅通,以防止逆流。同时,罐内液体应剧烈翻动,以便使罐内物料达到均匀的灭菌温度。排汽量不宜过大,以节约蒸汽用量。

3)冷却

灭菌即将结束时,应立即引入无菌空气以保持罐压,然后开启夹套冷却水进行冷却,以避免发酵罐压力迅速下降。在冷却过程中,必须注意负压不能超过过滤器的压力,否则培养基可能倒流至过滤器内。

7. 连续灭菌操作

培养基在发酵罐外部通过一套灭菌设备实现连续加热灭菌,冷却后送入已经灭菌的发酵罐内的工艺过程,被称为连续灭菌操作。与分批灭菌操作不同,连续灭菌操作通过不同的设备来完成灭菌过程的加热升温、灭菌温度维持以及冷却降温。其灭菌过程的温度变化曲线如图 4-12 所示。

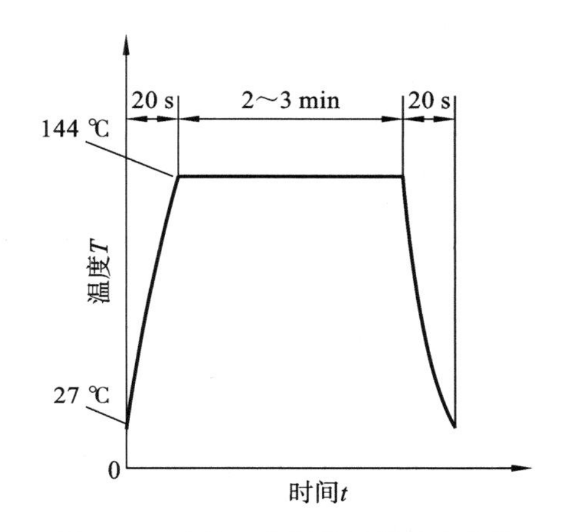

图 4-12 连续灭菌操作过程温度变化

连续灭菌的优点是采用高温快速灭菌工艺,营养成分破坏较少,热能利用合理,易于自动化控制。

缺点是增加了连续灭菌设备及操作环节,增加了染菌概率。对压力要求较高,一般为 0.45～0.8 MPa。此外,黏度大或固形物含量较高的培养基灭菌难度较大,不适合采用连续灭菌操作。

连续灭菌操作主要分为四个步骤,如图 4-13 所示。

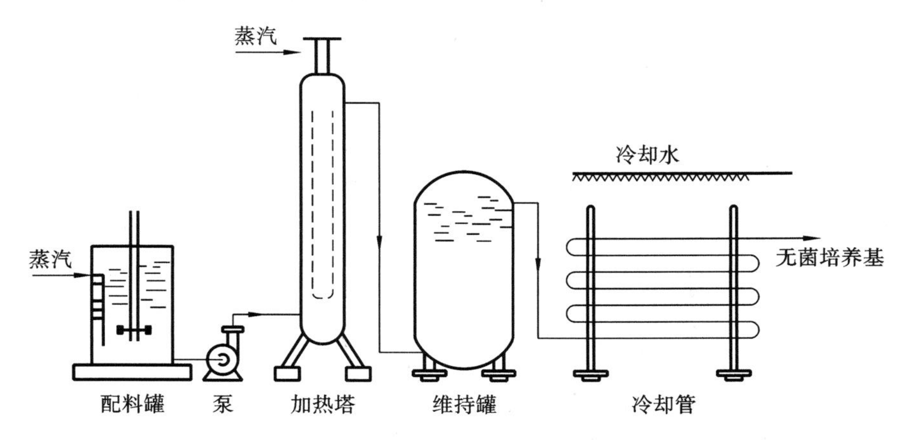

图 4-13 连续灭菌的操作过程

1)培养基预热

将料液预热到60～75 ℃,以避免在连续灭菌过程中由于料液与蒸汽温度相差过大而产生水汽撞击声。

2)培养基连续灭菌

连续灭菌是在加热塔(连消塔)中完成的。加热塔的主要作用是使高温蒸汽与料液迅速接触混合,并使料液温度迅速升高到灭菌温度。连续灭菌的温度一般以126～132 ℃为宜,总蒸汽压力要求达到0.45～0.5 MPa。

3)维持灭菌温度

由于加热塔加热时间较短,灭菌时间不够,因此,需要利用维持罐使料液在灭菌温度下保持5～7 min,以达到灭菌的目的。维持罐的罐压一般维持在0.4 MPa。

4)冷却

在实际生产中,一般采用冷水喷淋冷却,即用冷水在排管外从上向下喷淋,使管内料液逐渐冷却。一般料液冷却到40～50 ℃后,再输送到预先进行过空消的罐内。在冷水喷淋之前,冷却管内应充满填料。

4.5.3 空气除菌工艺

制药微生物多为好氧型,在其生长过程中需要消耗氧气。然而,直接通入氧气成本极高,因此微生物发酵制药行业通常采用通入无菌空气的方法。

1. 发酵对空气的要求

发酵过程需要一定流量连续的压缩无菌空气,空气流量一般在0.1～3.0 $m^3/(m^3 \cdot min)$。单位$m^3/(m^3 \cdot min)$也写为VVM,指的是单位时间(min)单位发酵体积(m^3)内通入的标准状态下的空气体积(m^3)。所需空气压力为0.2～0.4 MPa,相对湿度小于70%,温度比培养温度高10～30 ℃,洁净度为100级,失败率(或染菌率)为0.1%。

2. 工业制备大量无菌空气的方法

制备无菌空气的方法有加热灭菌、静电除菌和介质过滤等。在发酵工业中,大多采用过滤介质灭菌的方式来制备无菌空气,这种方法具有可靠、经济和方便等优点。

3. 空气除菌原理

空气中附着在尘埃上的微生物的直径范围为0.5～5 μm。当空气通过过滤介质时,这些颗粒在离心场的作用下产生沉降。同时,惯性碰撞使得这些颗粒与介质表面产生摩擦黏附。此外,颗粒的布朗运动使得微粒之间相互集聚成为大颗粒,最终这些颗粒接触到介质表面后被截留。气流速度越大,惯性也就越大,进而截留效果也就越好。在这里,惯性碰撞截留起到主要作用,而静电引力也对此有一定贡献。

4. 空气除菌操作工艺

空气除菌操作主要分成三个步骤,如图4-14所示。

1)提高压缩前空气的质量

提高压缩前空气的质量是重要步骤,主要通过提升空气吸入口的位置和强化过滤来实现。增加空气吸入口的高度,可以减小吸入空气中的微生物含量。一般来说,空气吸入口以高于地面5～10 m为佳。同时,装配上前过滤器可以显著减少往复式空气压缩机活塞和气缸的磨

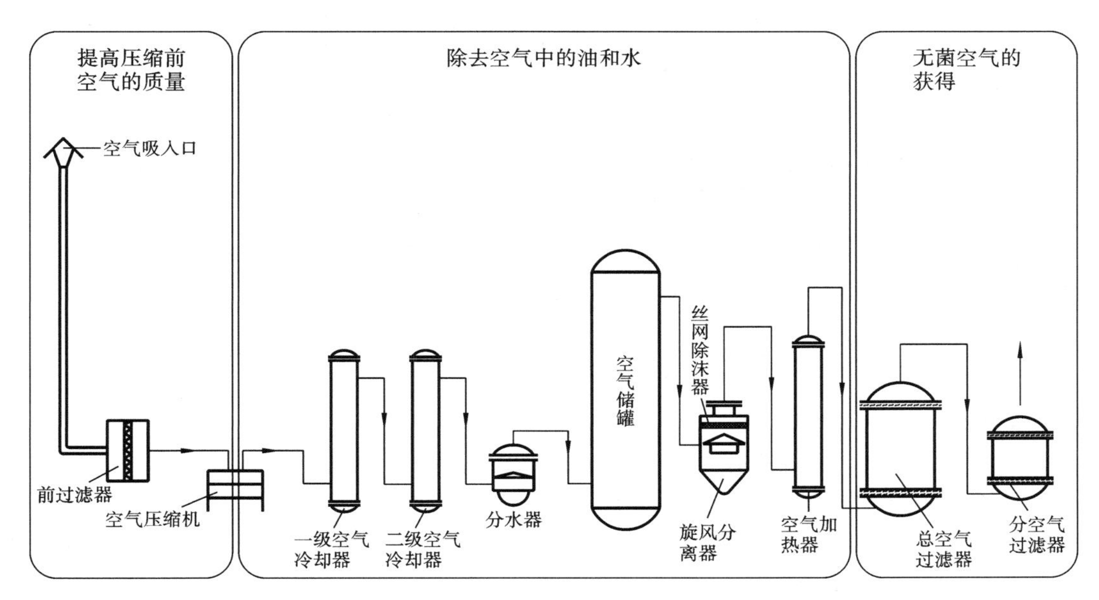

图 4-14　空气除菌操作工艺

损，提高压缩前空气的质量。

2)除去空气中的油和水

由于压缩空气在高温(120～150 ℃)下无法直接进入空气过滤器，所以需要先通过空气冷却器将其温度降低到 20～25 ℃。一般一级空气冷却器是采用大约 30 ℃的水将压缩空气冷却到 40～50 ℃，二级空气冷却器则使用低温介质或 15～18 ℃地下水，进一步将压缩空气冷却到 20～25 ℃。

经过冷却后，空气的相对湿度提高到 100%，但由于温度处于露点以下，其中的油、水会凝结成油滴和水滴。可以使用空气储罐来沉降大的油滴、水滴并稳定压力，再通过旋风分离器分离 5 μm 以上的液滴，使用丝网除沫器分离 5 μm 以下的液滴。

3)无菌空气的获得

经过上述步骤分离油、水后，相对湿度仍为 100%，如果温度稍微下降，就会析出水分，导致过滤介质受潮。因此，还需要使用加热器来提高空气温度至 30～35 ℃，以降低空气的相对湿度，以免析出水分。完成以上步骤的空气，再经过总空气过滤器和分空气过滤器除菌处理后，就能得到符合工艺要求的无菌空气。

5. 空气过滤介质

空气过滤介质要能耐受高温和高压，不易被油和水污染，同时成本低廉且易于更换。

常用的空气过滤介质包括棉花、活性炭、玻璃棉、超细玻璃纤维纸以及石棉滤板等。其中，棉花和活性炭过滤器的填充层较厚，体积较大，具有较强的油水吸收能力，但更换时劳动强度较大。超细玻璃纤维纸具有高效的除菌能力，但易受到油、水的污染。

近年来，膜过滤技术得到不断的发展和应用，膜过滤器已广泛应用于空气除菌。常见的滤膜材料包括硝酸纤维素、聚四氟乙烯、聚砜、尼龙以及四氟乙烯等。

4.6 制药微生物培养工艺

4.6.1 微生物种子制备

对于微生物培养过程,选择合适的培养基并对其进行灭菌之后,需要准备合适的菌种并提供适宜的培养条件。此外,还需要选择合理的培养方法和操作方式。

微生物种子制备包括实验室菌种制备和生产车间菌种制备,这是一个逐步扩大培养种子的过程,目的是获得一定数量和质量的纯种微生物。

1. 实验室菌种的制备

实验室菌种制备涉及菌种活化和液体摇瓶培养等步骤。

(1)菌种活化是将处于休眠状态的保存菌种接至试管斜面或平板固体培养基上,并在适宜条件下培养,使其恢复生长能力的过程。对于单细胞微生物,会在培养基上形成菌落;而对于丝状菌,菌落上的气生菌丝会进一步分化产生孢子。

(2)液体摇瓶培养是将已经活化的菌种接入液体培养基中,使用摇瓶或扁瓶进行扩大培养。对于孢子发芽和菌丝生长速率较慢的菌种,还需要经历母瓶和子瓶两级培养阶段,以确保菌种的扩大效果和质量。

2. 生产车间菌种的制备

种子罐在菌种生长并繁殖形成一定数量和质量的菌体过程中起着关键作用。对于工业生产来说,确定种子罐的级数至关重要。种子罐级数是指生产菌种需逐级扩大培养的次数,它取决于菌种的生长特性和菌体繁殖速度以及发酵罐的体积。

在生产车间制备菌种时,一般可以分为一级种子、二级种子和三级种子,如图 4-15 所示。对于生长快速的细菌,菌种用量比例较低,因此种子罐的数量也会相应减少。

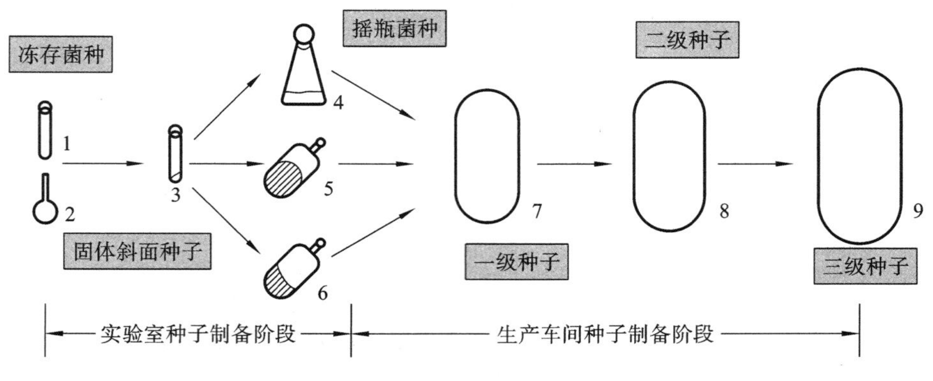

图 4-15 生产车间菌种的制备

3. 发酵的级数

直接将孢子或菌种接入发酵罐进行培养,称为一级发酵,适合于生长快速的菌种。

通过一级种子罐进行扩大培养后再接入发酵罐,称为二级发酵,适合于生长较为快速的菌种,如某些氨基酸的发酵。

通过二级种子罐进行扩大培养后再接入发酵罐，称为三级发酵，适合于生长较慢的菌种，如青霉素的发酵。

通过三级种子罐进行扩大培养后再接入发酵罐，称为四级发酵，适合于生长更为缓慢的菌种，如链霉素的发酵。

种子罐的级数越少，越有利于简化工艺和控制，并可减少多次接种可能带来的污染。虽然种子罐级数取决于微生物生长特性和生产规模，但是所选用的工艺条件也与之密切相关，例如改变种子罐的培养条件以加速菌体繁殖，也可以相应地减少种子罐的级数。

4. 菌种质量控制

菌种培养基原料和用量对菌种质量具有显著影响。放线菌孢子通常采用琼脂斜面培养基进行培养。霉菌孢子则以大米、小米、玉米、麸皮和麦粒等天然农产品为培养基。而细菌则一般采用碳源有限而氮源丰富的培养基配方。为了保证孢子培养基的质量，斜面培养基所使用的主要原材料都需要经过化学分析（如糖、氮和磷的含量）和摇瓶发酵合格后才能投入使用。

菌种培养条件对菌种生长的影响同样重要。微生物生长的温度范围较宽，但获得高质量孢子的最适温度范围相对较窄。因此，严格控制孢子形成的斜面培养温度，可以提升菌种的质量。相反，如果培养温度超出适宜范围，菌种质量可能降低。例如，如果培养温度高于 37 ℃，土霉素生产菌的生长速率会变慢，过早自溶，导致产量降低。此外，相对湿度的影响也较大，真菌对湿度的要求较高，而放线菌则相对较低。

在接种过程中，种龄与接种量是必须考虑的两个重要问题。

（1）种龄指的是在种子罐中菌体的培养时间，即菌种培养的时间。在工业发酵生产中，一般会选择生命力旺盛的对数生长期，当菌体量尚未达到最高峰时进行接种，这样的操作较为合适。

（2）接种量一般指的是接入的菌种液体积与接种后的培养液总体积之比。接种量的选择取决于生产菌种的生长繁殖速率。根据不同的菌种，需要选择合适的接种量，一般情况下，接种量在 5％～20％。采用较大的接种量可以缩短延滞期，提早进入生产阶段。然而，接种量过多可能导致发酵系统的物理参数发生变化，增加黏度并导致溶解氧不足，从而影响生产过程。

5. 接种方式

菌种的接种方式有多种，包括单种法、双种法和倒种法等。

（1）单种法是指从一个种子罐中取出一部分种子液，然后将其接入另一个发酵罐中，每个发酵罐都使用独立的种子罐。

（2）双种法是指从两个不同的种子罐中分别取出一定量的种子液，然后将其同时接入同一个发酵罐中。

（3）倒种法是指从已经发酵的发酵罐中取出一定量的发酵液，然后将其接种到另一个发酵罐中。

不同的接种方式对生产效果有着不同的影响，因此需要根据生产菌种、发酵工艺、产量水平和生产设备情况等因素进行综合考虑，选择最合理的接种方式。

4.6.2　微生物培养方法

在发酵过程中，主要的培养方法包括固相培养、液相培养、固定化培养和高密度培养等多种。这些方法在不同的发酵工程阶段得到应用，针对不同的菌株，应选择适当的培养方法，以实现最佳的生产过程。

1. 固相培养技术

固相培养技术指微生物在潮湿、不溶于水的固体培养基质上进行发酵。例如,传统的中药红曲就是将红曲霉菌接种在蒸熟的大米中,通过固相培养来制备。明朝的《天工开物》就详细介绍了红曲的制造方法。然而,由于固相培养会产生放热反应且温度难以控制,古人通常采用浅盘式培养(如图 4-16 所示),这样既可以让微生物获得充足的氧气,又能让微生物在生长过程中产生的热量及时释放。现在,为了追求更高的产量,通常采用机械强制通风来散热。

(a)

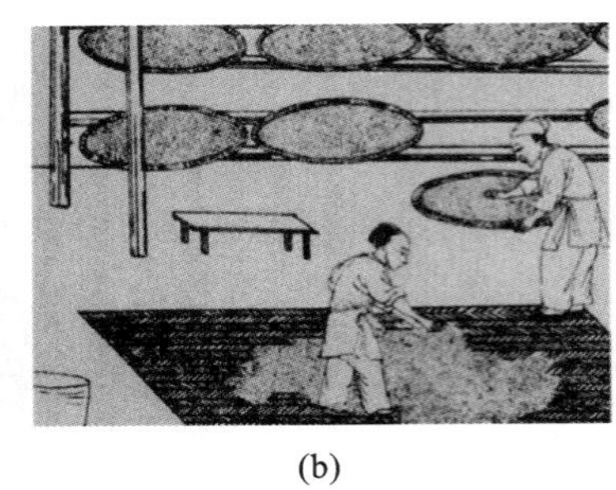
(b)

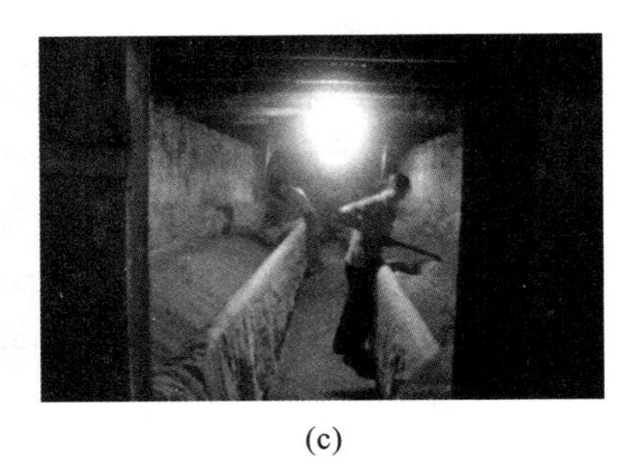
(c)

图 4-16　古法浅盘式培养与现代强制通风培养

固相培养具有以下优点:

(1)水分活度低,基质水不溶性高,微生物易生长,酶活力高,酶系丰富;

(2)单位体积产量高;

(3)设备构造简单、投资少、能耗低、易操作;

(4)后处理简便、污染少,基本无废水排放。

2. 液相培养技术

液相培养技术是指将菌种接种到发酵罐中,使菌体细胞在液体培养基中游离悬浮,进行生长和生产。为了实现深层液体培养,通常需要向发酵罐中通入无菌空气并进行搅拌。

液相培养具有以下优点:

(1)可以提供丰富而均匀的营养物质,具有良好的通气和搅拌条件,以及适宜的温度和酸碱度;

(2)容易实现自动化控制,菌体生长快速,生产周期短;

(3)能有效降低菌种污染率;

(4)可实现大规模化生产,不受季节性限制。

相比之下,固体培养需要很大的培养空间,培养条件较难实现精确、稳定控制,且受季节影响较大。因此,液相培养在工业微生物生产中得到广泛应用。

3. 固定化培养技术

固定化培养技术是一种将固体培养和液体深层培养特点相结合的方法,它是将菌体活细胞固定在固体支持介质上,再进行深层液体发酵培养。固定化培养是未来最具潜力的制药微生物培养方法之一。

固定化培养具有以下优点:

(1)实现高密度培养,不需要多次扩大培养,从而缩短了发酵周期;

(2)固定化菌体可较长期、反复或连续使用,稳定性较好;

(3)有利于提高产量;

(4)发酵液中菌体数量较少,有利于产物的分离纯化。

4. 高密度培养技术

高密度培养是指菌体浓度(以干重计)达到或超过50 g/L的一种理想培养状态,是发酵工艺的重要目标和方向。高密度培养并没有绝对的界限,理论上,大肠杆菌的最大菌体密度可以达到400 g/L,但在实际考虑培养基和其他因素的情况下,菌体实际可达的密度范围通常在160~200 g/L。已经有生产3-羟基丁酸的大肠杆菌密度达到175.4 g/L的成功案例。

高密度培养的优点主要在于以下几个方面:

(1)有利于缩小发酵培养体积,降低生产成本;

(2)菌体密度高,单位体积的发酵液中的菌体数量增加,从而可以提高目标产物的产量;

(3)可以提高生产率,菌体生长快、周期短,从而可以更快地生产出目标产品。

这些优点使得高密度培养成为一种极具吸引力的发酵工艺策略。

4.6.3 微生物培养操作方式

按培养操作方式和工艺流程,可以把微生物培养分为分批式培养、补料-分批式培养、半连续式培养和连续式培养。各种培养操作方式有其独特性,在生产实践操作中可以进行比较优化来选择使用。

1. 分批式培养

分批式培养也被称为间歇式培养,指菌体和培养液一次性加入发酵罐中,然后在最佳的条件下进行发酵培养。经过一段时间后,当菌体的生长和产物的合成与积累达到预定目标时,将全部培养物取出,结束这一阶段的发酵培养。之后,对发酵罐进行清洗、装料和灭菌,然后进行下一轮的分批式培养。

在分批式培养过程中,没有新的培养基加入,同时也没有产物输出。因此,随着发酵时间的推移,发酵体系的组成,如基质浓度、产物浓度以及菌体浓度都会发生变化,经历不同的生长阶段。物料一次性装入、一次性卸出,整个发酵过程是一个非平衡态过程。

分批式操作的时间由两部分组成:一部分是进行发酵所需要的时间,即从接种后开始发酵到发酵结束为止所需的时间;另一部分则是辅助操作时间,为装料、灭菌、卸料、清洗等所需的时间总和。

分批式操作的缺点在于,在发酵体系中,开始时的底物浓度很高,到了中后期,产物浓度又会变得很高,这对许多发酵反应的顺利进行是不利的。底物浓度和代谢产物浓度过高,会对微生物细胞生长和产物生成产生抑制作用。

分批式培养的优点是操作简单、周期短、污染的机会较少,并且产品质量容易控制。对于某些特定的发酵任务来说,分批式培养仍然是一种非常有效的发酵培养方式。

2. 补料-分批式培养

补料-分批式培养又被称为流加式培养,指在分批式培养的基础上,持续不断地向培养液中补充新的培养基,然而并不取出培养物。由于不断补充新的培养基,整个发酵体积相比于分批式培养会有显著增加。

在分批式培养过程中,底物不断被消耗,底物浓度也不断下降,因此无法将底物浓度控制在微生物最佳代谢的范围内。作为分批式培养的改进型,补料-分批式培养工艺通过优化补料策略,能够将生物反应器中底物浓度或前体物质浓度,或二者浓度控制在最佳的范围内。通过优化策略,可以有效地调控微生物的代谢途径,使得碳源物质或氮源物质的代谢流主要向目标产物方向流动,保持高的目标产物合成速率。

补料-分批式培养工艺是微生物药物生产中最常用的方式。这种工艺适用于以下几种情况:

(1)当要求最终获得高菌体浓度,且培养基中生长限制性底物的初始浓度较高,同时存在高浓度底物抑制菌体生长的情况时,可以控制初始底物浓度在一个无抑制的范围内,然后通过补料,使生物反应器内底物浓度长时间维持在最适合菌体生长的浓度范围内。这样,生长限制性底物的后续补加就能够保证底物的总投入量。

(2)当生产次级代谢产物,且要求延长产物合成期(稳定期)时,可以在菌体对数生长期的后期,通过合适的补料方式将底物浓度维持在较低的水平,促使微生物代谢转向大量合成次级代谢产物。如果控制合适的底物浓度,菌体可以长期保持旺盛的合成次级代谢产物的活性。

(3)当在前期培养过程中出现严重的发泡现象,导致生物反应器内前期装料系数较低时,可以通过中后期的补料来提高生物反应器的装料系数。在适当的控制条件下,最终装料系数可以高达90%以上。

3. 半连续式培养

半连续式培养也被称为反复分批式培养,指将菌体和培养液一起装入发酵罐,在菌体生长过程中,每隔一段时间取出部分发酵培养物,同时在一定时间内补充同等数量的新鲜培养基。这种操作反复进行,直至发酵结束,然后取出全部发酵液。与流加式操作相比,半连续式操作的发酵罐内的培养液总体积保持不变。

半连续式培养的最大优点是可以解除高浓度底物和产物对发酵的抑制作用,从而最大限度地利用设备。然而,这种培养方式也有一些缺点。例如,可能失去一部分生长旺盛的菌体和一些前体,同时也有可能出现非生产菌突变等问题。

4. 连续式培养

连续式培养指的是将菌体与培养液一起装入发酵罐后,在微生物培养过程中,不断补充新培养基,同时取出包括培养液和菌体在内的发酵液,使发酵体积和菌体浓度等保持不变,从而使菌体处于恒定状态,有利于菌体的生长和产物的积累。

连续培养的主要特征是培养基连续稳定地加入发酵罐内,同时也使产物连续稳定地离开发酵罐,并保持反应体积不变,使得发酵罐内物系的组成不会随时间而变。由于高速的搅拌混合装置使得物料在空间上达到充分混合,物系组成也不会随空间位置而改变,因此这种培养方式被称为恒态培养。

连续式培养的优点在于所需设备和投资较少,有利于自动化控制,缩短了分批式培养的每次清洗、装料、灭菌、接种和放罐等操作时间,提高了产率和效率。由于不断收获产物,能提高菌体密度和产量稳定性。

然而,连续式培养也存在一些缺点。由于连续操作过程时间长,会增加管线和发酵罐等设备,从而增加杂菌污染的机会,同时菌体也容易发生变异、退化和有毒代谢产物的积累。

在纯种微生物的培养过程中,由于目前设备和技术因素的制约,难以在长周期操作中防范杂菌的污染。此外,生产用菌株通常为经过诱变筛选的高产菌株或基因工程菌,但在长周期培养时也难以保留原有的高产活性。因此,目前纯种微生物的培养过程仍多采用分批式培养或补料-分批式培养的方式。

4.7　微生物培养过程的检测与控制

微生物发酵生产水平的提高不仅取决于生产菌种本身的性能，而且还需要合适的环境条件。发酵过程是一个动态变化的过程，涉及各种参数的调整和优化。因此，发酵过程的控制应当基于过程参数以及微生物生理生化变化进行精确调控。

为了达到这一目标，可以通过各种监测手段来测定培养液中的温度、pH值、溶解氧、菌体浓度、底物的消耗以及产物的生成情况。在此基础上，根据掌握的发酵反应动力学规律和经验，采用有效的调控手段，使微生物处于最佳的产物合成环境之中。

根据测量方法的不同，可以将发酵过程检测的参数分为物理参数、化学参数和生物学参数三类。

(1)物理参数：包括温度、体积、压力、搅拌速度以及黏度等。

(2)化学参数：主要包括底物浓度、产物浓度、pH值以及溶解氧等。

(3)生物学参数：主要包括菌体浓度、形态以及是否存在杂菌等。

通过这些参数的实时监测和调控，可以更好地了解和控制发酵过程，从而提高微生物药物发酵生产的效率和产品质量。

4.7.1　染菌的检测与污染控制

在发酵工业中，噬菌体和杂菌的污染问题普遍存在。

噬菌体污染可能导致生产菌发生自溶，从而对生产造成危害。噬菌体主要采用双平板法或电子显微镜检测，也可以采用PCR技术或特异性荧光技术进行检测。

杂菌污染会消耗大量的营养物质，破坏原有的营养条件，导致生产菌营养不足。杂菌的代谢产物会改变环境的理化条件，抑制生产菌形成产物。此外，杂菌还可能破坏发酵产物或将其当作营养消耗掉，从而造成目标产物损失。杂菌的检测与污染控制十分重要，因为杂菌污染将严重影响发酵的产量和质量，甚至可能导致整个批次的培养失败，从而带来经济损失和污水处理压力倍增的问题。目前主要采用显微镜检测和平板划线检测两种方法来检测杂菌。显微镜检测方便、快速、及时；平板划线检测则可以更准确地测定污染程度，但需要过夜培养，时间较长。

在微生物培养过程中，为了控制噬菌体和杂菌的污染，主要采取以下措施：

1. 染菌控制

发酵污染杂菌的原因复杂，主要包括种子污染、设备及其附件渗漏、培养基灭菌不彻底、空气带菌、技术管理和操作不当等。为了有效防止杂菌污染，在生产中，应根据实际情况，及时总结经验教训，并采取相应的措施，建立完善的染菌控制制度。

2. 噬菌体的控制

噬菌体对发酵工业的危害非常大，因此需要严格防范。对于已经污染噬菌体的发酵液，不能随意排放，必须彻底进行高温灭菌处理后才能放弃。为了有效控制噬菌体污染，需要注重生产环境的质量建设。

此外，为了及时消毒和改善生产环境，可以采取以下措施：

(1)对生产设备和器具进行定期清洗和消毒，保持其清洁卫生；

(2)对生产区环境进行定期化学消毒处理，提高并保持生产区的洁净度；

(3)对废气、逃液、剩余样品等存在活菌体的物料进行处理，严禁排放活体菌，消除噬菌体赖以生存的条件；

(4)加强对生产过程的技术管理和操作培训，提高员工的操作水平和规范性，确保各项操作都符合标准和规范要求。

总之，在发酵过程中，需要采取综合性的污染控制措施，包括种子控制、设备管理、环境卫生改善等多个方面，以确保发酵过程的顺利进行和产品的质量稳定。

4.7.2 培养温度的选择与控制

微生物培养温度对菌体生长产生影响，具有一个最适温度范围和最佳温度点。如果偏离了这个范围，菌体生长会受到抑制。

最适生长温度是指在该培养温度下，某菌种的分裂代时最短或生长速率最高。然而，这并不等同于最适生产温度。

最适温度往往受到菌种、培养基成分以及培养条件等多种因素的影响。在微生物培养过程中，需要根据不同阶段对温度的不同要求，选择最适温度并严格控制，以实现高产。在菌体生长阶段，应选择适宜的菌体生长温度；而在产物生产阶段，应选择最适宜的产物生产温度，进行变温控制下的发酵。在后期，应采取降温控制以避免产物降解。

例如，在产黄青霉 165 h 的青霉素发酵过程中，根据不同生理代谢过程的温度特点，对培养温度分四个阶段进行控制：0～40 h(30 ℃)→40～125 h(25 ℃)→125～165 h(20 ℃)→165 h 后(25 ℃)。这种变温控制下的发酵方式相较于 30 ℃恒温培养，产量提高了 14.7%。

4.7.3 溶解氧的影响与控制

氧气是微生物细胞呼吸过程中的底物，其浓度的变化对细胞生长和产物合成产生重要影响。溶解于培养液中的氧含量被称为溶解氧，通常以绝对含量($mg(O_2)/L$)来表示。在发酵行业中，也常用饱和氧浓度的百分数(%)来表示。溶解氧的在线检测通常采用溶氧电极。

临界氧浓度是指不影响菌体呼吸或产物合成的最低溶解氧。为了使微生物培养过程正常进行，必须保证供氧量大于或等于菌体耗氧量，即氧溶解速率大于或等于菌体摄氧速率。

不同的菌种对溶解氧的需求不同，各有一个适宜的范围。因此，必须通过实验确定不同菌种的临界氧浓度和最适氧浓度，并在微生物培养过程中尽量维持最适氧浓度。

溶解氧由供氧和需氧两方面决定，需氧量不应超过设备的供氧能力，保持一个合适的溶解氧水平对于保证菌体生长和生产过程至关重要。

为了提高溶解氧，可以采取以下措施：加大通气量、通入纯氧、提高搅拌转速、优化搅拌器结构、控制菌体生长以及增加传氧介质等。这些措施可以有效提高发酵过程中的溶解氧水平，进而提高发酵产物的产量和品质。

4.7.4 pH 值的影响与控制

微生物培养液 pH 值的变化是菌体产酸和产碱代谢反应的综合结果，它与菌种、培养基和培养条件密切相关。pH 值的检测一般采用在线的 pH 检测电极，使用前应预先采用标准缓冲溶液进行校正。

微生物培养过程中，菌体对碳源、氮源物质的利用也是导致培养体系 pH 值变化的重要原因，如图 4-17 所示。培养基中糖类的代谢氧化过程会产生有机酸，导致 pH 值下降，而培养基中蛋白质的代谢脱羧过程会产生胺类，导致 pH 值升高。

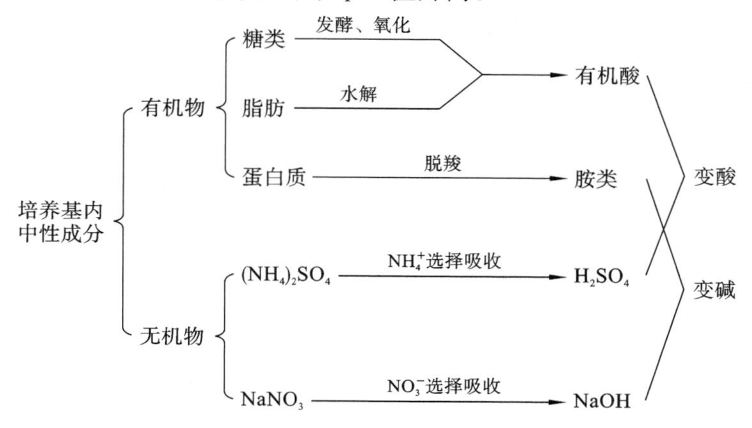

图 4-17　培养体系 pH 值变化

要根据实验优化和产业化放大结果，来确定菌体生长最适 pH 值和产物生产最适 pH 值。分不同阶段分别进行相应控制，以实现最优化生产。

在生产过程中，调节措施可以分为两类，即"治标"和"治本"，如图 4-18 所示。

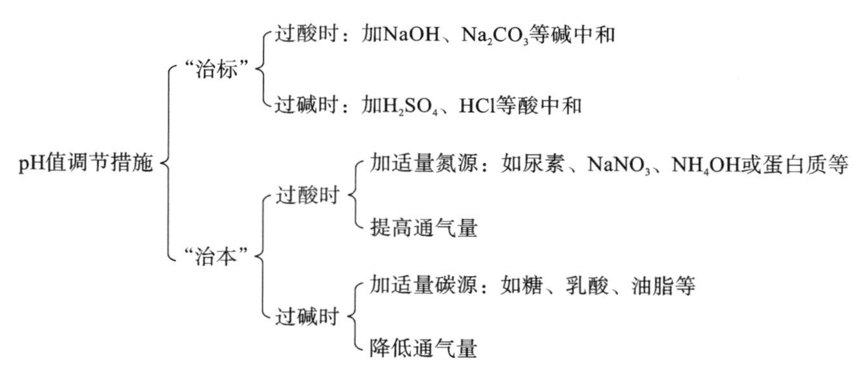

图 4-18　培养过程 pH 值调节措施

"治标"调节 pH 值是根据表面现象直接使用酸或碱进行调节，这种方法比较直接、快速，但不能持久。

"治本"调节 pH 值则是根据内在机制所采用的间接、缓效的方式进行调节，通常通过增减培养基成分来实现。这些成分经过代谢后会使 pH 值发生定向变化，这种调节方式具有持久性。

4.7.5　菌体浓度的影响与控制

菌体浓度会影响溶解氧，并与代谢过程密切相关。对菌体浓度的检测通常采用比浊法、血球计数法和湿重法等方法。在实际生产中，需要根据菌体浓度来决定适当的补料量、供氧量等,以获得最佳的生产水平。

如前所述,根据微生物分批培养过程中细胞的生长速率与目标产物生成速率的关系,将培养过程分为三大类:Gaden Ⅰ型、Gaden Ⅱ型和 Gaden Ⅲ型。

对于 Gaden Ⅰ型微生物培养过程,即生长与生产偶联型微生物培养过程,优化措施主要是努力改善微生物生长的环境条件,以提高菌体比生长速率 μ。

对于 Gaden Ⅱ型微生物培养过程,即生长与生产半偶联型微生物培养过程,优化措施主要是分阶段控制。在第一阶段(菌体生长阶段),以提高菌体生长速率为优化目标;在第二阶段(产物合成阶段),以提高产物合成速率为优化目标。通过分别控制在各自最佳的环境条件下,可采用 Fed-Batch 工艺,通过补料方式延长产物合成期。

对于 Gaden Ⅲ型,即生长与生产非偶联型微生物培养过程,优化措施主要是分阶段控制。在菌体生长阶段,应力求菌体生长速率最快;在次级代谢物合成期(稳定期内),应控制菌体生长,使碳源(和/或氮源)物质的代谢流向目标产物合成方向移动。大多数的抗生素属于微生物的次级代谢产物。在抗生素生产过程中,通常采用 Fed-Batch 工艺,通过科学补料可使产物合成阶段中的可发酵性糖浓度和前体物质浓度控制在最适浓度范围内,并可延长产物合成期。

4.7.6 泡沫的检测与控制

气体在少量液体中分散,形成一层液膜,将气体与液体分开,这就产生了泡沫。

发酵过程中的泡沫主要分为两种类型:一种是液面上产生的气泡,其气相占比较大,并且与液相之间存在明显的界限;另一种是流态泡沫,这种泡沫会分散在微生物培养液的内部,更加稳定,且与液相之间并没有明显的界限。

1. 泡沫形成的原因及对微生物培养过程的影响

在微生物培养过程中,培养基中的发泡性物质如蛋白质类、糖类等,在通气的条件下容易产生泡沫。此外,微生物的代谢过程也会产生一些引起发泡的物质。除了培养基成分外,发泡的因素还包括通气搅拌的强度和灭菌条件等。过快的搅拌速度易导致大量泡沫的产生,而灭菌体积过大或不彻底也容易引起发泡。

泡沫的产生对微生物培养过程会产生诸多不利影响。首先,过多的泡沫会导致装料量减少,进而降低氧的传递效率。此外,大量泡沫的产生可能导致微生物培养液从排气管线逃出,从而增加污染的概率。最后,泡沫还可能使菌体呼吸受阻,导致代谢异常或菌体自溶。

因此,控制泡沫是保证微生物培养过程顺利进行的基本要求。在实际操作中,可以采取多种方法来抑泡和消泡,例如调整搅拌速度、改变通气量、添加消沫剂等。

2. 泡沫控制

在正常情况下,发酵罐的装料系数为 0.7,泡沫一般应控制在培养基体积的 10%以内。控制泡沫的主要措施如下:

(1)培养基的配比:在发酵过程中,通过调整培养基的成分和配比,可以减少泡沫的产生量。例如,可以少加或缓加容易起泡的物质如蛋白质类和糖类等。

(2)改变发酵条件:通过调整 pH 值、升高温度、减少通气量和降低搅拌速度等手段,也可以有效地控制泡沫的产生。

(3)改变发酵工艺:如采用分批投料的方式,或是在微生物培养初期减少初始装料量,并采用补料的操作方式来降低泡沫的产生量。

(4)消沫装置:在发酵罐内或罐外安装消沫装置,使用化学法清除泡沫是工业生产中常用的有效方法。

机械消沫是通过机械强烈振动或压力变化,使泡沫破裂。在罐内搅拌轴上安装形式多样的消沫桨,当消沫桨转动时,它靠离心场打破泡沫。在消沫转子上添加消沫剂,能增强消沫效果。罐外消沫是将泡沫引出罐外,通过喷嘴加速力或"离心力"消除泡沫。机械消沫的优点是节省原料,污染机会低,但效果经常不理想,只是一种辅助方法。

化学消沫是采用化学物质消沫。消沫剂都是表面活性剂,它们可以降低泡沫的液膜表面张力和表面黏度,使泡沫破裂或分散。常用的消沫剂包括天然油脂、硅酮类和发酵专用消沫剂泡敌等。分散剂可以帮助消沫剂扩散、缓慢释放,减小消沫剂的黏度,延长消沫剂的作用时间。常用的分散剂有吐温等。使用消沫剂和分散剂可能对发酵过程产生一定影响,不利于微生物的生长、产物的合成和后续目标药物的分离纯化,使用过程中应注意其不良影响。

4.7.7　发酵终点的判断

1. 经济原则

微生物培养终点决定着培养过程的结束时间,控制微生物培养终点的一般原则是高产率和低成本。为了更好地控制微生物培养终点,可以计算以下几个参数:

(1)产率:单位微生物培养液体积在单位时间内所能生产的产物量。

(2)转化率:单位底物所能生产的产物量。

(3)产物系数:单位发酵罐体积在单位培养周期内所能生产的产物量。

在追求高产量和低成本的过程中,在生产率达到最大值时,应该终止培养。此外,当生产速率变得较小时,虽然产物的增长速度会变慢,但是延长时间的代价是平均生产能力的下降,同时还会增加诸如动力消耗、管理费用支出、设备消耗等成本。因此,为了实现效益的最大化,应该在考虑高产量的同时,注意控制总生产周期。

2. 产品质量原则

除了上述的经济原则外,微生物培养终点的决定还必须考虑到下游分离纯化工艺的特点以及对微生物培养液的要求。以下是几个需要特别注意的要点:

(1)微生物培养时间不宜过短,若培养液中残留过多的营养物质,会对后续的分离纯化过程产生不利影响。

(2)如果微生物培养时间过长,菌体会自溶,释放出胞内蛋白酶,这会改变培养液的性质,增加过滤工序的难度,甚至导致产物被降解破坏。

(3)在微生物培养临近结束时,补料或使用消沫剂要特别谨慎。因为这些物质在罐内的残留可能对产物的分离纯化产生影响。例如,对于抗生素的生产,一般在放罐前 16 h 停止补料和消沫操作。

因此,在确定微生物培养终点时,需要全面考虑上述因素,以实现既满足下游工艺要求,又能达到高产量和低成本的目标。

3. 其他因素

除了上述的经济原则和产品质量原则外,还有一些生物、物理和化学指标可以用来帮助我们判断微生物培养过程是否正常。如果遇到染菌、代谢异常等情况,应该采取相应的提前放罐等措施,及时处理,以确保微生物培养过程的顺利进行和最终产品的质量。

(1)生物指标:如菌体的形态、大小和数量等。这些指标可以反映菌体的生长情况和代谢状态。

(2)物理指标:如培养液的密度、颜色和泡沫等。这些指标可以反映培养液的性质和状态。

(3)化学指标:如培养液的 pH 值、总糖和有机酸等。这些指标可以反映培养液的组成。

4.8 红曲霉 Azaphilone 代谢产物液相培养工艺优化

本例来源于福州大学药物生物技术与工程研究所与企业合作项目。以红曲霉菌高产色素(目标产物)和低产橘霉素(真菌毒素,需控制其产量)为目标,从微生物菌种筛选、实验室小试优化到中试放大,优化了红曲霉代谢产物液相培养工艺。本例可以为微生物发酵制药工艺的实践提供参考和借鉴。

4.8.1 高产菌株的筛选

本研究收集了 11 株高产色素红曲霉菌株作为出发菌株,从中筛选出适合于液相培养工艺的高产色素、低产橘霉素的菌株。将这 11 株红曲霉菌株分别接种于液相培养基中,33 ℃培养至第 5 天,测定色价($A_{505\ nm}$)和橘霉素含量。结果如表 4-6 所示,11 株红曲霉色素和橘霉素生产水平差异较大,色价和橘霉素浓度范围分别为 14.6~166.7 U/mL 和 0.024~0.561 mg/L。其中 *M. FZU04* 的色素产量最高,色价达到 166.7 U/mL。

表 4-6 不同红曲霉菌株产色素和橘霉素水平(平均值±SD,n=3)

菌株	色价/(U/mL)	橘霉素浓度/(μg/mL)	每 500 U 色素样品的橘霉素质量/(μg/500 U)
M. serorubesceus red	14.6±0.7	0.024±0.001	0.822±0.031
M. ruber	50.5±3.2	0.077±0.004	0.762±0.039
M. anka	45.6±3.3	0.053±0.003	0.581±0.034
M. FZU02	83.4±4.4	0.213±0.009	1.277±0.051
M. FZU03	81.6±8.5	0.561±0.051	3.438±0.313
M. FZU04	166.7±16.3	0.165±0.014	0.495±0.042
M. FZU05	118.3±11.1	0.241±0.020	1.019±0.083
M. FZU06	134.8±7.2	0.423±0.017	1.569±0.063
M. lg	81.5±7.7	0.102±0.008	0.626±0.051
M. lm	106.1±8.9	0.151±0.011	0.712±0.051
M. ls	113.4±15.2	0.284±0.034	1.252±0.152

注:摇瓶培养条件:MLFZU 培养基,初始 pH4.0,33 ℃,转速 240 r/min。

综合考虑色价和橘霉素产量，以 500 U(色价单位)色素样品的橘霉素质量为评价指标，对菌株进行排序，结果为：*M. FZU04* < *M. anka* < *M. lg* < *M. lm* < *M. ruber* < *M. serorubesceus* red < *M. FZU05* < *M. ls* < *M. FZU02* < *M. FZU06* < *M. FZU03*。

因此，本研究选择 *M. FZU04* 作为后续研究工作的出发菌株。在最终培养物中，色价和橘霉素浓度分别为 166.7 U/mL 和 0.165 μg/mL，而在 500 U 发酵产品中橘霉素的含量为0.495 μg。

4.8.2　高产色素、低产橘霉素的液相培养条件优化

本研究采用单因素摇瓶实验的方法，考察了红曲霉 *M. FZU04* 液相培养过程中影响色素和橘霉素生产量的培养条件，包括温度、溶解氧、pH 值、碳氮比和添加无机金属离子。

1. 温度对色素和橘霉素生成的影响

红曲霉的正常生长温度为 20～38 ℃，本研究分别考察了温度变化(24 ℃、27 ℃、30 ℃、33 ℃和 37 ℃)对红曲霉 *M. FZU04* 生成色素和橘霉素的影响。结果如图 4-19 所示，33 ℃ 为红曲霉生成色素的最适温度，色价达 173.2 U/mL，温度过高或过低均不利于红曲霉色素的生物合成。24 ℃ 培养条件下，色价最低，仅为 18.7 U/mL；随着温度的升高，色素产量增大，至 33 ℃ 达到最高值，温度进一步上升不利于色素的生物合成。在 24～37 ℃ 范围内，随着温度的升高，菌体干重逐渐增加(数据未列出)。实验表明，温度过低，菌体生长缓慢，不利于红曲霉色素的生物合成；温度过高，菌体生长过于迅速，营养物质优先用于菌体的合成，导致色素产量减少。

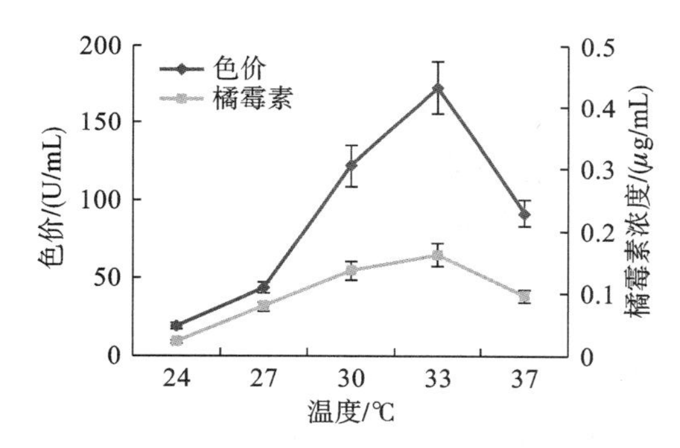

图 4-19　温度对 *M. FZU04* 产色素和橘霉素的影响(平均值±SD，*n*=3)

摇瓶培养条件：MLFZU 培养基，初始 pH 4.0，转速 240 r/min。

温度对橘霉素生成的影响趋势与色素相近，33 ℃ 条件有利于橘霉素的生物合成。温度对色素和橘霉素生物合成的影响相同。以 500 U 发酵样品的橘霉素浓度为评价指标，33 ℃ 时橘霉素和色素的比值最低，因此选择 33 ℃ 作为后续实验温度。

2. 溶解氧对色素和橘霉素生成的影响

在摇瓶培养过程中，培养液中的溶解氧受到多种因素的影响，其中包括三角瓶的装液量和摇床的转速。本研究在装液量相同(250 mL 三角瓶装 50 mL 培养基)的条件下，通过改变摇床的转速，研究了溶解氧的变化对红曲霉 *M. FZU04* 产色素和橘霉素的影响。

结果如图 4-20 所示，当转速为 160 r/min 时，由于供氧速率较低，色素和橘霉素的产量都相对较低。随着转速的提高，供氧逐渐加快，色素和橘霉素的产量都有所提高。当转速为 240

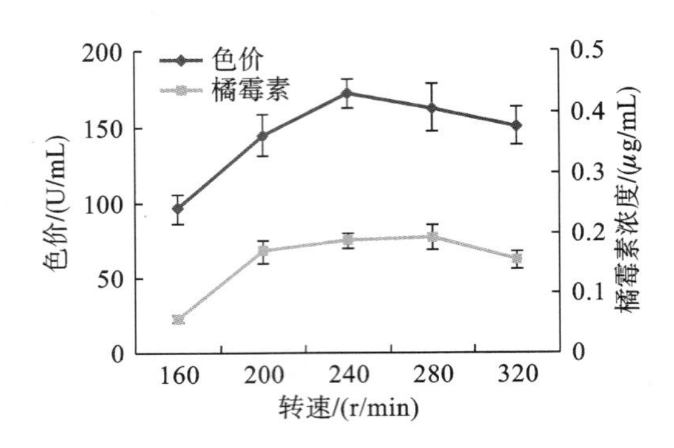

图 4-20　转速对红曲霉 *M. FZU04* 液相培养产色素和橘霉素的影响(平均值±SD,$n=3$)

摇瓶培养条件:MLFZU 培养基,初始 pH 4.0,培养温度 33 ℃。

r/min 时,色价达到最高值 171.8 U/mL。然而,当转速高于 280 r/min 时,尽管溶解氧进一步提高,但最终的色素和橘霉素的浓度有所下降。

通过镜检观察发现,红曲霉液相培养环境中,低转速(200 r/min 以下)时菌丝体细长且有些成粘连状;中等转速(200～240 r/min)时,菌丝体粗壮且完整;高转速(240～300 r/min)时菌丝体较粗短,并且可以观察到有碎裂的菌体存在;而在更高转速(300 r/min)时,可以观察到许多菌体碎片。这些发现表明,过高的转速会引发高剪切力,导致菌体碎裂,进而使得色素和橘霉素的产量下降。

红曲霉是一种好氧微生物,增强通气对其色素的合成有利。然而,过大的摇速不利于色素的合成。在一定的搅拌速度条件下,维持足够高的溶解氧,有利于红曲霉的生长代谢。然而,如果转速过高,可能产生较大的机械损伤;如果转速过低,则可能导致供氧不足,这二者都会影响菌体的活性,从而降低代谢产物的生成量。

在液体深层培养中,红曲霉的橘霉素生成受到供氧量的显著影响。为了减少橘霉素的生成量,必须控制氧气的供给。然而,如果为了控制橘霉素的生成而采用低转速,那么色素的产量也会大大降低。实验结果显示,当转速为 160 r/min 时,色价仅为 93.6 U/mL,仅为 240 r/min时的 54.5%,这对于色素的生产是不利的。

3. pH 值对色素和橘霉素生成的影响

pH 值是影响微生物生长和代谢产物生成的显著因素之一。对菌体生长而言,主要体现在两个方面:一方面,环境 pH 值会影响细胞膜所带的电荷,从而引起微生物细胞对营养物质吸收状况的改变;另一方面,pH 值影响培养基中的有机化合物的离子化程度,从而改变某些化合物分子进入细胞的状态,促进或抑制微生物的生长。

对于代谢产物而言,pH 值会导致线粒体膜和细胞膜两侧的氧化还原电位不同,进而影响膜上的各种离子通道、物质运输通道、氧传递通道及各种能量代谢过程,甚至会对菌体的代谢途径产生影响,最终影响到次级代谢产物的合成。

红曲霉是一种适宜在酸性环境中(pH 3.5～5.0)生长的微生物。本研究通过定期用酸(或碱)调节 pH 值至设定值的方法,考察了不同 pH 值(pH 3.0～6.0)对红曲霉 *M. FZU04* 产色素和橘霉素特性的影响。结果如图 4-21 所示,红曲霉 *M. FZU04* 产色素的最适 pH 值为 4.5 左右,色价达到 179.1 U/g。当 pH 值过高或过低时,都不利于色素的合成。

红曲霉色素和橘霉素的生物合成途径在四酮化合物之前是相同的,之后它们的合成途径

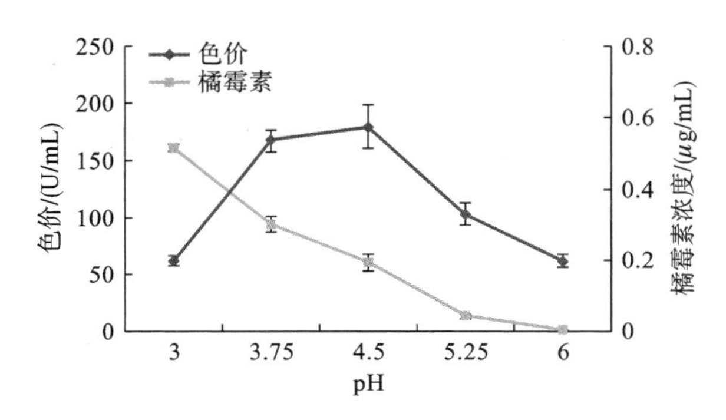

图 4-21　pH 值对红曲霉 *M. FZU04* 液相培养产色素和橘霉素的影响(平均值±SD,$n=3$)

摇瓶培养条件:MLFZU 培养基,培养过程调节 pH 值至设定值,培养温度 33 ℃,转速 240 r/min。

开始出现分歧。红曲霉 *M. FZU04* 的橘霉素代谢量随着 pH 值的升高而降低,与 pH 值对色素的影响规律存在差异。这表明色素和橘霉素在合成途径关键酶(四酮化合物之后)的最适 pH 值可能存在差异。因此,通过提高 pH 值来控制橘霉素的生成量可能是可行的,但 pH 值过高则不利于色素的生产。

4. 碳氮比对色素和橘霉素生成的影响

前期研究表明,当使用玉米淀粉作为碳源,并结合混合氮源(玉米浆、大豆水解液和硫酸铵)时,红曲霉 *M. FZU04* 的色素产量达到最高,而橘霉素的代谢量相对较低。在此基础上,采用 6%的玉米淀粉作为碳源,进一步探讨了不同倍数的混合氮源(将 0.25%玉米浆、0.5%大豆水解液和 0.025%硫酸铵设为 1 N)对红曲霉 *M. FZU04* 产色素和橘霉素的影响。

如图 4-22 所示,随着氮源浓度的升高,色素的产量逐渐增大。至 6 N 时,色素产量达到最大值。然而,当进一步提高氮源的比例时,色素的产量并没有显著增加。实验数据显示,增加氮源的用量有利于增加色素的产量,同时单位色价产品中橘霉素的含量有所降低。这表明合理控制氮源的浓度对红曲霉 *M. FZU04* 产色素和橘霉素的影响具有重要意义。

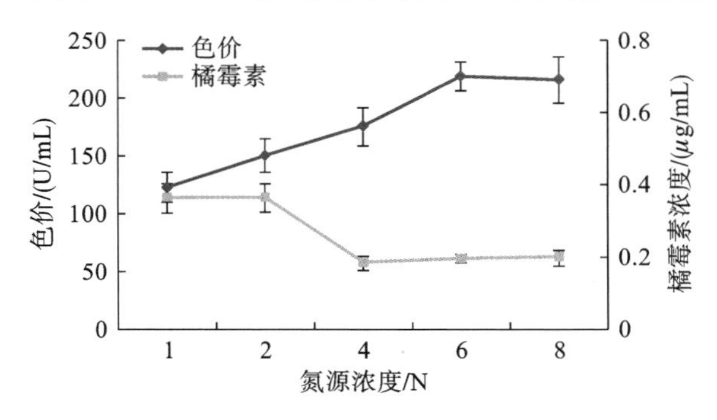

图 4-22　碳氮比对红曲霉 *M. FZU04* 液相培养产色素和橘霉素的影响(平均值±SD,$n=3$)

摇瓶培养条件:MLFZU 培养基,氮源含量不同(1 N 含 0.25%玉米浆、0.5%大豆水解液和 0.025%硫酸铵),pH 4.5,培养温度 33 ℃,转速 240 r/min。

5. 添加无机金属离子对色素和橘霉素生成的影响

在微生物的生命活动中,无机金属离子扮演着至关重要的角色,对微生物的生长、生理功能以及次级代谢产物的合成产生显著影响。前期研究发现,添加微量元素 Zn^{2+} 对不同培养条件的红曲霉菌体生长、色素和橘霉素的合成有显著影响。

本研究考察了添加无机金属离子(Ca^{2+}、Mg^{2+}、Fe^{2+}、Fe^{3+}、Cu^{2+}、Zn^{2+} 和 Mn^{2+})对红曲霉

产色素和橘霉素的影响。结果显示,Zn^{2+}、Fe^{2+}和Mn^{2+}对红曲霉 *M. FZU04* 液相培养产色素和橘霉素影响最为显著。

根据图 4-23 所示,低浓度(2 mmol/L)下Zn^{2+}能够极大促进色素和橘霉素的合成,这表明Zn^{2+}可能对色素和橘霉素的共同代谢途径的关键酶起促进作用。但随着Zn^{2+}浓度的继续增加,这种促进作用减弱,至 8 mmol/L 时,色素的合成受到抑制。

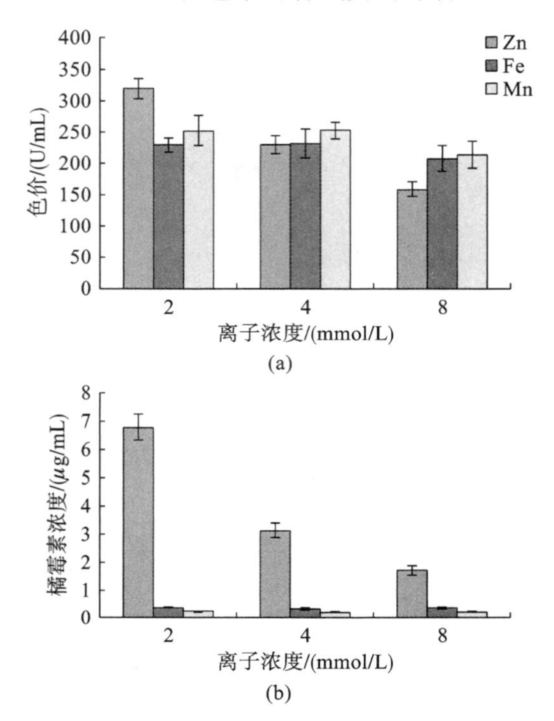

图 4-23　无机金属离子添加剂对红曲霉 *M. FZU04* 液相培养产色素和橘霉素的影响

摇瓶培养条件:MLFZU 培养基(氮源为 1.5%玉米浆、3.0%大豆水解液和 0.15%硫酸铵),pH 4.5,培养温度 33 ℃,转速 240 r/min。

低浓度Mn^{2+}(2～4 mmol/L)能够促进色素的合成,与未添加Mn^{2+}组相比,色素产量提高了 15%以上。然而,继续提高Mn^{2+}浓度至 8 mmol/L 时,红色素的色价略有下降。与此同时,橘霉素的生成并未发生明显变化,这表明Mn^{2+}只对色素合成途径的关键酶起作用。

与Mn^{2+}的作用相反,添加Fe^{2+}对红曲霉 *M. FZU04* 液相培养产色素无明显作用,但能够促进橘霉素的生成。这表明Fe^{2+}可能对橘霉素代谢途径的关键酶起作用。

6. 红曲霉 *M. FZU04* 分批培养过程特性

红曲霉 *M. FZU04* 在典型的分批培养过程中的生长特性如图 4-24 所示。

在初始糖浓度为 8%的条件下,培养初期菌体的生长速率较快。至第 10 h,糖耗比速率和菌体生长比速率达到最大值(分别为 0.325 g/(h・g(dw))和 0.251 h^{-1}),这表明菌体正在经历一个生长旺盛的对数生长期。在这个阶段,橘霉素和色素等次级代谢产物尚未被检测到。随着时间的推移,糖耗速率和菌体生长速率逐渐下降,至第 25 h,总糖浓度低于 3%。此时,菌体生长比速率开始下降至 0.02 h^{-1},而色素和橘霉素等次级代谢产物开始生成。到了第 35 h,色素和橘霉素的生成比速率同时达到最高值,色素和橘霉素大量合成。在 60 h 后,培养液中的底物糖几乎耗尽,橘霉素的生成速率也降至接近零。而色素的生成速率则继续以较低的

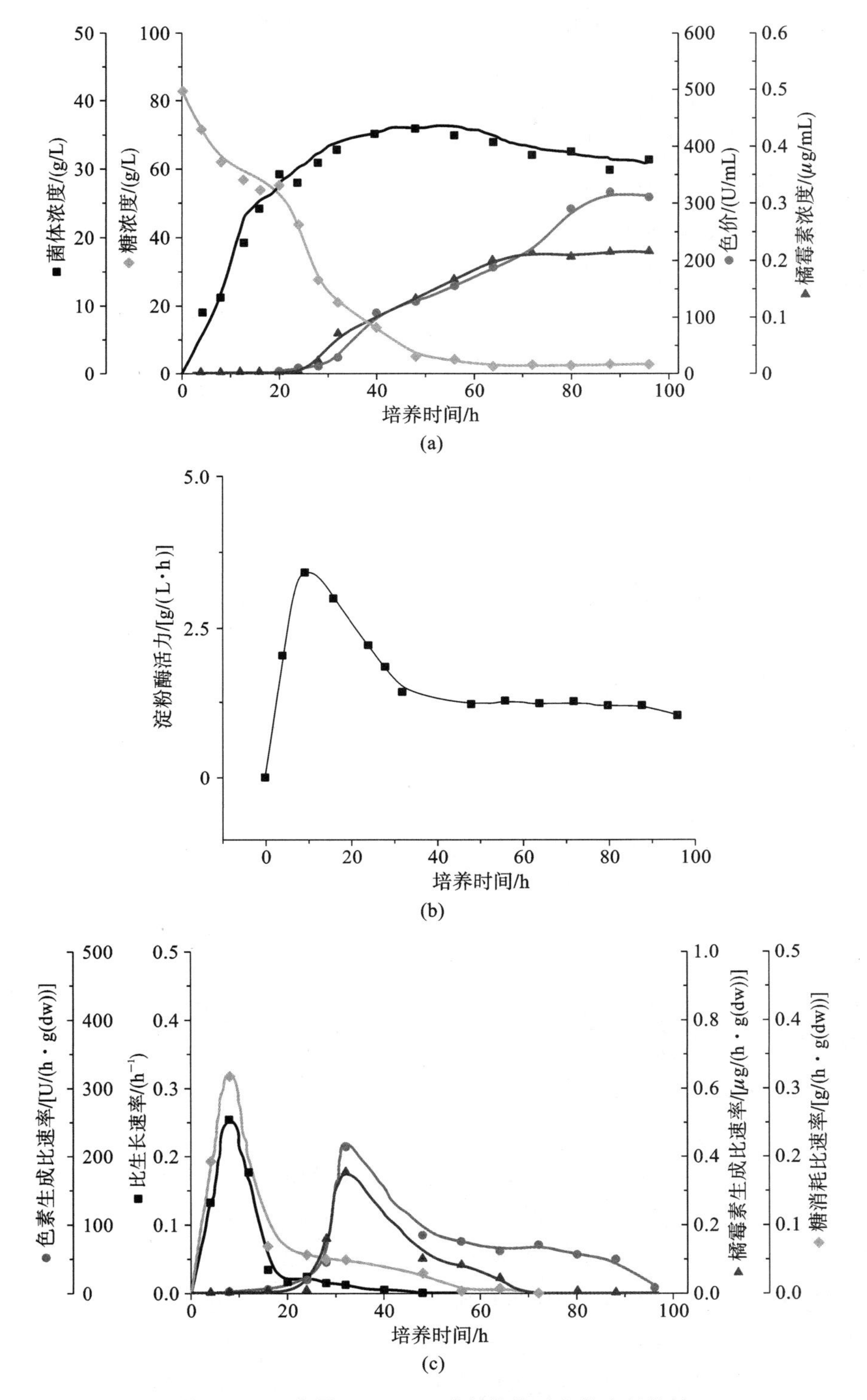

图 4-24 红曲霉 *M. FZU04* 分批培养过程的生长特性

5 L罐培养条件:MLFZU培养基(氮源为1.5%玉米浆、3.0%大豆水解液和0.15%硫酸铵,添加2 mmol/L $ZnSO_4$),pH 4.5,培养温度33 ℃,转速240 r/min,通气量3 $m^3/(m^3 \cdot min)$。

水平保持至第 96 h 培养结束。最终,培养液的总色价达到 313.3 U/mL,橘霉素的含量为 0.189 μg/mL,每 500 U 红曲霉培养产品中含有 0.302 μg 橘霉素。

如图 4-24(c)所示,红曲霉的培养过程中存在两个典型的生理阶段:菌体生长阶段和次级代谢产物的合成阶段。红曲霉色素与橘霉素的合成与红曲霉菌的生长的关系属于非生长偶联型(Gaden Ⅲ型),即次级代谢产物主要在菌体生长的稳定期合成。

通过观察实验现象和数据分析,我们发现采用分批培养的方法,在较高的初糖浓度下,初期菌体的比生长速率过快,导致碳源被大量用于合成菌体。而目标代谢产物色素在第 24 h 才开始生成,此时总糖低于 3%。在 60 h 后,由于缺乏充足的营养供给,大量合成目标代谢产物的能力降低,菌体产色素活性下降,最终导致色素的产量偏低。另一方面,过高的初糖浓度也会大大增加培养液的黏度,这会导致供氧速率下降,使培养基中的溶解氧迅速降至零,且长时间内溶解氧都为零,这会严重影响菌体的生长代谢活性。

综上所述,传统的分批培养工艺并不适合以生产次级代谢产物色素为主要目的的红曲霉液相培养过程。

7. 连续补料的 Fed-Batch 培养工艺

本研究采用带连续补料的 Fed-Batch 培养技术对传统的分批培养工艺进行改进。首先将初糖浓度降低至 5%,然后在培养的中后期通过连续补加糖液,维持培养基中合适的还原糖浓度,使比生长速率保持在适宜值,从而延长色素产生的时间并提高色素产量。由于采用流加补料的方法,降低了培养液的黏度,有助于提高供氧速率,增加培养基的溶解氧,保持菌体生长代谢的活性。

Fed-Batch 工艺优化的关键在于控制合适的补料组成和补料速率。本研究在 *M. FZU04* 液相培养过程中追踪测定了胞外淀粉水解酶活力。在液相培养过程中,*M. FZU04* 的胞外淀粉酶活力一直保持较高水平(1.3 g/(h · L)),并维持在该值至培养结束。相对于糖的消耗速率(平均值为 1.13 g/(h · L)),培养液中红曲霉所分泌的胞外淀粉酶足以保证以淀粉水解液为补料介质时的糖化速率。因此采用经预处理的 DE 值(工业上用 DE 值(也称葡萄糖值)表示淀粉的水解程度或糖化程度。糖化液中还原性糖全部当作葡萄糖计算,占干物质的百分比称为 DE 值)为 6%的玉米淀粉水解液为补料液,通过适当控制补糖速率,使培养中后期培养基中的总糖浓度维持在 1.2%~1.5%。由于具有足够高的淀粉水解酶活力,此时培养基中的总糖浓度等于还原糖浓度。

如图 4-25 所示,Fed-Batch 培养过程开始时,控制初糖浓度为 5%,培养至第 8 h,糖耗比速率和菌体生长比速率达到最大值,分别为 0.192 g/(h · g(dw))和 0.208 h^{-1},显著低于分批培养过程。25~96 h,由于补料的作用,糖耗速率维持在 0.6~1.0 g/(h · g(dw)),直至培养结束。红曲霉在 30 h 后仍以一定的比生长速率(0.01~0.02 h^{-1})生长,色素合成时间显著延长,并且使色素比生成速率维持在较高水平(220~275 U/(h · g(dw)))。至第 104 h 培养结束时,总糖耗为 10%,最终培养液的总色价可达 545.3 U/mL,橘霉素浓度为 0.398 μg/mL,每 500 U 培养产品含橘霉素 0.365 μg。

本研究在发酵罐上进行了多批次重复实验,取得了良好的重复性,带连续补料的 Fed-Batch 培养总色价与分批培养的最高水平相比,提高了 74.1%。

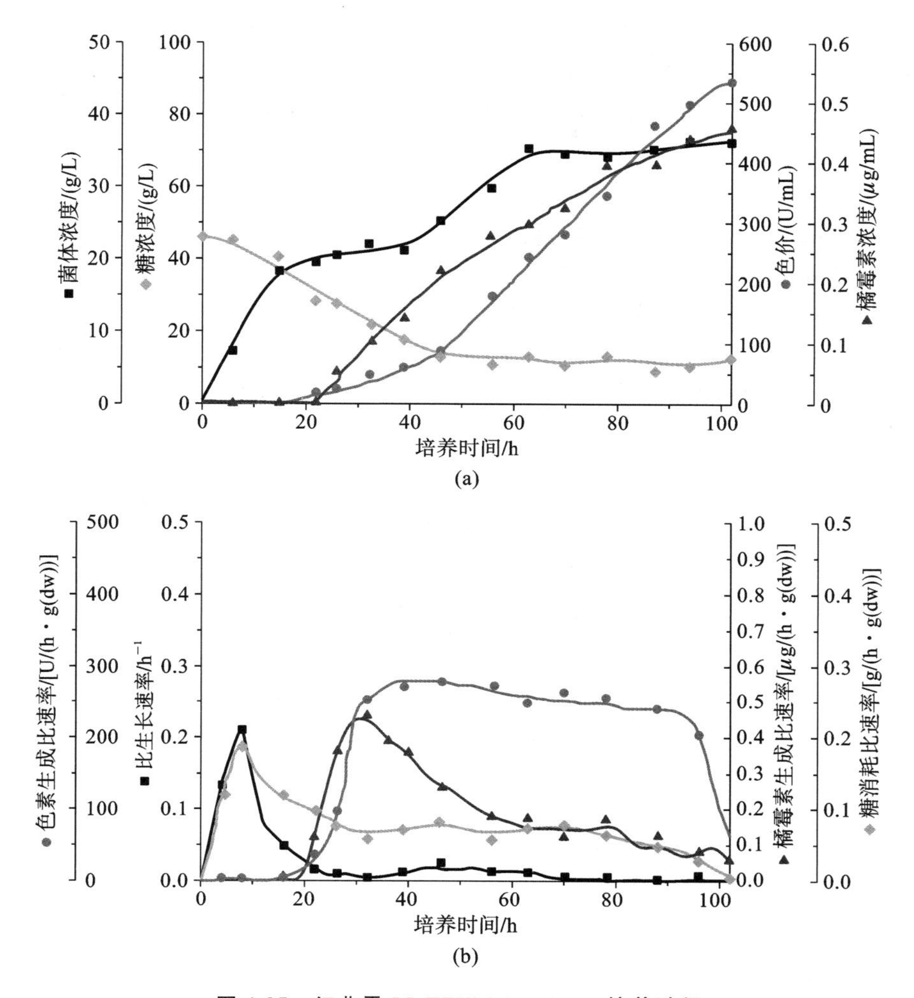

图 4-25 红曲霉 *M. FZU04* Fed-Batch 培养过程

5 L 罐培养条件：MLFZU 培养基(氮源为 1.5%玉米浆、3.0%大豆水解液和 0.15%硫酸铵，添加 2 mmol/L $ZnSO_4$)，玉米淀粉水解液补料，pH 4.5，培养温度 33 ℃，转速 240 r/min，通气量 3 $m^3/(m^3 \cdot min)$。

思 考 题

(1)试述微生物发酵制药的基本过程。

(2)微生物发酵制药各阶段的主要任务是什么?

(3)微生物发酵的过程可分为几个时期?各有何特征?

(4)微生物生长、底物消耗和产物生成的动力学如何计算?分析其影响因素。

(5)微生物生长与生产之间的关联模型有几种?与过程控制的关系是什么?

(6)生产菌种选育方法有哪些?各有何优缺点?如何选择应用?

(7)菌种保藏的原理是什么?有哪些主要方法?各有何优缺点?

(8)试述微生物新药物的筛选流程。

(9)培养基的成分有哪些?有何作用?

(10)简述固体培养基、种子培养基、发酵培养基的组成特点。

(11)如何研制生产用培养基?

(12)试述培养基的间歇和连续灭菌工艺的原理,各有何优缺点?

(13)空气过滤灭菌的原理、工艺过程及其主要关键点是什么?

(14)比较各种发酵培养方式的异同点,如何选择应用?

(15)发酵过程中检测的主要参数有几类?

(16)如何检测与控制菌体浓度和污染?

(17)简述培养温度的选择与控制的原理。

(18)发酵过程中 pH 值和溶解氧控制策略有哪些?

(19)泡沫形成的原因及消沫的方式有哪些?

(20)如何确定发酵终点?

码 4.1　第 4 章教学课件

第5章

制药工艺放大

一个新药的开发要经历实验室研究、临床前研究、临床研究、工业化生产和上市销售五个阶段。伴随着新药开发历程，制药工艺研究包括小试阶段研究（即小试研究）、中试阶段研究（即中试放大）和工业化生产三个阶段。

5.1 概述

5.1.1 小试研究

新药开发的实验室研究实际上包含两个阶段：寻找新药苗头阶段和小量试制阶段。寻找新药苗头阶段的目的是发现先导化合物和对先导化合物进行结构修饰，找出新药苗头。其主要任务如下：合理设计化合物并尽快完成这些化合物的合成；利用各种手段确证化合物的化学结构；测定化合物的主要物理参数；了解化合物的一般性质，而对化合物的合成方法不进行过多的研究。为了制备少量的样品供药效筛选，不惜采用高纯度试剂，不惜采用一切分离纯化手段，如多次柱层析、多次重结晶等。显然，这样的合成方法不适合工业化生产。新药苗头确定后，应立即进行小量试制研究（即小试阶段研究，简称小试研究），提供足够数量的药物供临床前评价，这时要对寻找新药苗头阶段的合成路线和合成方法进行全面系统的改进。

因此，小试研究的主要任务如下：

（1）研究确定一条最佳的合成工艺路线。一条比较成熟的合成工艺路线应具备合成步骤少、总收率高、所采用的设备技术条件和工艺流程简单、原材料来源充裕且便宜等特点。因此，小试时就要注意，所采取的技术方案如后处理方式在中试是否可行。不能仅为做出产品而做，而要考虑操作的可行性。比如，有一定黏度的油状物的转移，在实验室很容易实现；如果是在大的反应釜中，转移起来很麻烦，因此在路线设计中要回避这个问题。一般中试都希望只进行固态或液态的转移。

（2）用工业级原料代替化学试剂。在工艺路线建立和优化的起始阶段即实验室小量合成时，常用试剂规格的原料和溶剂，不仅价格昂贵，也不可能有大量供应。大规模生产应尽量采用化工原料和工业级溶剂。小试阶段应该探明，用工业级原料和溶剂对反应有无干扰，对产品的收率和质量有无影响。通过小试研究找出适合用工业级原料生产的最佳反应条件和处理方法，达到价廉、优质和高产的目标。

（3）原料和溶剂的回收套用。化学制药、生物制药和中药制药一般要用大量溶剂，多数情况下反应前后溶剂没有明显变化,可直接回收套用。有时溶剂中可能含有剩余的原料、反应副产物或杂质,或者溶剂浓度发生改变。应通过小试研究找出回收处理的方法,并以实验证明,用回收的原料和溶剂套用时对产品质量没有影响。原料和溶剂的回收套用,不仅能降低成本,而且有利于"三废"处理和环境保护。

(4)考虑安全生产和环境卫生。安全对工业生产至关重要,应通过小试研究尽量去掉有毒物质和有害气体参加的合成反应;尽量不用毒性大的有机溶剂,寻找性质相似且毒性小的溶剂来代替;避免采用易燃、易爆的危险操作;如实属必要,一时又不能解决,应找出相应的防护措施。药物生产的特点之一是原材料品种多、用量大、化学反应复杂及常产生大量的"三废"。"三废"处理不好,将严重影响环境保护,造成公害,也降低企业的竞争力。"三废"问题在选择工艺路线时就要考虑,并提出处理方案。

5.1.2 小试研究与工业化生产的区别

尽管小试研究时就从工业化的角度去考虑原料来源、技术方案的可操作性、安全生产与环境保护,但小试研究与工业化生产之间还是存在很大的区别,如表 5-1 所示。

表 5-1 小试研究与工业化生产的区别

项目	小试研究	工业化生产
目的	打通工艺路线,优化工艺	生产符合质量标准产品
规模	较小,通常按 g 计	依据市场容量,按照 kg 或 t 计
总体行为	可行性,成本关注度不够	实用性,追求经济效益
设备	玻璃仪器,小设备,多为常压	金属和非金属等大型设备,一定压力,耐腐蚀
物料输送	不需要考虑	通过管道解决物料输送,涉及跑、冒、漏、凝固和堵塞等问题
物理状态	搅拌速度高,混合快,趋于稳态	搅拌速度低,混合慢,传热、传质、动量传递非稳态
反应条件	温度、压力等较恒定,热效应小,易控制	热效应大,难以恒温恒压,不易控制
辅助过程	较少考虑副产物、"三废"、能耗	溶剂回收,副产品利用等;"三废"处理量大,达标排放,节能增效,综合利用

5.1.3 工艺放大和中试放大的概念

显然,从小试工艺研究到工业化生产就是一个工艺放大的过程。若将小试工艺原封不动地搬到工业化生产上,会出现很多意外,如收率和质量不理想,甚至发生安全事故。通常都需要经过将小试研究的规模放大到 50～100 倍规模的中试阶段,在此阶段探索生产规模和设备条件等外部条件的变化对反应结果的影响,将小试的反应条件和设备条件通过中试阶段逐步进行修正和完善,从而适用于工业化生产。

比如,小试时将一种物料从一个容器定量地引入另一个容器往往是举手之劳,但在中试中就要解决选用何种类型、何种规格、何种材质的泵,采用哪种计量方式,以及所涉及的安全、环保和防腐等一系列问题。中试就是要解决诸如此类的采用工业装置与手段过程中所碰到的问题，并基本达到小试的各项经济技术指标，为进一步扩大规模，实现真正有工业意义的大生产提供可靠的流程手段及数据基础。

简单地说，中试阶段所采用的中试设备和操作条件与工业化生产阶段基本一致。因此在小试成熟后，进行中试，研究工业化时可行的工艺和设备形式，可为工业化设计提供依据。这就是工艺放大。严格来讲，工艺放大包含从小试到中试的放大(简称中试放大)，以及从中试到工业化生产的放大。本章重点讨论中试放大。

5.2　中试放大的目标和前提

中试生产的原料药要用于临床试验，属于人用药物的中试生产的一切活动要符合《药品生产质量管理规范》，产品的质量要达到药用标准。此外，在新药申请时要提供原料药中试生产的资料。

中试就是模拟小型生产。中试是根据小试研究成果探索可用于工业化生产的方案，研究在一定规模的装置中各步化学反应条件的变化规律，并解决小试研究所不能解决或发现的问题，为工业化生产提供设计依据。虽然化学反应的本质不会因生产规模而改变，但各步化学的最佳反应工艺条件有可能随着实验规模和设备等外部条件的改变而改变。

中试生产是小试研究的扩大。一般来说，中试放大是药物制备从实验室水平快速高效地过渡到工业化水平的重要手段，其水平代表着工业化水平，是降低产业化风险的有效措施。

5.2.1　中试放大的目标

中试放大具有以下的目标：

(1)通过中试为制定药品的生产工艺规程提供依据，具体包含每个单元反应与单元操作的岗位操作及过程控制细则、工艺流程图、物料衡算及原材料单耗等；

(2)根据各个单元反应的工艺条件及操作过程，在使用规定原辅料的前提下在中试生产设备上生产出满足预定质量标准要求的药品，且具有良好的重现性和可靠性；

(3)原材料单耗等技术经济指标能为市场所接受；

(4)“三废”处理的方案及措施能为环保部门所接受；

(5)安全、防火、防爆等措施能为公安、消防部门所接受；

(6)提供的劳动安全防护措施能为卫生职业病防治部门所接受。

中试放大是药品在正式被批准工业化生产前的模型化实践。该过程不但为原料药的生产报批或新药审批提供最主要的实验依据，也为政府部门对药品的投产进行审批和验收提供有关消防、环保、职业病防治的数据与文件。

5.2.2　中试放大的前提

中试放大的前提如下：

(1)小试工艺稳定。小试时要进行3～5批稳定性实验，如果小试产品收率稳定且产品品质量可靠,则可确定小试工艺稳定。

(2)各步反应的工艺过程及工艺参数已确定(比如加料方式、反应时间、反应温度、压力、反应终点控制等)。

(3)对成品的分离、结晶、干燥的方法及要求已经确定,如对晶型和溶残有确定要求。

(4)已完成对设备或管道材质有特殊要求的实验,如必要的材质腐蚀性实验。

(5)已经建立原料、中间体和产品的质量标准或质量控制方法。

(6)进行了物料衡算,已提出原材料的规格和单耗。

(7)“三废”问题已有初步的处理方法。

(8)已提出安全生产的要求。

(9)有相应的中试配套设备或中试车间。如有各种规格(如 50 L、100 L、200 L 和 500 L)的反应釜及相应规模的配套设备(如高位槽、回流冷凝器、加热或冷却介质的输送管道、输送泵)、相应规模的分离纯化设备(如离心或过滤装置、结晶罐、萃取釜、干燥器)以及溶剂回收装置。

5.3 中试放大效应

5.3.1 中试放大效应的概念

制药过程是化学过程或生物过程与物理过程的交织。如果不采取任何措施,简单地将小试操作条件在中试设备上进行放大,将导致产品的质量和收率降低,甚至得不到目标产品。这种因为规模改变而造成原有指标不能重复的现象称为中试放大效应。中试放大阶段的任务之一是设法解决“小样放大”时遇到的各种工艺问题,以便能够稳定生产满足质量要求的产品,同时使得整个工艺达到预定的经济技术指标。

5.3.2 中试放大效应产生的原因及解决办法

中试放大效应产生的原因有很多。下面仅从原辅材料、传热、传质及局部温度和浓度效应四个方面阐述小试与中试的差异,以及由此导致的放大效应与相应的解决办法。

1. 原辅材料的差异及解决办法

有时小试所用原辅材料纯度高,杂质影响小;中试要求用工业级原辅材料,杂质种类多且含量高。原辅材料中的杂质会导致催化剂中毒、副反应或产品质量不达标,即产生放大效应。大量购买的原料放置一段时间后外包装破损、吸潮、受污染等因素都可能导致放大实验失败。

中试不是小试简单的重复,中试的搅拌、传热、浓缩、过滤、干燥都与小试不同,但是小试要尽量“靠近”中试,并从所使用的原料开始。因此在小试的时候,一旦用试剂纯或分析纯的原料打通路线和完成工艺优化,得到的产品具有稳定的收率和质量,就应该改用工业级原料进行工艺探索,得到稳定的可接受的收率和质量,为中试奠定基础。必要时对原料进行提纯或对供应商提出更严格的要求。

2. 传热的差异及解决办法

放大规模与小试之间的传热效果差异也是导致放大效应的原因之一。

为了说明小试与放大时设备之间的传热差异，用边长 1 cm 的正方形表示小试反应器，用边长 1 m 的正方形表示放大后的反应器(图 5-1)。可见，体积放大了 100 万倍，表面积只放大了 1 万倍，即比表面积缩小了 100 倍。换句话说，假设产热速率与物料体积成正比，同样为 1 cm^3 的物料，小试有 6 cm^2 的换热面积，而放大时只有 0.06 cm^2 的换热面积。可见，小型反应器的比传热面积大，大型反应器的比传热面积小。

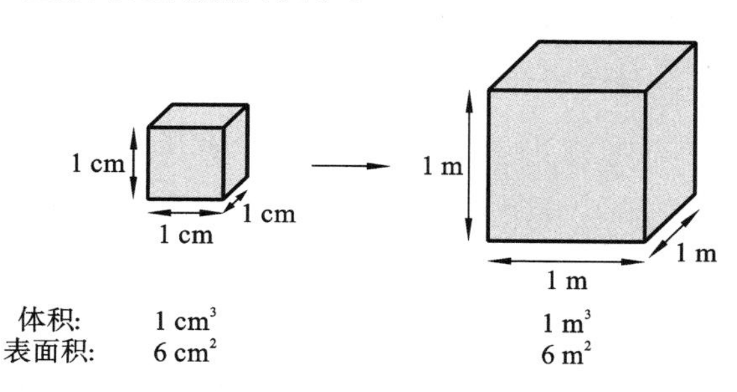

图 5-1　小试反应器与放大的反应器的体积与表面积示意图

放大后反应器比传热面积的缩小，对于放热反应是极其不利的。对于小型反应器，因为比表面积大，产生的热量易通过表面传导或辐射等形式释放，有时往往需要加热来维持反应温度。而在大型反应器中，因为靠表面散热不够，必然导致散热不及时，进而导致飞温甚至失控爆炸。一般情况下，温度每升高 10 ℃，合成反应的反应速率升高 1 倍，分解反应的反应速率则可能增加 2 倍以上。

对于剧烈放热反应，在大型反应器中，除了通过反应器表面散热外，必须采取补充措施。比如在反应釜内部添加内盘管或蛇管来增大传热面积，或者增大传热温度差来增大传热速率，或者加强搅拌，或者改用管式反应器或微通道反应器来增大传热面积，或者通过外置循环管道换热。

3. 传质的差异及解决办法

一般情况下，小试的搅拌速度都很高，传质效率高。而在放大的反应器上，因为搅拌器形式和尺寸的限制、内构件的空间限制、动力消耗、溶液黏度等因素，搅拌速度比小试时小得多，传质因此不够充分。有的大型反应器还有死区，比如反应釜底部出料口的位置；当液体的黏度高时，挡板的后侧、蛇管换热器与器壁之间的区域也属于传质不良区。死区和传质不良区的物料反应不完全，或者传质不够充分，都会导致反应产物收率和质量下降，产生放大效应。

另外，对于生物反应器，反应规模的变化会引起生物学参数的变化，如小试发酵罐与大生产发酵罐存在体积传氧系数的显著差异，从而改变细胞的生长和代谢过程，造成个体差异和群体不稳定，产生放大效应。

不是所有的化学反应在放大时都得加强传质，可依据陈荣业教授提出的搅拌强度选择推导图(图 5-2)作出判断。

对于一个化学反应，首先判断是它是简单反应还是复杂反应。如果是简单反应，就不存在副反应，也就不存在化学制药工艺研究中提到的温度效应和浓度效应，也就不存在温度梯度和浓度梯度对反应的影响，因而也不存在由此引起的放大效应。同样，加料方式、反应温度的高低、混合方式和状态(不包含死区)都对反应没有影响。对于这类反应应该采用慢速搅拌以节

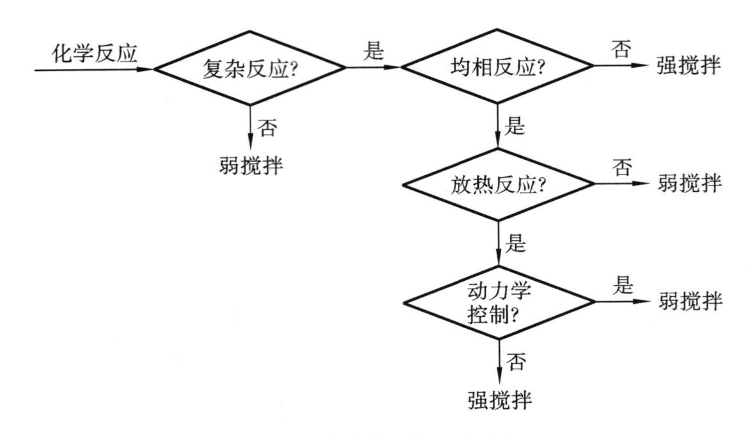

图 5-2　搅拌强度选择推导图

省能量。对于没有其他副反应的可逆反应,可视为简单反应。

如果一个反应是复杂反应,则要判断它是均相反应还是非均相反应。如果为非均相反应,一般属于扩散控制。比如,催化加氢反应中,由溶液主体向催化剂表面的外扩散或催化剂颗粒内部的内扩散均是控速步骤;相转移催化的油水两相反应中,由溶液主体向相界面扩散也是控速步骤,因此加强搅拌是必需的。如果这个复杂反应是均相反应,则要看它是放热反应还是吸热反应。如果是吸热反应,不会因为混合不好而局部温度过高。同样,局部浓度效应影响不显著,选择较慢的搅拌即可。如果是放热的均相反应,则要看是动力学控制还是传质控制。比如酸碱中和为均相的瞬时放热反应,酸和碱之间一接触就反应,因此二者之间彼此靠近成为控制步骤。加强搅拌不仅有利于散热,也有利于加快传质。再比如酯化反应是慢反应,属于动力学控制,加快搅拌也没有用,所以只需慢速搅拌。由此可见,只有非均相复杂反应和强放热的均相复杂反应对搅拌的要求高,其他反应可以慢速搅拌。

有的时候,盲目追求高的搅拌速度也会带来危险,详见后述搅拌速度选择的例子。

对于生物反应器,为减少传质对放大效应的影响,还需考虑菌的存活问题,更应该慎重选择搅拌速度。

此外,可用一些新型设备解决非均相(如液-固、气-液-固)的传质问题,比如内置螺旋输送轴的管式反应器、微通道反应器、用特斯拉分散泵实现外循环的反应釜。

4. 局部温度和浓度效应及其解决办法

放大反应器中产生的局部温度和浓度效应也会引起放大效应。釜式反应器小试装置与放大装置如图 5-3 所示,其中 A 和 A′分别表示小试和放大装置中滴液点,B 和 B′分别表示小试和放大装置中主体溶液中的点。

宏观上,只要搅拌充分,小试装置和放大装置中主体浓度和主体温度可以保持一致,即 $C_{B'}=C_B$,$T_{B'}=T_B$。但是不管是小试装置还是放大装置中,因为搅拌没有那么充分(图 5-4),都存在滴液点处的浓度高于主体浓度的事实,即 $C_A>C_B$,$C_{A'}>C_{B'}$。如果为放热反应,滴液点处的温度还会高于主体温度,即 $T_A>T_B$,$T_{A'}>T_{B'}$。

由于放大装置中搅拌状态不如小试装置,且滴液点更大,还会存在以下现象:放大装置中滴液点与主体溶液的浓度差大于小试装置中滴液点与主体溶液的浓度差,即 $C_{A'}-C_{B'}>C_A-C_B$,即 $C_{A'}>C_A$。如果为放热反应,还存在 $T_{A'}-T_{B'}>T_A-T_B$,即 $T_{A'}>T_A$,即放大装置中滴液点位置局部过浓和局部过热的现象要比小试装置中更加严重。

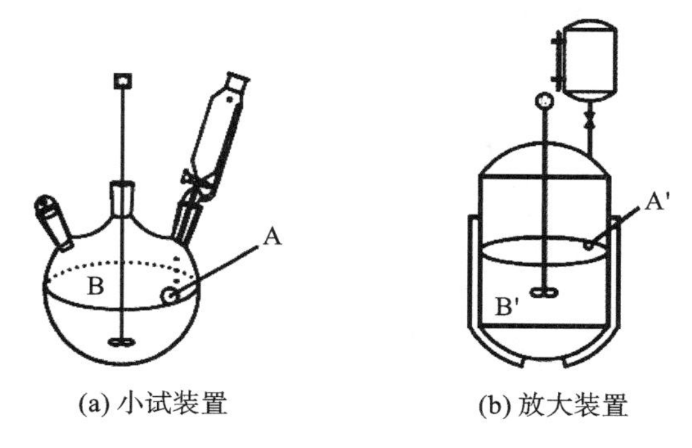

图 5-3　釜式反应器小试装置与放大装置

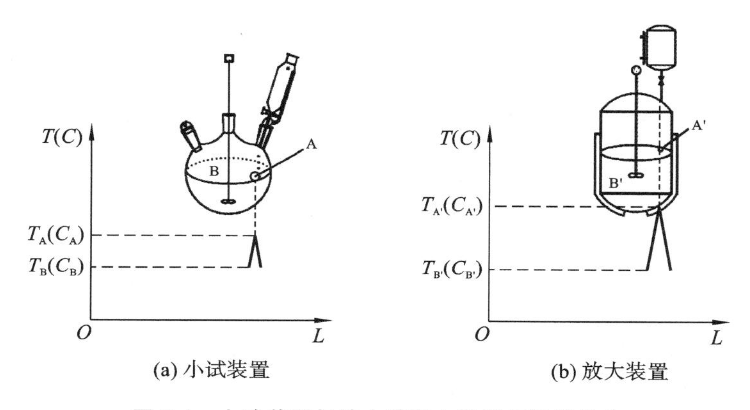

图 5-4　小试装置与放大装置中浓度与温度分布

按照动力学分析，放大时因局部过浓而产生不利的浓度效应，或因局部过热而产生不利的温度效应，收率和质量显著受影响，这就是放大时因局部温度和浓度效应引起的放大效应。

实际上，放大装置各部位的温度并不是完全一样的。如图 5-5 所示，T_1 表示反应液主体温度，T_2 表示釜壁处反应液的温度，T_3 表示夹套热媒温度，T_4 表示滴液点温度，T_5 表示滴液温度，T_6 表示死区温度。

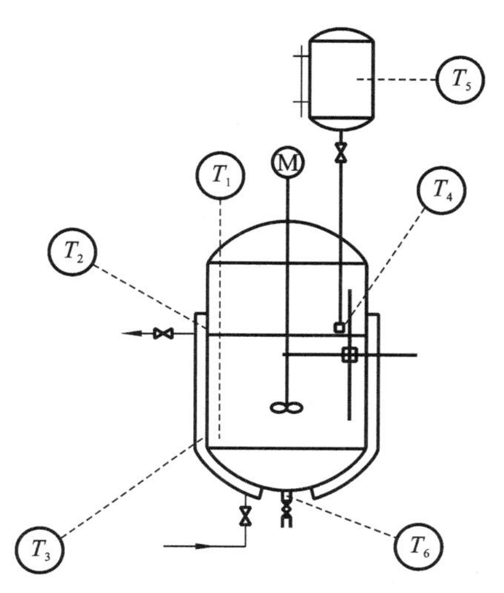

图 5-5　放大装置内各部位的温度

理想状况下,无放大效应时,$T_1=T_2=T_4=T_6$。实际上,在中试和工业化规模的反应容器中,由于容积大,搅拌不均匀,不同位置热量不均衡,反应釜内不同位置的反应温度不同是很常见的。可能的话,对这些部位的温度进行监测。比如,图 5-5 所示的死区温度和传质都与主体不同。因此,放料时死区部分物料单独收集。

在这些不同位置的温度中,有两个位置温度的差值较大。当反应为放热反应时,滴液点温度与反应液主体温度的差值即 T_4-T_1 较大;而当反应为吸热反应时,釜壁处反应液温度与主体溶液的温度之差即 T_2-T_1 也较大。这些温差会产生放大效应。这部分放大效应的解决方法详见 5.4 节。

以上讲述的是中试放大效应及相应解决方法。只有知道中试放大效应产生的原因,才能对症下药。无论是前述的传热差异和传质差异,还是局部温度效应和浓度效应,最后都导致反应选择性的改变。这就是前面提到的,小试放大后,虽然化学反应的本质没有变,但是因为反应设备改变,条件因此也改变了,最终也改变了产品的收率和质量。

5.4 中试放大的研究方法

一般来讲,中试放大的研究方法有经验放大法、相似放大法、数学模拟法和基于关键点的放大。

经验放大法主要是凭借经验逐级放大,即按照从小试装置、中间装置、中型装置到大型装置的顺序逐级来摸索反应器的特征和反应条件对反应的影响。这是药物合成领域主要的放大方法。相似放大法是应用相似原理进行放大。此法有一定局限性,只适用于物理过程放大,而不适用于化学过程的放大。数学模拟法是应用计算机技术的放大,是今后发展的方向。陈荣业教授提出的基于关键点的放大是针对关键点的放大效应,结合理论分析,使得放大过程更加理性,也简单高效。本节重点讲述基于关键点的放大,将从吸热反应和放热反应两个方面举例阐述。

5.4.1 吸热反应基于关键点的放大

如图 5-5 所示,当反应为吸热反应时,要维持一定的反应温度必须有外加热源,此时外加热源的温度 T_3 就影响反应釜内壁处反应液的温度 T_2。因为釜内壁处反应液的温度 T_2 取决于反应液主体温度 T_1 和夹套热媒温度 T_3,在 T_1 不变的情况下,T_2 主要由热媒温度 T_3 决定。此时,反应体系内的"过热"往往体现在 T_2 上,控制过热的唯一手段就是控制夹套内加热介质的温度 T_3。

1. 吸热反应基于关键点的放大实例 1

如图 5-6 所示的环合反应为吸热反应。在不锈钢压力釜中,于 180 ℃和 2 MPa 下反应 6 h。小试时采用电热套加热,收率为 60%~65%。中试放大时用导热油加热,结果如表 5-2 所示。

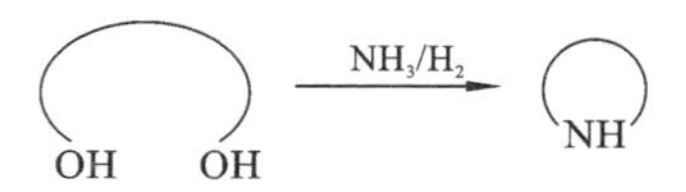

图 5-6 环合反应

由表 5-2 可知，当导热油温度与反应体系内的温度差越来越小时，收率越来越高。特别是导热油温度只有 190 ℃，与反应体系温度只相差 10 ℃时，环合反应的收率达到最高值 75%，高于小试水平。这是因为油温过高，壁温也会过高。当副反应的活化能高于主反应活化能时，副反应就会发生。而小试时采用电热套加热，无法控制壁温，副反应更明显，因此收率更低。

表 5-2　中试放大时不同导热油温下的环合反应收率

批号	1	2	3	4
反应温度 T_1/℃	180	180	180	180
导热油温度 T_3/℃	230	210	200	190
收率 Y/(%)	43	58	66	75

2. 吸热反应基于关键点的放大实例 2

如图 5-7 所示，芳环氟取代反应的主产物 P 和副产物 S 结构相似，二者难以分离。因此，在合成时必须将副产物 S 的含量控制在 1%以下。

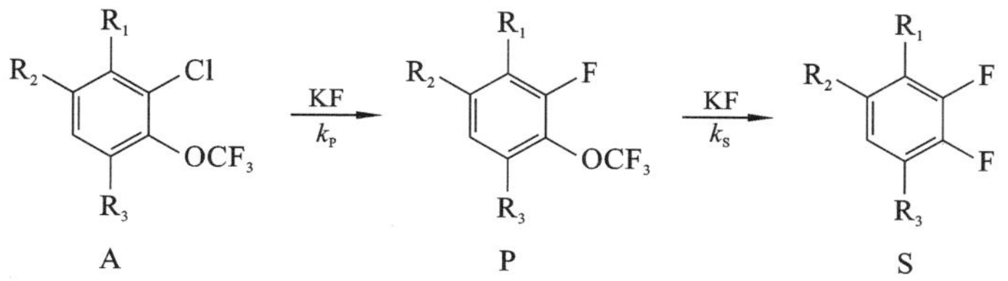

图 5-7　芳环氟取代反应

表 5-3 表明当反应釜导热油的温度逐渐降低并逼近反应温度时，副产物 S 的含量逐渐降低。当导热油的温度低于 200 ℃时，副产物 S 的含量只有 0.8%，达到质量控制要求。可见，在壁温处局部过热的情况下容易生成副产物 S；控制加热介质温度即可控制壁温局部过热，也就控制了副反应。

表 5-3　副产物 S 在反应产物中的含量

批号	1	2	3
反应温度 T_1/℃	190	190	190
导热油温度 T_3/℃	230	210	<200
副产物含量/(%)	8	3	0.8

3. 吸热反应基于关键点的放大实例 3

在阿司匹林酰氯的工业化放大实验(图 5-8)中，产品质量较差，后续反应收率低。工业化生产时用蒸气加热反应釜，壁温处可能有过热现象。当改用温度低于 55 ℃的热水加热时，工业化生产的收率达到小试的水平。

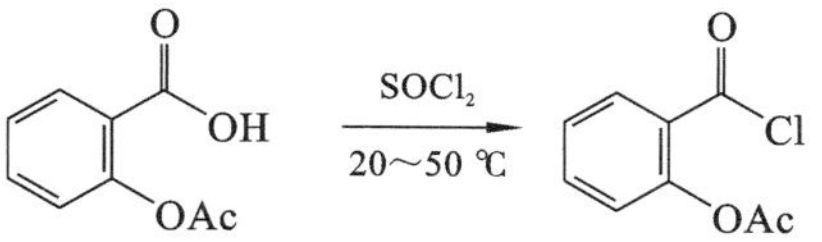

图 5-8　阿司匹林酰氯的制备

4. 吸热反应基于关键点的放大实例 4

在溴代环戊烷合成的工业化放大(图 5-9)中,反应结束后粗产物收率尚可,但工业装置的减压蒸馏收率低,蒸馏釜内结焦。可能的原因如下:减压蒸馏的真空度不够(比小试低);减压蒸馏釜以电加热,不同于小试的导热油加热。结焦是由过热导致,特别是壁温过热造成的。当提高真空度,改用导热油加热后,工业化生产的收率达到小试的水平。

OH + HBr ⟶ Br + H_2O

图 5-9 溴代环戊烷的合成

由上述例子可知:对于吸热反应的放大,加热介质温度控制是至关重要的,分离过程也是如此。

5.4.2 放热反应基于关键点的放大

对于放热反应,为了控制放热速率,往往将某一物料进行滴加。理想情况下,反应釜内各处温度均一、浓度均一。实际上,化学反应往往集中于滴液点附近进行。这是因为滴液的扩散需要一定的时间和过程,这样滴液点处浓度较高;也因为反应放热,该处的温度也较高。也就是说,滴液点处的浓度和温度均过高。对于放热反应滴液点附近浓度过高和温度过高,有以下解决方案:①采用良好的搅拌;②将滴液点导流至搅拌桨直径最大处;③减小液滴;④降低液滴温度;⑤对反应温度实行底限控制;⑥增加滴液中的溶剂量,降低滴液点处的浓度。下面以具体的例子说明。

1. 放热反应基于关键点的放大实例 1

如图 5-10 所示,4-羟基香豆素中间体 M 由乙酰水杨酸酰氯与乙酰乙酸乙酯的钠盐反应获得。这是一个油水两相的反应。其中,乙酰水杨酸酰氯为油相,乙酰乙酸乙酯的钠盐为水相。

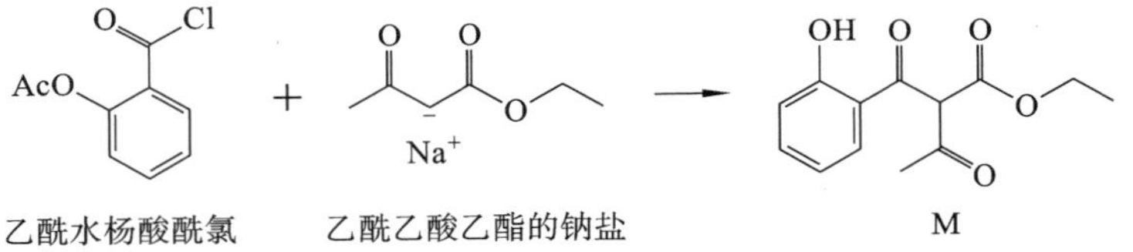

O Cl AcO + O O O Na^+ ⟶ OH O O O O

乙酰水杨酸酰氯 乙酰乙酸乙酯的钠盐 M

图 5-10 4-羟基香豆素中间体 M 的合成

工业化生产时,为了防止局部过热,将乙酰水杨酸酰氯的甲苯溶液 0 ℃下滴入乙酰乙酸乙酯的钠盐的水溶液中,但是收率小于小试水平。这可能是因为乙酰乙酸乙酯钠盐水溶性小,在 0 ℃下非常黏稠。当液滴滴入黏稠的反应液表面时,分散很差(远不如小试),造成局部过浓过热,导致收率低。如果将乙酰水杨酸酰氯的甲苯溶液改成喷雾加料,则工业化生产的收率达到小试水平。还可以向底物中加入甲苯,甲苯相就会浮于水相的表面,当液滴滴加至甲苯层中时,被甲苯大大稀释了,局部过热的现象也可以避免。

2. 放热反应基于关键点的放大实例 2

图 5-11 所示为有机锂化合物的合成及参与的反应,其中 X 表示化学性质稳定的吸电子基。

该工艺有两次滴加,一次是正丁基锂盐的滴加,另一次是甲酸甲酯的滴加,均在 −70～

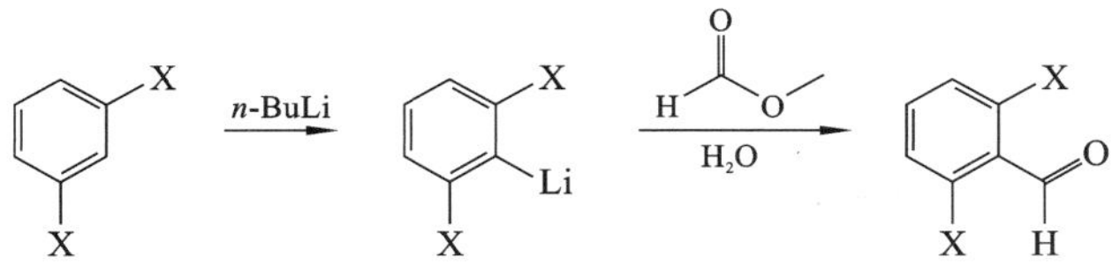

图 5-11　有机锂化合物的合成及参与的反应

-60 ℃下反应，但工业化生产的收率低于小试水平。这可能是由滴液点过热引起的。于是将滴液稀释一倍，并强化搅拌，同时将反应温度降低至底限即-70 ℃。结果表明，工业化生产收率达到小试水平。这里同时采用了三种措施来减缓局部过浓过热造成的放大效应。

3. 放热反应基于关键点的放大实例 3

重氮盐水解制酚的主反应和副反应如图 5-12 所示。

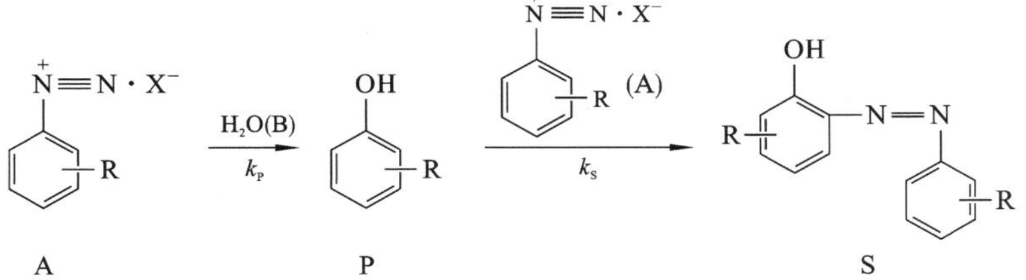

图 5-12　重氮盐水解制酚的主反应和副反应

该反应的对比选择性表示式为：

$$\overline{S}=\frac{r_P}{r_S}=\frac{K_{0P}}{K_{0S}}e^{\frac{E_{vS}-E_{vP}}{RT}}C_A^{a-a'}C_B^{b}C_P^{-p}$$

其中，已知 $E_{vS}<E_{vP}$，即主反应的活化能大于副反应的活化能，则当温度升高时，对比选择性增加，那么高温对主反应有利；已知 $a-a'<0$，即主反应中 A 的反应级数小于副反应中 A 的反应级数，则 A 低浓度有利，应该滴加；P 的浓度降低，对比选择性增加，因此目标生成物 P 及时移走有利；B 浓度增大，对比选择性增加，B 刚好为溶剂。

因此，提高该反应对比选择性的措施如下：①高温滴加 A；②及时移走产物 P。具体做法为：把硫酸水溶液加热到沸腾，滴加 A；同时把产物 P 采用共沸蒸馏带出，过程中补加水。当然也可以向反应体系中加入有机溶剂，反应生成的酚类化合物转入有机溶剂，从而降低其在水相的浓度。

虽然重氮盐是高温滴加的，生成的产物酚也及时带出了，但是工业化放大时在一段时间内 P 的收率仍然很低。打开重氮盐滴液口，发现滴液口在釜内导流管较长，且导流管较粗，重氮盐流速太慢，重氮盐未分散前就有可能被蒸汽预热分解。另外，在导流管处重氮盐与酚生成重氮化合物等大分子，即所谓的焦油。因此，将导流管改成细而短的形状，提高流速且直接滴入搅拌直径最大处。结果表明，收率达到小试水平。该例说明局部温度过高导致了原料的分解，收率自然降低。

4. 放热反应基于关键点的放大实例 4

如图 5-13 所示，某卤代芳烃 A 与醇钠 B 反应生成混合醚 P。在-10 ℃下将常温的 B 滴入 A，工业化生产较小试有较高的二取代副产物 S 生成。由于烷氧基($-OR_2$)是供电子基团，较高的温度有利于二取代副产物生成，因此在反应主体温度不变的情况下，可能是滴液点位置局部过热造成的。于是将常温的醇钠醇溶液冷却到反应温度后滴入，结果工业化生产的收率

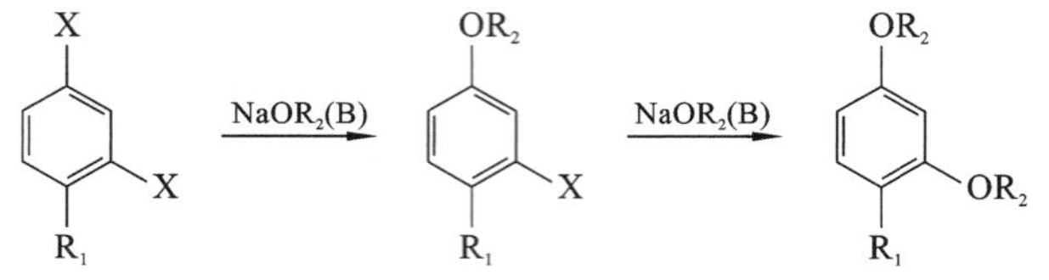

A　　P　　S

图 5-13 某卤代芳烃与醇钠反应生成混合醚

达到小试水平。此外,将醇钠喷雾滴入,工业化生产的收率高于小试水平。

由上述例子可知,对于放热反应,解决滴液点处温度过高和浓度过高对解决放大效应至关重要。

从以上基于关键点放大的例子还可以看出,工业化放大不需要处处相似,点点模拟。只需要对反应过程有个微观概念,解决关键点存在的问题,放大效应问题就会迎刃而解。

5.5 中试放大的研究内容

中试放大的研究内容具体包含:①工艺路线和单元操作方法的验证、复审与完善;②设备材质与形式、传热方式的选择;③搅拌器形式与搅拌速度的选择;④反应条件的进一步优化;⑤工艺流程与操作方法的确定;⑥原辅料、中间体与产品的质量控制;⑦安全生产和"三废"防治措施的研究;⑧消耗定额、原料成本、操作工时、生产周期等的计算。

5.5.1 工艺路线和单元操作方法的验证、复审与完善

验证和复审小试工艺研究所确定的工艺路线是否成熟与合理是中试放大的主要研究内容之一。一般情况下,如果在小试时就从工业化生产的角度来确定工艺路线和单元操作方法,那么中试放大时只需从反应条件、设备、环保和安全等方面来验证和复审即可。但是,当原来选定的工艺路线(也可能是其中的某步反应)和操作方法在中试放大阶段暴露出难以克服的重大问题时,就不得不重新选择其他路线和操作方法。具体做法如下:回到小试重新确定工艺路线和操作方法,再按新路线和操作方法进行中试放大,以实现成本低、过程优化、质量保证和安全生产的目标。

例如,如图 5-14 所示,磺胺对甲氧嘧啶的中间体甲氧基乙醛缩二甲酯由氯乙醛缩二甲醇与甲醇钠反应制得。

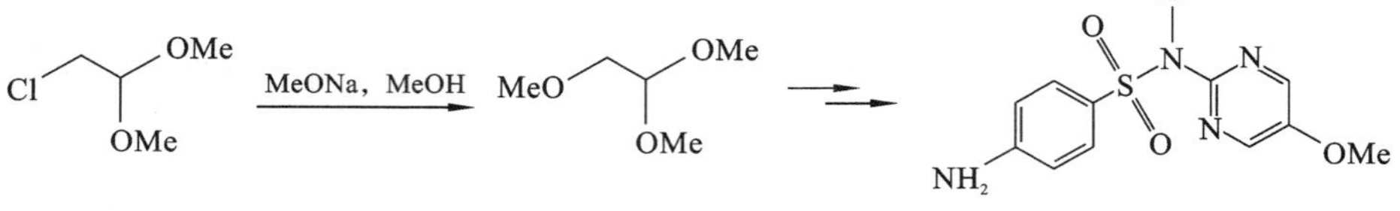

MeONa, MeOH

氯乙醛缩二甲醇　　甲氧基乙醛缩二甲醇　　磺胺对甲氧嘧啶

图 5-14 甲氧基乙醛缩二甲醇的制备

小试的反应条件如下:甲醇钠浓度约为 20%,反应温度为 140 ℃,反应压力为 1 MPa。此

反应条件对中试设备要求过高，必须改进。中试时在反应罐上装了分馏塔，随着甲醇馏出，罐内甲醇钠浓度逐渐升高，而反应生成物甲氧基乙醛缩二甲醇的沸点也较高，反应物可在常压下顺利加热至140 ℃进行反应，从而把原来在加压条件下进行的反应改为在常压条件下进行的反应，使过程更加安全，便于工业化放大。

5.5.2 设备材质与形式、传热方式的选择

中试放大设备选择和确定的原则是该设备能满足工艺要求，得到的产品能符合相应的质量标准。设备的选型将在收率、杂质含量、晶型、有机溶剂残留等方面对产品质量产生较大的影响。因此，设备的选择非常重要，具体包含设备材质的选择、设备形式的选择和设备传热方式的选择。

5.5.2.1 设备材质的选择

在小试研究阶段，除了少数在不锈钢反应釜中进行的加压反应（如加氢反应）外，大部分反应在小型玻璃仪器中进行，热传导很快。玻璃仪器耐骤冷骤热，耐真空，耐强酸和强碱。因此，小试基本不需要考虑设备材质的问题。

但是反应体系可能含有酸、碱、盐、特殊溶剂、水等，有的需要高温或高压，有的在后处理过程中要经历低温或急速降温等操作。因此，在中试放大和工业化生产中所选的设备材质要经历上述一种或几种环境的考验。可选的材质有碳钢、铸铁、铝类、不锈钢、内衬搪玻璃（搪瓷）、内衬聚四氟乙烯等。每种材质都有特定的适用对象。比如强酸介质不适合铸铁类、铝类、不锈钢材质。

对于一些特殊的反应体系，应该在小试时做材料选择性实验。例如，含水1%以下的DMSO对钢的腐蚀作用极微，含水5%的DMSO对钢有强烈的腐蚀作用，含水5%的DMSO对铝的作用极微，因此可用铝制品作为含水5%的DMSO的容器。再譬如，浓硫酸可钝化铸铁表面，因此在硝化工段，铸铁容器可用于混酸配制。

在强酸或强碱介质的输送和储存中，对于盐酸、硫酸和氢氟酸的输送，采用氟塑料如聚四氟乙烯为衬里的管道、阀门和泵。对于30%～40%氢氧化钠溶液的储存，量大时采用PE储罐或碳钢衬PE储罐，量小的时候直接用304不锈钢。可见对于设备材质需根据反应体系的特性作出选择。

在常见的两大材质反应器中，不锈钢类反应器耐碱，耐一定浓度的酸，耐高温高压，可以骤冷骤热，不耐氯离子。搪玻璃（搪瓷）反应器耐酸，但耐强碱能力弱于不锈钢，能耐高温（如最高温度接近200 ℃），耐一定压力（如0.2～0.4 MPa），但不能骤冷骤热，需要程序升温或降温，不耐氢氟酸和氟离子。

此外，还要考虑设备材质对反应是否会影响。比如，不锈钢材料会引入铁离子。也就是说，对于不锈钢反应釜，可能产生铁离子的干扰反应。因此，对于铁离子催化可引发副反应的反应体系，就应该谨慎选择不锈钢反应釜。

5.5.2.2 设备形式的选择

中试和工业化生产设备包括反应单元设备（反应器）及后处理各个单元操作设备。后处理

各个单元操作设备的选择可参照《化工原理》和《制药分离工程》教材。本节主要讲述反应器的选择。

1. 反应器的分类

根据反应体系所包含的相态,反应器可分为均相反应器和非均相反应器。在均相反应器中,如果反应体系全为气体,则为气相反应器;如果反应体系全为液体,则为液相反应器。制药行业的大多数反应为液相均相反应。非均相反应器包括气-液反应器、气-固反应器、液-固反应器、液-液反应器、固-固反应器、气-液-固反应器。在气-液反应器中,反应体系是由气体和液体两相组成的,如气体吸收反应。在气-液-固反应器中,反应体系是由气体、液体和固体三部分组成的,如制药行业常见的加氢催化反应。

按照催化剂的类别,反应器可分为化学催化反应器和生物催化反应器。化学催化反应器按照内部发生的反应存在的相态分为均相催化反应器和非均相催化反应器。制药行业以液相催化均相反应器较常见,非均相催化反应器也有一部分,比如前述的气-液-固加氢反应。生物催化反应器分为生物酶催化的生物反应器和以细胞为催化单元的细胞催化反应器。生物酶催化反应器按照酶的存在方式和传质方式分为游离酶催化搅拌反应器、固定化酶催化搅拌反应器和固定化酶催化固定床反应器。游离酶催化是指直接将酶加到反应器中参与反应。固定化酶催化是指将酶固定化到高分子材料上形成固体催化剂参与反应。按照细胞的来源种类,细胞催化反应器分为微生物细胞反应器、动物细胞反应器和植物细胞反应器。

按照操作方式,反应器可分为间歇式反应器、半连续式反应器和连续式反应器。间歇式操作是指所有物料按照操作顺序一次性加入反应器中,待反应结束后一次性出料。半连续式操作是指在间歇式操作的基础上部分物料连续加入反应器或连续从反应中排出,而其余物料为分批加入或卸出。例如,对于气-液氧化反应,空气或氧气连续通入反应体系中,反应一段时间后,停止通入氧气,放出反应混合物,就属于半连续式操作。若有两种液体反应,其中一种液体根据提高反应选择性的需要,需要连续滴加,这也是经常碰到的半连续式操作。连续式操作是指除固体催化剂外,其他参与反应的物料连续进入反应器,反应产物连续从反应器流出。有时连固体催化剂也随着物料连续进和连续出。

按照流体在反应器内的流动或混合状态,可将连续式反应器分为两种理想反应器:平推流反应器(又称为活塞流反应器,简称 PFR)和全混流反应器(又称为连续搅拌釜式反应器,简称 CSTR)。

本节重点对三种典型的反应器即间歇式反应器、活塞流反应器和全混流反应器的特征分别进行介绍。

2. 间歇式反应器

间歇式反应器如图 5-15 所示。由于搅拌的作用,流体在各个方向上完全混合均匀,每处的物料组成和温度等参数在任何时刻都是相等的。物料浓度(C)仅随时间(t)而变化,与位置无关。如图 5-16 所示,对于由原料 A 生成产物 R 的反应,反应物 A 从初始浓度 C_{A0} 逐渐降低到 C_{Af},其中 f 表示反应结束时;而反应产物 R 的浓度从 0 逐渐上升到 C_{Rf}。

3. 活塞流反应器

活塞流反应器为一种理想反应器。如图 5-17 所示,反应器主体就像注射器中圆柱形管道部分,流体在活塞流反应器内的流动情形就如同药液在活塞的推动下匀速向前运动。活塞流反应器最主要的三个特征如下:①通过反应器的所有物料以相同的方向、相同的速度向前推进;②在流体流动方向上完全不混合,而在垂直流动方向的横截面上则完全混合;③所有微元

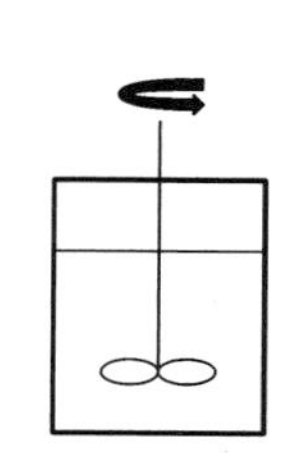

图 5-15　间歇式反应器示意图

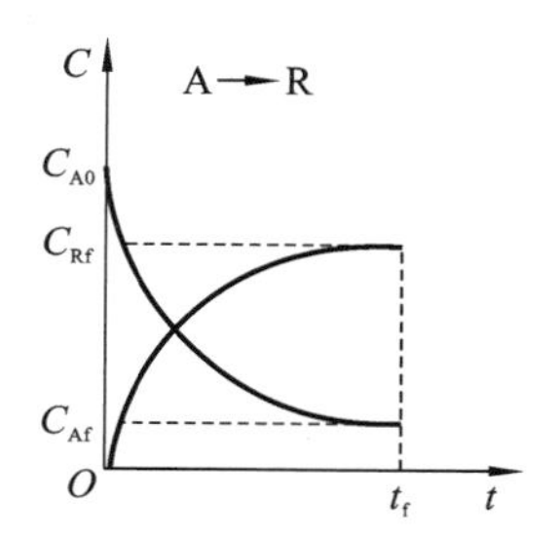

图 5-16　间歇式反应器内浓度随时间变化

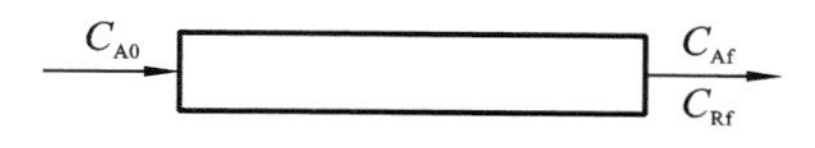

图 5-17　活塞流反应器示意图

体在反应器中的停留时间相等。

上述三个特征是非常理想的，真实的反应体系肯定会有所偏离。流体在管内的流动状态通常被概括为层流、过渡流和湍流（图 5-18）。只有在湍流时，管内流体主体各点的流体流速可近似认为相同。

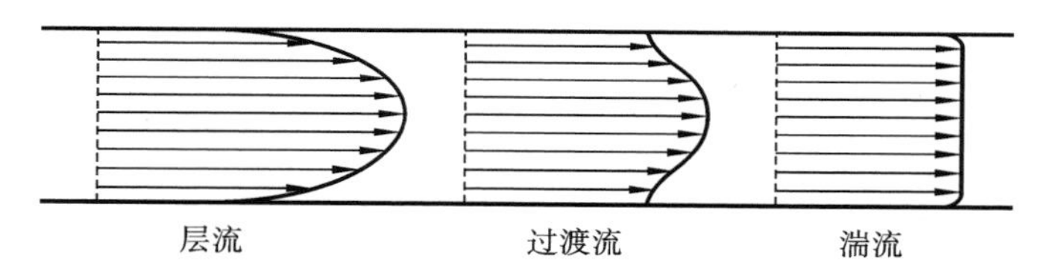

图 5-18　层流、过渡流和湍流的流体在直管内流速的径向分布

如图 5-19 所示，活塞流反应器内部每个位置的浓度（C）只与位置（x）有关，与时间无关。对于由原料 A 生成产物 R 的反应，反应物 A 的浓度从活塞流反应器的入口处的 C_{A0} 沿着管长（x）逐渐降低到出口处的 C_{Af}，其中 f 表示反应器出口处。而产物 R 的浓度则由从活塞流反应器的入口处的 0 沿着管长（x）逐渐降升高出口处的 C_{Rf}。

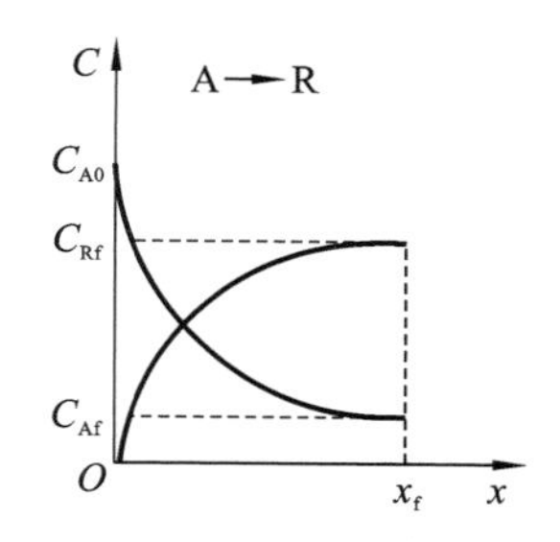

图 5-19　活塞流反应器内浓度分布

4. 全混流反应器

全混流反应器是另一种理想反应器。如图 5-20 所示，在搅拌的条件下，全混流反应器内流体在各个方向上完全混合均匀。在空间上，这点与间歇式反应器是一致的。对于由 A 生成 R 的反应，反应物 A 连续加入反应器中，同时反应产物 R 和未反应完的反应物 A 也连续离开反应器，并保持反应体积不变。此外，物系组成不随时间而改变。全混流反应器内部组分浓度分布如图 5-21 所示。

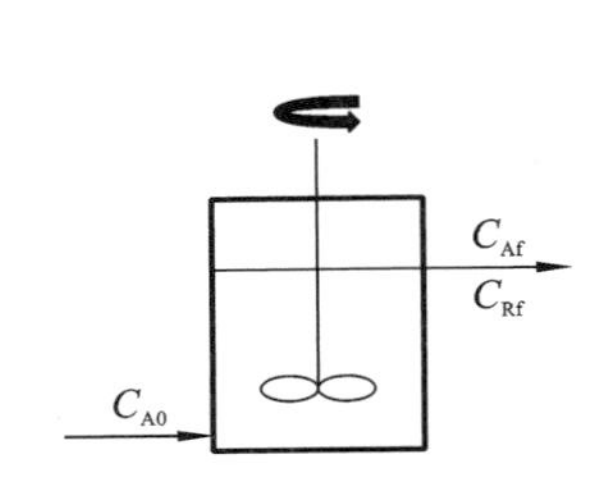

图 5-20　全混流反应器示意图

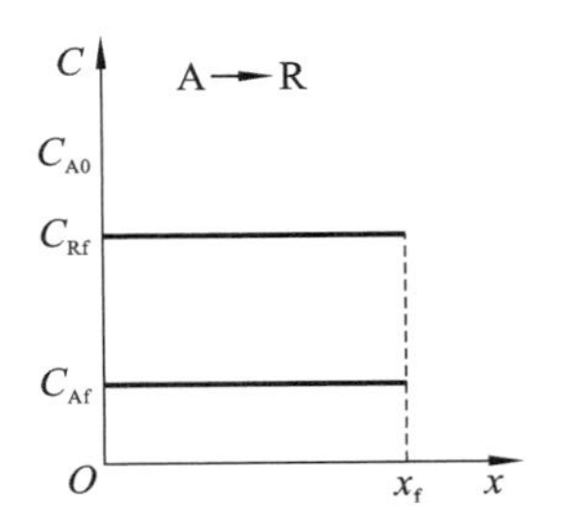

图 5-21　全混流反应器内浓度分布

反应原料 A 在加料管内的浓度为 C_{A0},一旦加入全混流反应器内部,由于瞬间即被体系稀释和参与反应,其浓度瞬间降低为 C_{Af}。这个浓度同时也是反应器出口物料中组分 A 的浓度。A 组分的浓度瞬间从 C_{A0} 降低为 C_{Af} 是基于前面的假设——反应器内部在各个方向上完全混合均匀。也基于同样的假设,反应产物 R 在反应器内部的浓度与出口浓度一致,均为 C_{Rf}。可见,在全混流反应器内部,反应在 A 组分的低浓度下进行。如果反应速率不够快,出料中则会存在大量的 A 未反应,因此设备的生产能力低,需要多釜串联才能进一步将 A 转化成 R。可见,全混流反应器适合需要在低浓度下进行的快速反应,特别适合平行副反应中反应物 A 组分的反应级数较高的反应,有利于遏制副反应。此外,物料返混严重,存在反应产物 R 在反应器内滞留时间过长的问题,因此该反应器又不适合反应产物 R 进一步参与连串副反应的反应。

5. 制药行业常见的反应器

制药行业常见的反应器按照反应器外形和内部结构分为釜式反应器(也称罐式反应器)、管式反应器、塔式反应器和固定床式反应器。这些反应器最明显的区别在于它们的高径比或长径比不一样。釜式反应器的高径比为 1～3,塔式反应器的高径比为 3～30,管式反应器的长径比大于 30,固定床式反应器为特殊的管式反应器。

1)釜式反应器

釜式反应器的结构如图 5-22 所示,主要包括搅拌器、夹套、罐体、搅拌轴、压料管、支架、人孔、轴封和传动装置如电机等部分。釜底有卸料阀和与夹套相连的加热或冷却介质进(出)口。还可以根据需要设置仪表控制口、加料口和安全泄压口等。

釜式反应器的应用非常广泛,适用于不同相态的反应,如均液相、非均液相(液-液相)、液-固相、气-液相、气-液-固相反应等。釜式反应器所适用的反应几乎涵盖了所有有机合成的单元反应(如氧化、还原、硝化、磺化、卤化、缩合、聚合、烷化、酰化、重氮化、偶合等)和生物发酵过程。

2)管式反应器

管式反应器是另外一类广泛使用的反应器,是一种呈管状、长径比很大且可连续操作的单管或者多根细管串联或并联组成的反应器。

如图 5-23(a)所示,管式反应器有多种形式,如直管式、盘管式和 U 形管式。直管式反应器又分为水平管式和立管式。水平管式反应器常用于气相或均液相反应。立管式反应器又分为单程式和夹套式,二者传热方式不同,前者为套管换热,后者为夹套换热。立管式反应器被应用于液相氨化反应、液相加氢反应和液相氧化反应等工艺中。盘管式反应器结构紧凑,换热容易,但检修和清洁困难。U 形管式反应器能外置电流加热,还可内置挡板或搅拌器以加强传热和传质。U 形管的直径大,物料的停留时间长,适用于反应速率较慢的反应。

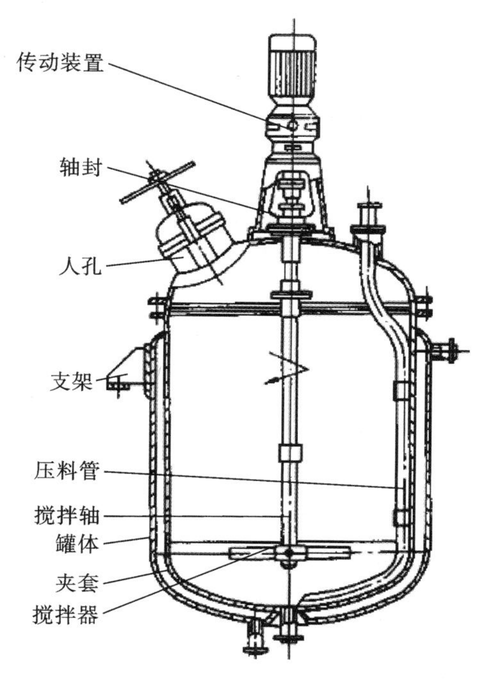

图 5-22　釜式反应器的结构

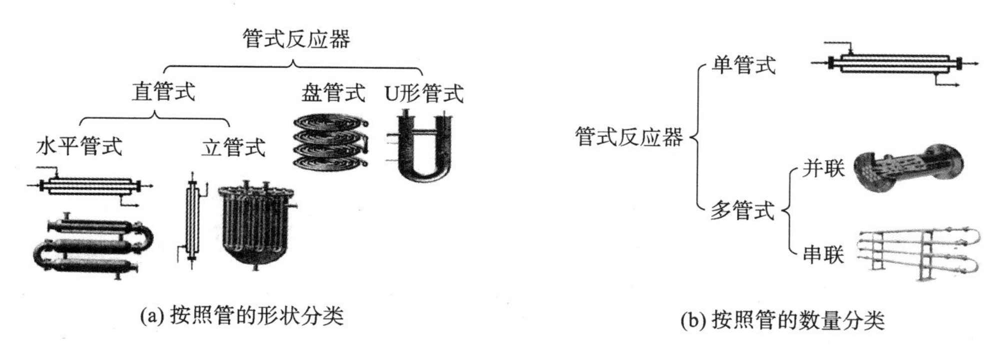

图 5-23　管式反应器的分类

管式反应器还可以分为单管式和多管式(图 5-23(b))。多管式反应器按照管道的连接方式不同,分为多管并联式和多管串联式。多管式反应器的传热面积大,适用于热效应较大的均相反应过程或气-固、液-固非均相催化反应。

相比于釜式反应器,管式反应器具有以下优点:

(1)结构简单,加工方便;

(2)体积小,比表面积大,传热效率高,安全性高,特别适合热效应大的反应;

(3)由于反应物在管式反应器中反应速率快、流速快、单位体积的生产能力大,适用于反应速率快和产量高的反应;

(4)和釜式反应器相比,在流速较低的情况下,其管内流型接近活塞流,反应物分子在反应器内的停留时间近似相等,返混小,特别适合带有连串副反应的反应;

(5)可以实现停留时间的精确控制,可以分段进行温度控制;

(6)对于大部分管式反应器,其内部均有不同的扰流内构件用来增大流体的湍流程度,从

而更有利于传热和传质的进行,既可用于气相反应,又可用于液相反应,还可用于气-液反应、液-固反应和气-固反应;

(7)耐高压,可用于加压反应,可加快反应速率(因为压力增加,温度升高,反应速率加快),也适合在高温下进行的反应;

(8)使用管式反应器时为连续式操作方式,易实现自动化控制,节省人力。

根据动力学理论,对于要求低浓度反应的组分,管式反应器可以采用沿管的分布加料或者并行加料。但是当反应速率很低时,需要较长反应管道,工业上不易实现,这是管式反应器的不足之处。

微通道反应器和固定床式反应器为两种特殊的管式反应器。

微通道反应器的通道如图 5-24 所示,通道直径在 10～10000 μm。由于微通道反应器内的工艺流体通道尺寸非常小,相对于常规反应器,其比表面积非常大,达到 5000～10000 m^2/m^3,因此微通道反应器的传热效率高,换热能力强。此外,微通道反应器内具有极高的混合效率(毫秒级范围内径向完全混合)和极窄的停留时间分布(几乎无返混,基本接近活塞流)。相对于传统的釜式反应器,微通道反应器具有高速混合、高效传热、反应物停留时间分布窄、重复性好、系统响应迅速、便于自控、几乎无放大效应以及在线的化学品量少、安全性能高等优势。

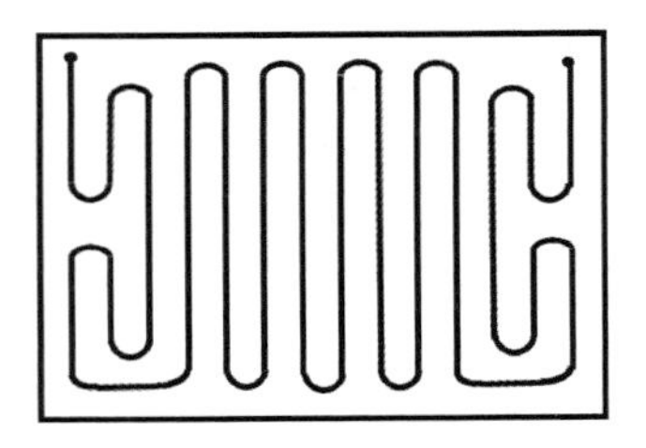

图 5-24　微通道示意图

固定床式反应器也是一种特殊的管式反应器。如图 5-25 所示,把固体催化剂装填在管内或管外,适合气-固或液-固反应。其主要优势是返混小、催化剂磨损小。其主要缺点是对于放热量特别大的反应也会产生飞温,不适合催化剂需要频繁更换的场合。

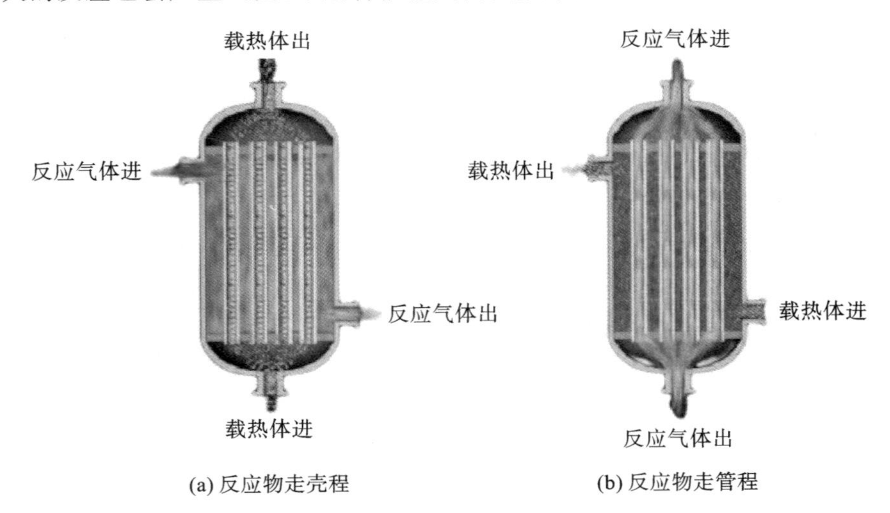

图 5-25　固定床式反应器

5.5.2.3　设备传热方式的选择

设备传热方式的选择关系到传热效果，关系到反应的选择性，也关系到生产安全。本节主要讨论反应器传热方式的选择。

对于强放热反应、热敏反应或者对升温、降温时间要求苛刻的反应，中试反应釜传热面积不能满足工艺要求时，除了夹套换热外，还需用反应釜内置盘管或蛇管的方式来增加传热面积（图 5-26），使其尽可能满足相关工艺要求。此外，对于这类反应，还可以选择管式反应器或微通道反应器。

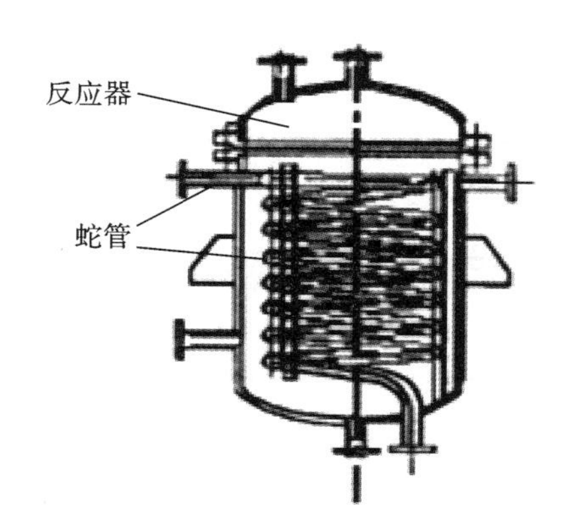

图 5-26　带有换热蛇管的釜式反应器

例如，如图 3-4 所示，在 1，4-二氟-2-硝基苯（P）制备过程中，如温度过高将导致二硝化等副反应的发生，更危险的是后期蒸馏时具有爆炸的危险。分子中每引入一个硝基，释放的热量为 153 kJ/mol，酚类硝基化合物为爆炸源，所以应该将这些副产物控制在 1%以下。因此，需要良好的冷却以保持适宜的反应温度。面对这样的反应，解决办法之一是在夹套反应釜内部安装冷却蛇管，另外一种方法就是选择管式反应器或微通道反应器（图 3-5）。管式反应器和微通道反应器的优势之一是可分阶段控温，这是因为低温时选择性好，高温度时转化率更高。分阶段控温后，淬灭反应甚至都可在微通道反应器中进行。该指出的是，如果中试放大时想采用管式反应器或微通道反应器，那么小试时也要采用管式反应器或微通道反应器，然后再放大。

在选定设备的传热方式以后，更重要的是，要结合反应的工艺要求确定传热的工艺参数，尤其是对于不同阶段热效应不同的反应。

例如，如图 5-27 所示，在磺胺甲基异噁唑（sulfamethoxazole，SMZ）的生产工艺中，需用 N-乙酰苯胺和氯磺酸制备对乙酰氨基苯磺酰氯，该过程包括两步反应。第一步反应生成对乙酰氨基苯磺酸，为快反应，反应放热，需要冷却降温使反应体系温度不超过 50 ℃；第二步反应生成对乙酰氨基苯磺酰氯，为吸热反应，需要适当加热以维持反应体系温度在 50 ℃左右。要控制传热参数以满足这两阶段截然不同的要求，必须进行摸索。

经过实验，确定中试生产时首先将氯磺酸冷却至 15 ℃以下，再缓慢加入 N-乙酰苯胺，以保证最初阶段反应温度不高于 50 ℃；加料完毕后再保温 50～60 ℃反应 2 h。

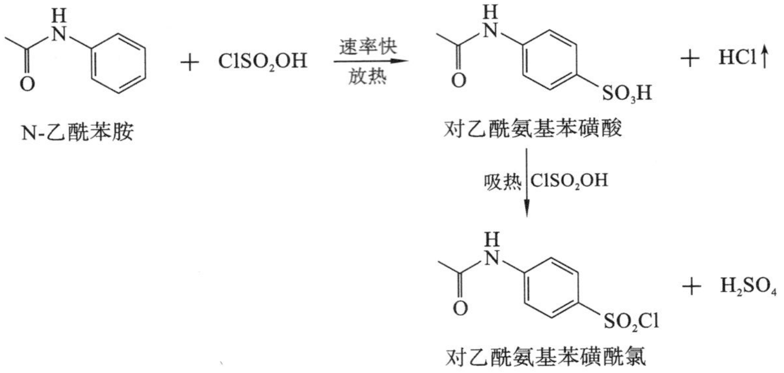

N-乙酰苯胺 + $ClSO_2OH$ $\xrightarrow[\text{放热}]{\text{速率快}}$ 对乙酰氨基苯磺酸（SO_3H） + $HCl\uparrow$

对乙酰氨基苯磺酸 $\xrightarrow[\text{吸热}]{ClSO_2OH}$ 对乙酰氨基苯磺酰氯（SO_2Cl） + H_2SO_4

图 5-27 抗菌药磺胺甲基异噁唑的中间体对乙酰氨基苯磺酰氯的制备

5.5.3 搅拌器形式与搅拌速度的选择

与小试相比，中试时反应物体积成百倍增加，搅拌桨类型和搅拌速度对反应进程和产品质量会产生影响。因此，搅拌器形式与搅拌速度的选择很重要。

在中试放大中，必须根据物料性质和反应特点考察搅拌器形式和搅拌速度对反应的影响规律，选择合乎要求的搅拌器和适宜的搅拌转速。下面重点讲述常用的搅拌器、搅拌器的选择及搅拌速度的选择。

5.5.3.1 常用的搅拌器

常用的搅拌器有桨式搅拌器、推进式搅拌器、框式或锚式搅拌器和涡轮式搅拌器。它们的使用率占 75%～80%，相应的形状如表 5-4 所示。

表 5-4 常用的搅拌器类型与形式

搅拌器类型	搅拌器形式			
桨式搅拌器	平叶桨式		折叶桨式	
推进式搅拌器				
锚式或框式搅拌器	锚式		框式	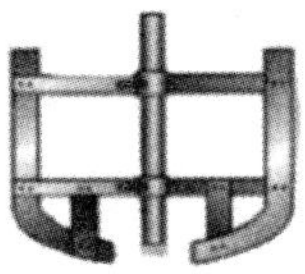

续表

搅拌器类型	搅拌器形式			
涡轮式搅拌器	折叶开启式		弯叶开启式	
	平直叶圆盘式		弯叶圆盘式	

桨式搅拌器是最简单的搅拌器，叶片数可以是 2、3 或 4，有平叶和折叶两种形式。平叶式产生的是径向力，折叶式产生的是轴向力。要达到同样排液量，折叶式所需功耗比平叶式更少，操作费用也更低，因此折叶式使用较多。桨式搅拌器的转速范围为 10～300 r/min，转速一般控制在 20～80 r/min，在很高的转速下可起到涡轮式搅拌的效果。桨式搅拌器适用于低黏度（如 2 Pa・s 以下）的液体，还适用于悬浮液及可溶性固体溶解的搅拌；也用于高黏度（如高达 50 Pa・s）流体的搅拌，促进流体的上下交换，能获得良好的效果，从而代替价格高的螺带式叶轮；用于液-液非均相体系防止相分离，使得温度均一；用于固-液体系防止固体沉降。桨式搅拌桨在小容积（200 m^3 以下）的流体混合中应用较广，对于大容积的流体混合其循环能力明显不足。

三叶推进式搅拌器呈螺旋推进式，犹如轮船上的推进器，是典型的轴向流搅拌器，具有高排液量和低剪切的特点。因为它的循环能力强，动力消耗低，在低黏度（如 2 Pa・s 以下）、大容量（如高达 1000 m^3）的流体混合中应用优势明显，也可用于使互不相溶的液体呈乳浊状态。在低黏度液体的传热与反应，固液比小的悬浮液、固体溶解过程中应用广泛。常用转速度为 100～500 r/min，有时高达 1000 r/min。

锚式搅拌器结构简单，适用于黏度在 100 Pa・s 以下的高黏度流体搅拌。为增加物料的混合，可在锚式桨中间加些横桨叶，即为框式搅拌器。锚、框式搅拌器外缘与搅拌槽内壁形状一致，二者仅有很小间隙，沿壁面低速旋转时能产生较大的剪切力，可清除附在槽壁上的黏性反应物或堆积于槽底的固体物，防止沉降及壁面附着，从而保持较好的传热和传质效果。因此，锚、框式搅拌器的适用对象为：①黏度在 100 Pa・s 以下的高黏度混合液体；②不需要剧烈搅拌的反应；③含有相当多的固体悬浮物或有沉淀析出的反应，但固体和液体的密度不能相差太大。

锚、框式搅拌器转速范围为 0～100 r/min，一般为 15～60 r/min。在重氮化反应中经常使用这类搅拌器，因为重氮盐受热、震动易分解而产生爆炸。锚、框式搅拌器由于在容器壁附近剪切力比其他搅拌器大，能得到大的表面传热系数，故常用于传热、析晶操作。锚、框式搅拌器也常用于搅拌高浓度的淤浆和沉降性淤浆。

涡轮式搅拌器也是应用较广的一种搅拌器。涡轮式搅拌器分为开式和盘式两种。开式有平直叶、斜叶、弯叶等形式，叶片数为 2 或 4；盘式有圆盘平直叶、圆盘斜叶、圆盘弯叶等，叶片数为 6。平直叶的剪切力较大，平直叶涡轮式搅拌器属于剪切型搅拌器。弯叶朝着流动方向弯曲，可降低功耗，适用于含有易碎固体颗粒的流体搅拌。涡轮式搅拌器能有效地完成几乎所有的搅拌，并能处理黏度范围很广的流体，一般情况下黏度小于 50 Pa・s，其中折叶和弯叶型适合的黏度为 10 Pa・s 以下。涡轮式搅拌器的转速一般在 200～1000 r/min。

涡轮式搅拌器有强的剪切力,可使流体团分散得很细,适用于低黏度到中黏度流体的混合、液-液分散、液-固悬浮,以及促进传热、传质和化学反应。涡轮式搅拌器特别适用:①黏度相差较大的两种液体,含有较高浓度固体微粒的悬浮液;②密度相差较大的两种液体或气体在液体中充分分散的场合,如抗生素发酵。

5.5.3.2 搅拌器的选择

选择正确的搅拌器不仅能使反应顺利进行,提高收率,而且还有利于安全生产。搅拌器的选择主要根据物料性质、搅拌目的及各种搅拌器的性能特征来进行。首先,根据物料黏度进行选择。对于低黏度液体,应选用小直径、高转速搅拌器,如推进式、涡轮式;对于高黏度液体,就选用大直径、低速搅拌器,如锚式、框式和桨式。其次,按照搅拌目的来选择搅拌器。例如,对于液-液非均相分散过程,需要考虑剪切作用,同时要求有较大的循环流量,按照剪切作用从大到小的顺序排列:涡轮式>推进式>桨式。对于低黏度均相液体混合,主要考虑循环流量,各种搅拌器的循环流量按照从大到小的顺序排列为:推进式>涡轮式>桨式。

铁粉还原多数采用框式搅拌器,推动沉淀在罐底的铁粉翻动,使其充分与还原物接触,从而达到还原的目的。转速一般在 60 r/min。

在硝化反应中,搅拌的目的是使反应物呈乳化状态,增加乳化物和混酸的接触,有利于硝化反应的进行,推进式搅拌桨最为适合。硝化要求搅拌器转速均匀,不宜过快。但若转速过慢或中途停止,很容易因局部过热而造成冲料或发生重大安全事故。

在结晶工序,晶形不同,对搅拌器的形式和转速的要求不同。一般来说,如果希望获得大晶体,则应采用框式或锚式搅拌器,转速为 20～60 r/min;如果希望获得小晶体,则应选用推进式搅拌器,转速可以根据需要来确定。

在中试放大的过程中,如果遇到确实因为搅拌器形式选择不当所造成的传热和传质不良情况,应再改变搅拌器的选型,直到有较好的传热和传质状态。

5.5.3.3 搅拌速度的选择

搅拌器类型确定后,还要确定搅拌速度,因为搅拌速度也关系到传质和传热。如果搅拌效果不好,每个地方的浓度和温度不均一,可能因局部浓度效应和温度效应而导致产品收率降低。

有时搅拌转数过快也不一定合适。例如,如图 5-28 所示,由儿茶酚与二氯甲烷和固体烧碱在含有少量水分的二甲基亚砜(DMSO)中制备小檗碱(黄连素)中间体胡椒环,中试放大时,原来采用 180 r/min 的搅拌速度,但因搅拌速度过快,反应过于激烈而发生溢料。

后续研究表明,将搅拌速度降至 56 r/min,并控制反应温度在 90～100 ℃(而小试操作时为 105 ℃),结果胡椒环的收率超过实验室水平,达到 90%以上。较高的体系温度和较高速度的搅拌必然让低沸点的二氯甲烷更易汽化,从而引起溢料,并进一步导致不良传质和低收率。

5.5.4 反应条件的进一步优化

对反应条件进一步优化是中试放大的重要研究内容。小试阶段获得的最佳反应条件用到中试放大上,不一定能重现出满足质量要求的产品,都需要对反应条件进行调整和优化。

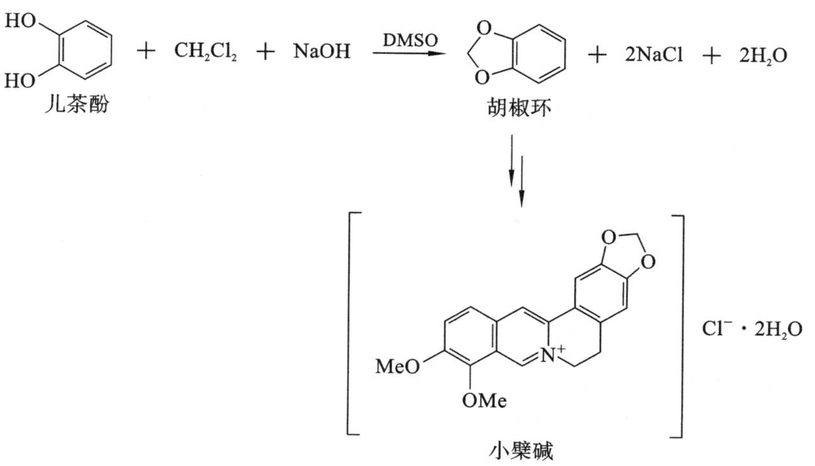

图 5-28 小檗碱的中间体胡椒环的制备

就反应时间而言，中试时物料量成百倍增加，一般反应时间都会延长，因此需重新跟踪反应终点确定反应时间。小试时大多物料一次性加入，中试时由于放热效应可能要改为多次加料或者滴加。小试时由于反应器传热效果好，可能用 5 ℃冷却水冷却就能满足传热要求，但是到了中试，由于反应器传热比表面积减小，可能要将制冷剂温度降到更低才能满足传热要求。对不锈钢反应釜，需要研究金属离子干扰；对搪玻璃反应器，应程序升温或降温，在此条件下应研究并确定设备条件改变对反应产物收率和质量的影响。

这里特别指出的是，放大时由于处理量的增加，不仅反应时间会比小试时长，很多单元操作时间也比小试时长，这可能也会对产品收率和质量造成影响。比如，在实际生产中，蒸馏时间的延长导致产物分解或发生副反应。因此，除了在小试时探讨延长时间对产品的影响外，中试时要确认操作时间或重新摸索操作时间来确保产品质量与小试时一致。

在中试放大时应该对影响产品质量和收率的主要因素，如反应温度、搅拌速度、压力、反应时间、放热反应中的加料速度、反应釜传热的制约因素如传热面积或制冷剂的温度、溶剂种类等进行深入的实验研究，掌握它们在中试装置中的变化规律，以得到更合适的反应条件。

1. 结晶溶剂优化实例

如图 5-29 所示，小试时按文献方法用硝基甲烷对抗菌药西司他汀进行重结晶，产品能够达到文献提供的光学纯度（ $[\alpha]_D^{25}=+72.8°$（$C=0.5$ g/mL，$CHCl_3$））。但中试时采用硝基甲烷多次重结晶，产品的光学纯度始终达不到文献值。经中试探索发现，在 −15 ℃左右将反应产物西司他汀溶于乙酸乙酯中，滴加石油醚使其析出，所得产品光学纯度符合要求。当然，中试时拟改变溶剂，也要先用小试探索拟换溶剂是否能达到目的。

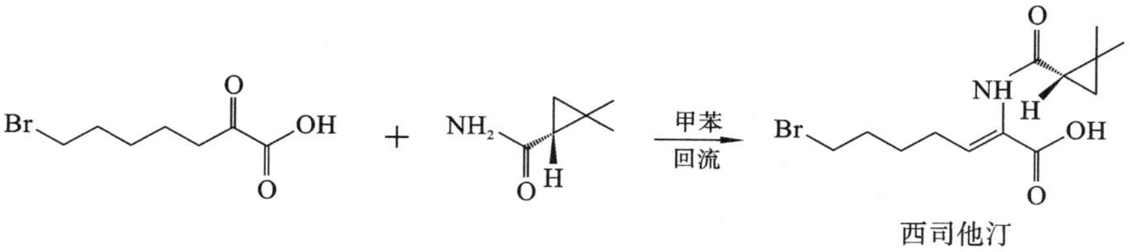

图 5-29 抗菌药西司他汀的合成工艺路线

2. 加料方式的优化实例

图 5-30 所示为某卤代芳烃的氰基取代反应。中试时,按照小试的做法将所有原料、溶剂一次性加入反应釜后升温至 180 ℃,反应 2 h,但产物中有较高比例的异构体产物生成。

X
CuCN
溶剂
CN
R
R

图 5-30 某卤代芳烃的氰基取代反应

因芳基氰化物较稳定,异构体不可能是由产物引起的。基于苯炔机理,原料卤代芳烃可能发生了异构化反应,进而也发生氰基取代反应,生成上述异构体。卤代芳烃异构化反应较氰基取代反应有较低的活化能,主要是在预热过程中产生的。因小试装置加热较快,异构化不显著,未引起注意;而工业化生产装置换热比表面积小,加热时间过长,在加热到 180 ℃之前的较长时间范围内,发生了原料的异构化反应。因此在中试装置中,改变了加料方式,将 CuCN 和溶剂预热至反应温度,再滴入卤代芳烃,发现中试收率高于小试水平。

在中试放大时对反应条件进行进一步的优化,优化到适合在工业装置上进行反应或分离,优化到产品指标仍然能够达到小试水平。

5.5.5 工艺流程与操作方法的确定

在中试阶段由于所处理物料量的增加,有必要考虑由反应与后处理工序所构成的流程及操作方法如何适应工业化生产的要求,特别要注意缩短工序,简化操作,研究采用新技术、新工艺和新设备以提高生产效率。

例如,由于物料量的增加,放大时过滤洗涤有可能出现问题,洗涤效果达不到小试的水平,杂质不能完全洗去。带搅拌的过滤、洗涤、干燥三合一设备,可在过滤后直接加入溶剂洗涤和打浆,洗涤效果好。这样不仅达到工业化生产目的和产品要求,还缩短了操作流程。

在加料方法和物料输送方面应考虑如何减轻劳动强度,尽可能采取自动加料和管线输送,因为这更贴近工业化操作。工艺流程和操作方法越简单越好,越明确越好。因为操作方法一旦交付,具体是由操作工人执行。若操作过程复杂,某一个环节出现问题,可能造成一些不可预见的事故。

1. 工艺流程和操作方法优化实例 1

如图 5-31 所示,邻位香兰醛经硫酸二甲酯甲基化可制备邻藜芦醛。中试放大时,开始采用小试时的操作方法,将邻位香兰醛及水加入反应罐中,升温至回流,然后交替加 18%氢氧化钠溶液及硫酸二甲酯。反应完毕,降温冷却后冷冻,使其充分结晶。然后过滤、水洗、自然干燥(产物熔点约为 50 ℃),获邻藜芦醛粗品。将粗品加入蒸馏罐内,减压蒸出产品——邻藜芦醛。涉及的操作方法非常繁杂,就后期分离而言,包含降温结晶、过滤、水洗、自然干燥和减压蒸馏,且在蒸馏时还需防止蒸出物凝固堵塞管道而引起爆炸。

中试时,曾一度改用萃取的后处理法,但易发生乳化,损失很大,收率只有 78%,未达到小试收率(83%)。后来中试时采用新技术——相转移催化反应,简化了工艺,提高了收率。具体做法如下:在反应罐内一次性加入邻位香兰醛、水、硫酸二甲酯,加入甲苯使反应物分为两相,

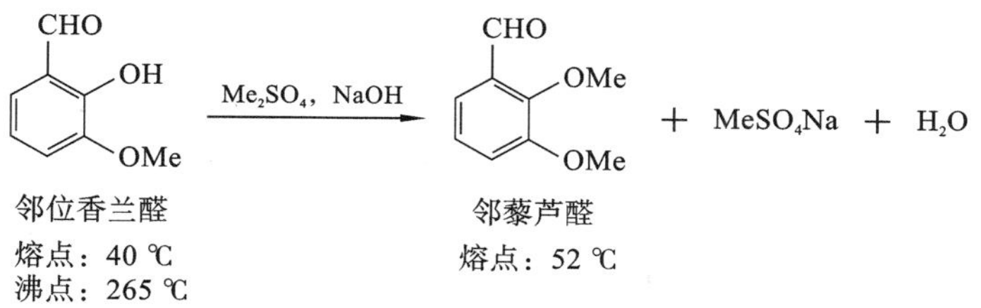

邻位香兲醛 熔点：40 ℃ 沸点：265 ℃ —(Me_2SO_4，NaOH)→ 邻藜芦醛 熔点：52 ℃ + $MeSO_4Na$ + H_2O

图 5-31　邻藜芦醛的制备

并加入相转移催化剂。在搅拌下升温至 60～75 ℃，逐渐滴入 40%氢氧化钠溶液。邻位香兰醛与碱首先生成钠盐，再与硫酸二甲酯反应，生成的产物转移至甲苯层，而甲基硫酸钠则留在水层。反应完毕后分出甲苯层，蒸去甲苯后便得产物邻藜芦醛，收率稳定在 95%以上。可见，通过加入一个相转移催化剂和一个与水不互溶的有机溶剂，不仅使得收率提高，而且使得后期的分离操作更加简单，整个工艺流程明显缩短。

当然，中试时的工艺流程和操作方式发生较大改变时，比如本例中加入了相转移催化剂和甲苯溶剂进行反应以及后期的萃取分离，应该先小试，然后再中试。

2. 工艺流程和操作方法优化实例 2

降压药阿齐沙坦的合成工艺路线如图 5-32 所示。在最后一步反应中，化合物 **4** 在碱性条件下在甲醇中水解，然后用乙酸来调节 pH 值使得阿齐沙坦粗品析出。但阿齐沙坦在酸性条件下或加热的条件下会降解，生成相应的杂质，如图 5-33 所示。

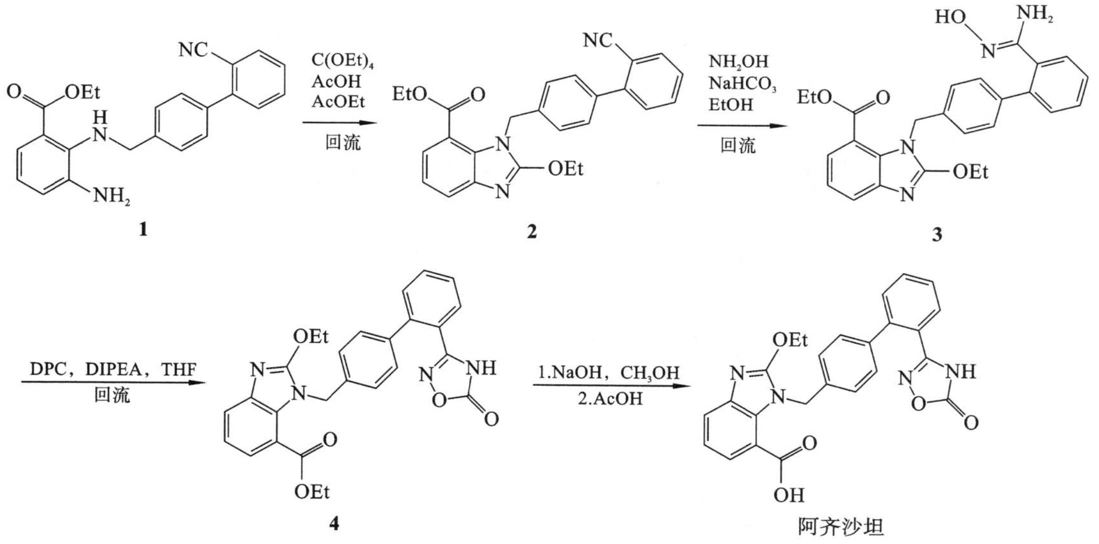

1 —($C(OEt)_4$，AcOH，AcOEt，回流)→ **2** —(NH_2OH，$NaHCO_3$，EtOH，回流)→ **3** —(DPC，DIPEA，THF，回流)→ **4** —(1.NaOH，CH_3OH；2.AcOH)→ 阿齐沙坦

图 5-32　降压药阿齐沙坦的合成工艺路线

在阿齐沙坦粗品的制备过程中，小试时选择酸性相对较弱的乙酸来调节 pH 值，没有出现任何问题，但中试放大时用乙酸调节 pH 值，溶液中会产生黏稠状物，并且逐渐结团，粘在反应釜壁，产品的形状及晶型不好，并且后处理相当困难。因此中试时在滴加冰乙酸的过程中，适时加入二氯甲烷，可以有效地将黏稠状物转为固体分散物。

此外，中试时调节 pH 值后，由于物料量大，析晶时间太短会导致析晶不完全，影响收率。由于析晶时为弱酸性条件，析晶时间过长又不利于产物的稳定。故应控制好析晶时间。当析

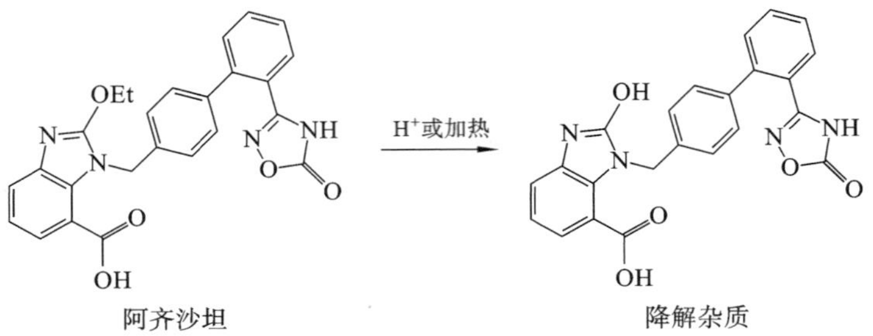

图 5-33　阿齐沙坦的降解反应

晶时间从 3 h 延长至 6 h,并在 0～5 ℃条件下开启搅拌析晶,便得到较好的效果。

在小试阶段,阿齐沙坦粗品经过无水乙醇重结晶便制得最后的精品。但在中试放大过程中发现粗品质量较小试有所下降,粗品的外观略带粉色。若继续使用小试的精制方法,很难达到除去特定杂质而制备合格产品的目的。因此在放大阶段,在重结晶时加入活性炭,结果发现脱色效果较好,纯度与小试时一致。

此外,在小试工艺中,重结晶时是将阿齐沙坦粗品与重结晶溶剂一起加入反应瓶中,然后进行加热回流。但是在放大过程中,发现阿齐沙坦对热不稳定,降解杂质容易增加,因此在放大时将加料方式进行改变,即预先将重结晶溶剂和活性炭进行加热回流,然后迅速加入阿齐沙坦粗品,使其快速溶解,并控制回流时间,趁热过滤除去活性炭,这样可避免物料长时间受热导致降解杂质增多。为了达到更好的析晶效果,缓慢降温的同时进行机械搅拌,延长析晶时间为 6 h。由于中试与小试传热效果和物料量不一样,因此析晶时间和降温速度都要优化。

以上两个例子都说明,根据产品质量和收率要求对中试放大的工艺流程和操作方式进行优化非常必要。在满足产品要求的前提下,化繁为简、缩短流程是原则。

5.5.6　原辅材料、中间体与原料药的质量控制

原辅材料、中间体和原料药的质量控制也是中试放大研究的重要内容。

5.5.6.1　原辅材料和中间体的质量控制

除了常用的纯度、杂质含量、色泽等指标外,为了应对生产安全问题,还须测定原辅材料、中间体的物理性质和化工参数,如比热容、黏度、分解热、爆炸极限等。如 DMF 与强氧化剂以一定比例混合时易引起爆炸,必须在中试放大前和中试放大时作详细考察。很多药物中间体结构复杂,物理化学性质数据非常缺乏。为了安全、顺利地进行工艺实施和提供计算依据,建议补充这些中间体的物理化学性质数据。比如,某个物料的熔点接近室温,如果没有预先测定熔点,就有可能干燥时出问题。再比如某个物质的分解温度未知,在大批量进行蒸馏时就可能因为局部温度过高而分解,甚至产生爆炸的危险。

此外,反应液的性质比如黏度、比热容也需要测定,反应热及绝热温升最好也要测定。一方面将这些参数作为放大计算的数据基础,另一方面为工艺安全设计提供依据。实际上,反应规模不同甚至可能使热量需求的方向改变。小试时由于散热快,维持反应温度可能要加热,结果认为这是一个吸热反应。实际上,在中试时由于散热慢,因此需要冷却才能维持反应温度。反应热最直观地表明反应的吸热或放热情况。如果为强放热反应,在放大时应密切关注热安

全问题。

如果在小试时未制定原辅材料和中间体的质量标准或虽已制定但不完善，应依据中试放大阶段的结果进行制定或完善。虽然在小试时已经将原辅材料由原来的分析纯或化学纯改为工业级别，进行小试实验并获得合格的产品和收率等经济技术指标，但是原辅材料和中间体中所含杂质或者对反应不利的因素（如含水、氧、金属离子、卤素离子、同分异构体杂质、结构类似物杂质）在规模放大后会随着设备条件或反应条件的改变对产品的质量产生新的影响，有的超出小试的水平，甚至有的杂质对中试的影响是小试时没有注意到的。因此，还需进一步完善原辅材料和中间体的质量控制。

例如，在磺胺甲基异噁唑的中试生产研究中，发现产品中存在一种高熔点的副产物 S（图 5-34）。

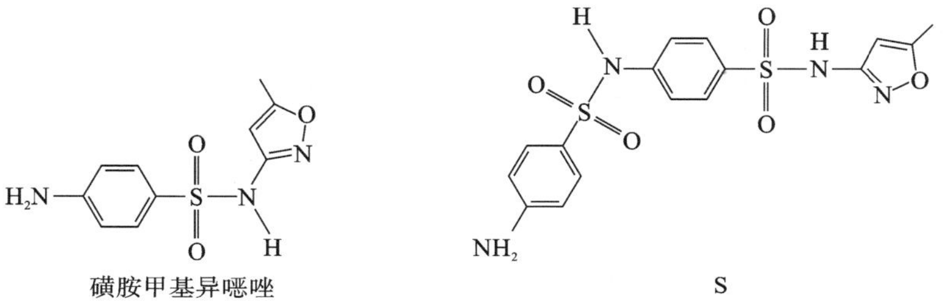

磺胺甲基异噁唑　　S

图 5-34　磺胺甲基异噁唑及其副产物 S

经研究发现，如图 5-35 所示，该杂质 S 与原料对乙酰氨基苯磺酰氯（A）和原料中带入的苯胺有关。因为购进的工业级乙酰苯胺中常混有未反应完全的苯胺，苯胺与对乙酰氨基苯磺酰氯（A）发生 N-磺酰化反应，再经氯磺化生成中间体 M，进一步与 3-氨基-5-甲基异噁唑经 N-磺酰化反应缩合后，再经碱性条件下水解，得到高熔点的杂质 S。因此企业在购置乙酰苯胺时，应提高原料乙酰苯胺的质量要求，特别要检查残留的苯胺。

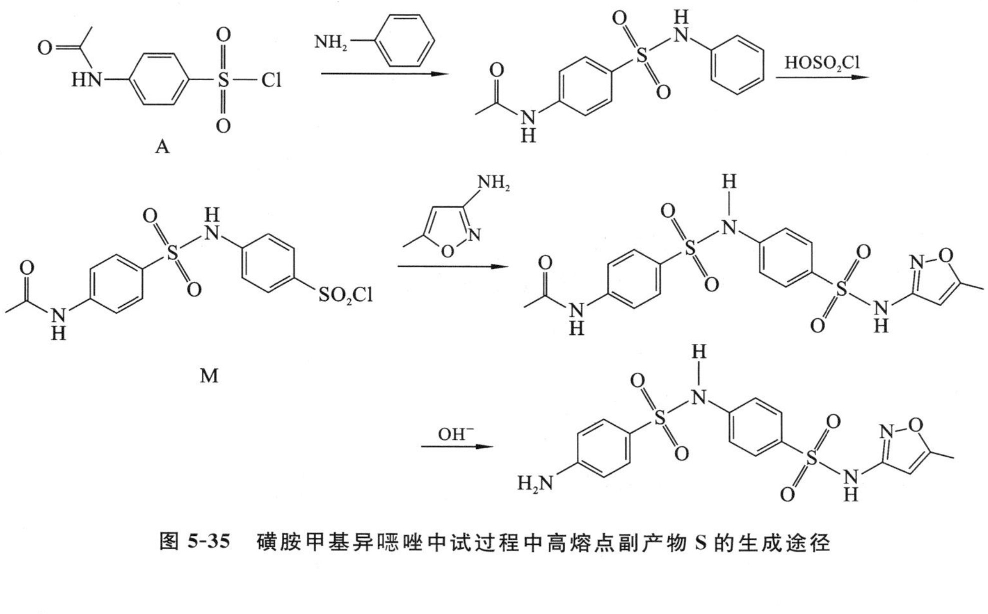

A　$HOSO_2Cl$　M　OH^-

图 5-35　磺胺甲基异噁唑中试过程中高熔点副产物 S 的生成途径

5.5.6.2 原料药的质量控制

对于原料药的质量控制,重点关注四个方面:纯度、杂质含量、晶型和粒度、溶剂残留量。

中试一般采用结晶操作对原料药进行纯化。结晶方式决定了纯度、杂质含量、晶型和粒度以及溶剂残留量。

与小试相比,中试时的容器材质、结晶速率、结晶时间等都可能不同,因此原料药的纯度、杂质含量、晶型和粒度、溶剂残留量也可能改变。对于口服固体制剂的原料药(尤其是难溶性药物),应考察中试与小试时的晶型和粒度是否一致。也就是说,凡在质量标准中对晶型和粒度有要求的产品,中试时对原料药结晶工序的搅拌器型号、温控方式、结晶速率(如冷却速率、抗溶剂加入速率、蒸发速率等),乃至结晶釜底部的几何形状等都应进行研究与验证,以确保中试产品的晶型和粒度与质量标准相一致或与小试时一致。

其次,与小试相比,中试时的溶剂残留量也有很大的不同。小试研究一般用红外干燥或真空干燥,因物料量少,溶剂残留量很容易控制;而中试一般用普通干燥箱、自然干燥箱,有时也用真空干燥箱。更突出的是,物料量成百倍地增加会改变中试干燥条件。中试干燥条件(包括干燥温度、时间、干燥设备内部的温度均匀性)对于热敏物质的稳定性和溶剂残留量都会产生影响。

凡含结晶水或结晶溶剂的化学原料药,中试时对其产品的干燥方式及干燥工艺参数进行研究与验证,以确保中试产品所含的结晶水、结晶溶剂与质量标准相一致,或与小试水平一致。

5.5.7 安全生产与“三废”防治措施的研究

对使用易燃、易爆和有毒物质的安全生产与劳动保护等问题需要进行研究,提出妥善的安全操作规则和安全技术措施,形成应急预案。比如对使用压力容器、腐蚀性物质、无水无氧操作的场合需要进行安全研究。就无氧无水反应而言,需要在这样的条件下进行的反应多是剧烈放热反应,一般在零下几十摄氏度进行。一旦有水有氧,不仅仅会造成反应失效,更严重的是会因为巨大的热效应而导致安全事故。因此,应该确定一系列的措施以确保体系无水无氧以及发生意外时的安全。还比如,在氯霉素的生产中,混酸硝化需要注意搅拌速度和停电的影响;为了确保硝化产物减压蒸馏的过程安全,需要进行细致的前处理,减压蒸馏过程中需注意空气泄露以及蒸馏结束后如何从真空状态回到常压,对此应事先提出确实有效的安全操作规程和措施。

就“三废”而言,中试比小试的生成量成百倍增加,需要考虑各种原料、溶剂、催化剂、母液和副产物的回收。还需先用小试证明原料、溶剂和母液的回收套用对结果不会产生影响。如果产生影响,要明确是在回收套用几次之后。对副产物的回收和综合利用进行研究,一方面要考虑有用副产物的回收和再利用;另一方面,如果是无用的副产物,要提出无害化处理方案,其中对剧毒、易燃、易爆的废弃物应提出详尽的处理方法。

5.5.8 消耗定额、原料成本、操作工时、生产周期的计算

在中试基本完成后,要进行生产成本计算,就要先明确消耗定额、原料成本、操作工时和生产周期,相应的定义如下:

(1)消耗定额是指生产 1 kg 成品所消耗的各种原材料的质量(kg)；

(2)原料成本是指生产 1 kg 成品所消耗的各种原材料的费用总和；

(3)操作工时是指每一个操作工序从开始至结束的实际作业时间，以小时(h)计；

(4)生产周期是指从合成的第一步开始，到最后一步获得成品为止，即生产一个批号产品所需要的操作时间总和，以天(d)计。

根据操作工时，定出生产周期。根据物料衡算，算出消耗定额和原料成本；合并动力消耗、人员成本与设备损耗，初步进行技术经济预算，提出生产成本，作为工业化生产投资的依据。此外，通过物料衡算，揭示原料的利用情况，估算用料的合理性，了解产品收率是否达到最佳数值，对于物料出现的不平衡现象要进行合理的解释，或者挖潜节能，提高效率，回收副产物并综合利用，为“三废”处理提供数据。通过物料衡算还可以了解各设备还有多大的生产潜力，各设备与其生产能力是否匹配等信息。

5.6　制定生产工艺规程

根据中试放大获得的一整套技术报告，就可以进行厂址选定、基建设计、定型设备的采购、非定型设备的设计与定制。在完成生产车间的厂房建设与设备安装后，便可进行试生产，试生产稳定合格后即可制定正式的生产工艺规程，交付生产。

5.6.1　生产工艺规程的概念与重要性

生产工艺规程是生产工艺过程的各项内容组成的一个文件，具体包括起始材料和包装材料、工艺说明、生产过程控制、注意事项等。特别要指出的是，生产工艺规程是技术资料，是企业的核心机密文件，不得泄露。

生产工艺规程是进行生产准备的依据。如根据生产工艺规程进行原辅材料的准备，对反应器和设备进行检查和调试等。生产工艺规程还是新建和扩建生产线的依据，根据生产工艺规程的要求逐项进行安排。

生产工艺规程也是指导生产的依据。如根据生产工艺规程进行生产安排与调度，才能保证各个生产环节的协调一致，才能按计划完成生产任务。根据生产工艺规程，每个岗位按照统一的规则进行生产，如统一规格的原辅材料、统一的操作方法、统一的化验方法、统一的计量标准、统一的计算基础等。再比如，就每个环节或工序而言，每个批次都要按照同样的要求执行，比如产品的合成步骤、生产周期、原料与中间体及产品的质量检验、设备检修、清洁维护等。只有按照生产工艺规程进行生产，才能保证产品或原料药的最终质量，保障生产安全，保证生产效率。

5.6.2　生产工艺规程的主要内容及修订

生产工艺规程的主要内容包括产品概述、原辅材料和包装材料质量标准与规格、化学反应过程、生产工艺流程及设备流程图、设备一览表及主要设备的生产能力、生产工艺过程、中间体和半成品质量标准和检验方法、生产安全与劳动保护、生产技术经济指标、操作工时与生产周期、劳动组织与岗位定员、物料平衡表、附录等。

对于新产品,一般在工业化试车的阶段,制定临时的生产工艺规程;经过一段时间生产稳定后,再制定正式的生产工艺规程,进行正式生产。正式生产以后,如果发现已经制定的生产工艺规程在实践中面临新问题或发现不足之处,要进行新技术、新设备或新材料的变更,经过试验后证明这些变更不影响产品质量或者获得更好的产品质量后,在许可的范围内,按照有关申报手续进行修订。

思 考 题

(1)制药工艺放大本质上要克服什么问题?

(2)什么是中试放大效应?

(3)中试放大的研究内容是什么?具体要解决哪些问题?可用具体的案例进行说明。

码 5.1 第 5 章教学课件

码 5.2 生产工艺规程的主要内容

码 5.3 诺氟沙星原料药的生产工艺规程

第6章

微通道反应器连续流技术

2019年4月1日，国际纯粹与应用化学联合会(IUPAC)在其成立100周年之际，公布了化学领域十大将改变世界的创新技术，流动化学(flow chemistry)位列其中。

流动化学，顾名思义，就是指化学反应在连续流动的状态进行。微通道反应器是一种新型的反应器，反应器的通道尺寸在微米级至毫米级范围内。本章仅研究在微通道反应器中进行的连续流动反应。

6.1 微通道反应器连续流技术产生和发展的背景

微通道反应器连续流技术产生和发展的背景包括四个方面：①集成电路的发展促进了微通道反应器的诞生；②传统反应器面临的挑战；③国家关于化工与制药行业工艺安全的政策导向；④药管部门对流动化学制药的积极支持。

1. 集成电路的发展促进了微通道反应器的诞生

自20世纪60年代硅集成电路问世以来，电路的集成度提高了几个数量级。芯片所产生的热量大幅度增加，这给微电子器件的热控制提出了新的挑战，即集成电路的传热障碍问题该如何解决。20世纪80年代初，美国学者率先提出了"微通道散热器"的概念，成功地解决了集成电路大规模和超大规模化所带来的"热障"问题，使得计算机小型化得以实现。在图6-1所示的微通道散热器中，芯片放出的热量通过吸热铜底传给冷却水由其带出，冷却水流经的通道就是微通道。

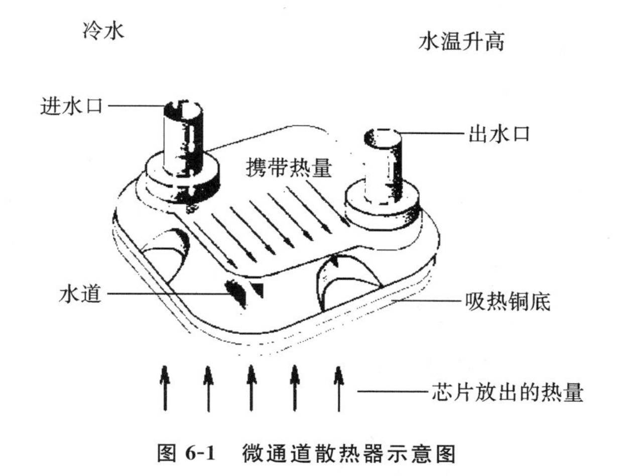

图6-1 微通道散热器示意图

由于传质和传热原理的相似性,20 世纪 90 年代化学化工学者就将“微通道”概念引入化学工程领域,梦想着将化工厂如计算机一样实现小型化,微通道反应器就这样诞生了。实际上,化学化工领域目前采用的微通道反应器与图 6-1 所示的微通道散热器原理非常类似。与之不同的是,热量由反应放出,反应在另外一侧的微通道中进行。微通道反应器的具体结构将在后面详述。

2. 传统反应器面临的挑战

制药行业两种常用的反应器为间歇式反应釜和管式反应器。虽然管式反应器在传热上比间歇式反应釜更有优势,但是当遇到放热量非常大的反应时,依然存在着飞温爆炸的危险。

间隙式反应釜的间歇生产方式对连串反应不利,生成的目标产物会继续反应而造成反应选择性降低;也会因局部微观混合效果差而造成局部的温度和浓度分布不均匀,从而导致反应选择性降低。

管式反应器虽然具有无返混、物料停留时间分布窄的优势,特别适合连串反应,但管式反应器内近壁面处质点流动比主体慢,在管内的停留时间长,这对连串反应是不利的。另一方面,管式反应器内若是层流,涉及两股以上的物料在管式反应器中流动时,在管道的同一横截面上会因混合效果不好而导致局部浓度和温度分布不均匀,从而降低反应的选择性。虽然管式反应器可以通过增加内构件增强传质和传热,但同时也会带来一定程度的返混。

鉴于此,能否有一款管式反应器,既能保证物料的停留时间一致,又能确保在垂直流动方向的横截面上浓度是均一的,同时还有很好的换热效果呢?这些都给传统反应器提出了挑战。

3. 国家关于化工与制药行业工艺安全的政策导向

近 10 多年来,国家相关部门颁布了 4 个重要的文件,是关于化工与制药行业工艺安全问题的。

2009 年 6 月 12 日,国家安全生产监督管理总局发布了 116 号文,公布了首批重点监管的危险化工工艺目录,包含 15 种危险化工工艺。该份文件同时要求化工企业(包含制药企业)按照《首批重点监管的危险化工工艺安全控制要求、重点监控参数及推荐的控制方案》的要求,对照本企业采用的危险化工工艺及其特点,确定重点监控的工艺参数,装备和完善自动控制系统,大型和高度危险化工装置要按照推荐的控制方案装备紧急停车系统。

2013 年 1 月 15 日,国家安全生产监督管理总局颁布了 3 号文,继续发布了第二批重点监管的 3 种危险工艺,并同样要求化工企业(包含制药企业)根据第二批重点监管危险化工工艺目录及其重点监控参数、安全控制基本要求和推荐的控制方案,对照本企业采用的危险化工工艺及其特点,确定重点监控的工艺参数,装备和完善自动控制系统,大型和高度危险化工装置要按照推荐的控制方案装备紧急停车系统。

国家安全生产监督管理总局共公布了 18 种危险工艺,包含在制药行业常见的氯化工艺、硝化工艺、氟化工艺、加氢工艺、重氮化工艺、氧化工艺、过氧化工艺、氨基化工艺、磺化工艺、烷基化工艺和偶氮化工艺共 11 种危险工艺。这些都是容易失控的反应,约占制药和精细化工行业所涉及反应类型的 1/3。这些工艺之所以被列为危险工艺,一是基于这些工艺常在传统的釜式反应器进行,这些反应为放热或强放热反应,若不能及时排出反应热量,易导致高温高压,引发设备爆炸事故;其次,这些反应体系含有剧毒物质、强腐蚀性物质、泄露后会产生危险的物质,以及对光、热、震动与撞击不稳定的中间体或易燃易爆物质。这些特性为间歇操作的人员带来不可避免的危险和伤害。对于这些危险工艺,除了按照文件要求进行重点工艺参数监控、完善自动控制系统、装备紧急停车系统外,有没有本质上是安全的设备和工艺方案呢?

2017 年 1 月 5 日，国家安全生产监督管理总局颁布了《关于加强精细化工反应安全风险评估工作的指导意见》，指出对于反应工艺危险等级为 4 级和 5 级的工艺过程，尤其是风险高而又必须实施产业化的项目，可通过采用微反应器或连续流反应来降低风险。这里的微反应器就是指微通道反应器。

2019 年 10 月 30 日，国家发展改革委发布了新的《产业结构调整指导目录（2019 年本）》，该文从 2020 年 1 月 1 日起正式执行。该指导目录多次提到连续流技术的应用。比如，针对医药产业，两次提到连续制造技术：一处是提出加强连续反应技术的开发与应用；另一处是加强药品连续化生产技术及装备的开发与生产。针对化工行业中间体的开发，要采用清洁生产和本质安全的技术，这里的本质安全技术就是指上述提到的危险工艺的连续化，比如发烟硫酸连续磺化、连续硝化、连续加氢还原、连续重氮偶合等。

在上述 4 个非常重要的政策文件中，前 2 个文件指出了 18 种危险工艺，后 2 个文件明确指出，这些危险工艺要采用本质安全的连续流技术，为连续流技术的开发和应用指明了正确的方向。

4. 药管部门对流动化学制药的积极支持

近 15 年来，连续流技术已经非常成功地应用于制药之外的精细化工行业，但在制药行业的工业化应用非常少。一是因为现有的制药企业所采用的工艺都是经过药管部门批准的，如果要更改成连续流工艺，则属于重大更改，要重新研发、验证、申请、审批，耗时耗力。此外，原来是批次生产概念，产品质量好追溯；若改成连续化生产，药品质量似乎不好追溯（尽管采用连续流的工艺和产品质量都更加稳定）。

鉴于连续流技术的不断发展、一些制药企业对连续流技术的呼吁，以及连续流技术在“孤儿药”与基因检测基础上的精准治疗小药制备方面的“短、平、快”优势，迫切需要药管部门出台相关政策。2019 年 2 月 26 日，FDA 作出重大决定，发布了药物连续制造的指南（草案），聚焦于药物工业化连续生产的质量控制。在该指南中，FDA 公开表明支持药物及其成品制剂的连续制造。FDA 也认为连续化制造是新兴技术，具有步骤少、加工时间短、占地面积小、产品质量可实时控制、生产灵活、可降低生产成本等优势。实际上，2019 年 12 月世界上第一个多步连续合成的原料药丙酸氟替卡松得到 FDA 和 EDQM 的批准。

2023 年 5 月 10 日，国家药监局药品审评中心（CDE）公开征求 ICH《Q13：原料药和制剂的连续制造》实施建议和中文版意见，这意味着药物的连续制造在我国即将落地。

6.2 微通道反应器的结构与组成

微通道反应器的结构与组成包括微通道的特征尺寸、微通道的形状、微通道反应器的功能模块及微通道反应器系统四个方面。

微通道是微通道反应器的核心部分，是工艺流体经过的通道。第一届关于微通道和微小型通道的国际会议上将微通道的特征尺寸定义在 10 μm 到 3.0 mm。微通道反应器的传统工业放大是通过数增放大的，即保持通道特征尺寸不变，通过并联多个通道来实现放大。目前微通道反应器的工业放大并不是完全的数增放大，也有部分的通道尺寸放大，有的通道的特征尺寸甚至达到 10 mm。

需要强调的是，微通道中的“微”是指工艺流体的通道尺寸在微米至毫米级别，而不是指微通道反应器设备的外形尺寸小或产品的产量小。

微通道反应器的处理规模即通量可以小到每分钟几微升的水平,也可以大到每年上万立方米或每年上万吨的级别。微通道反应器中可含有多至数百万的微通道,可根据其应用的不同需求来设置不同的规模,所以可实现低通量和高通量。例如,康宁反应器技术有限公司(下述简称"康宁")的 G1 型微通道反应器每块板的通道持液量为 8~10 mL,每年通量为 80 t;G2 型微通道反应器每块板的通道持液量为 28~34 mL,每年通量为 250 t;G3 型微通道反应器每块板通道的持液量为 50~70 mL,每年通量为 1000 t;G4 型微通道反应器的每块板通道的持液量为 250 mL,每年的通量为 2000 t;G5 型微通道反应器每年的通量达到 10000 t。G1 属于小试规模,G4 和 G5 都属于工业化规模。由此可见,微通道虽然尺寸微小,但是能力巨大。

微通道形状是微通道反应器的核心技术并受专利保护。图 5-24 所示为直型结构的微通道,它的横截面可以是矩形、梯形或其他形状。微通道的特征尺寸在微米至毫米级,黏性力处于流动控制的主导地位,流型属于层流,流体间的混合主要靠分子扩散过程完成,混合效率较低。在这样的直型微通道内,由于组分混合不均匀而带来的局部浓度和温度分布不均匀可能影响反应的选择性。从混合机理来看,通过改变微通道结构来增强通道内的混沌对流是实现微通道内任何一个横截面上物料浓度和温度均匀分布的最佳方法。

多家公司根据脉冲混合机理设计了不规则形状的微通道,如康宁设计的心型微通道、山东豪迈化工技术有限公司设计的伞型微通道。图 6-2(a)给出了康宁微通道反应器的心型微通道形貌,其中每个心型微结构单元有内置挡板(图 6-2(b))。该微通道的特征尺寸在毫米级别(图 6-2(c))。由图 6-2(d)可知,黄色流体和蓝色流体经过一个心型微结构单元就接近完全混合(彩图见线上课程视频,下同)。可见每个心型微结构单元就是一个非常好的微混合器。这是因为微通道特征尺寸小,传递距离短,再配合上这种心形与内置挡板的设计,能快速实现温度与浓度在这个心型微结构内的均匀分布。

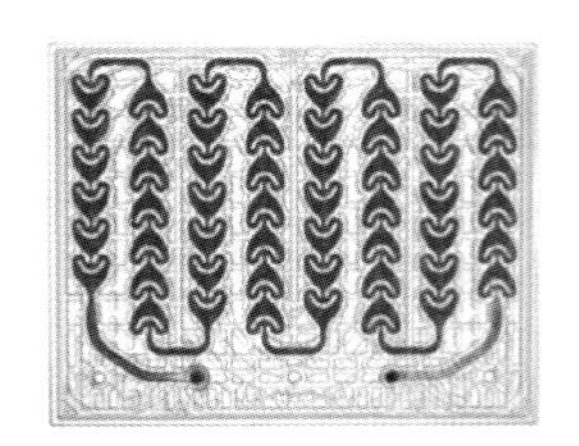

(a) 心型微通道的整体形状

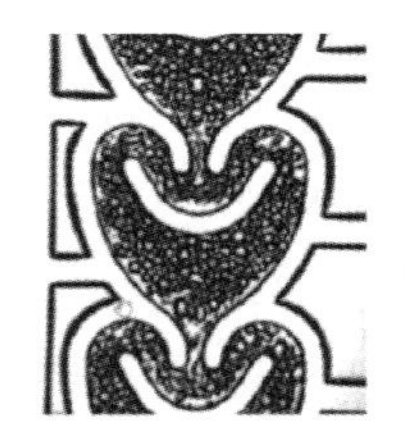

(b) 心型微通道的局部放大
内设折流挡板

(c) 微通道特征尺寸在毫米级别

(d) 两种颜色的流体经过一个心型
微结构单元后几乎完全混合

图 6-2　康宁反应器心型微通道示意图

在康宁微通道反应器中,无数个心型微混合器串联在一起,就构成理想的平推流,物料停留时间分布窄,在每个横截面上物料浓度和温度分布均匀。在这样的反应器内连串反应的选择性不会因局部浓度或温度分布不均而降低。

功能模块是微通道反应器的核心组件。图 6-3 为两种不同材质(碳化硅和玻璃)的康宁 G1 型微通道反应器及其功能模块的组成示意图。玻璃材质的功能模块耐腐蚀,便于观察反应和混合现象,但只能耐较低压力,一般用于小试时摸索实验或光照反应;碳化硅材质的功能模块耐腐蚀、耐高压,但不适合观察现象。有的功能模块是不锈钢材质,耐碱但不耐酸,耐高压。如图 6-3(c)所示,功能模块包含类似于三明治的夹心结构,由 4 块玻璃或碳化硅板构成。第二块板和第三块板之间为反应微通道所在的区域。第一块板和第二块板、第三块板和第四块板之间都是换热层。为了提高换热效率,换热通道也要特别设计。很多块功能模块串联或并联就构成图 6-3(a)所示的微通道反应器。

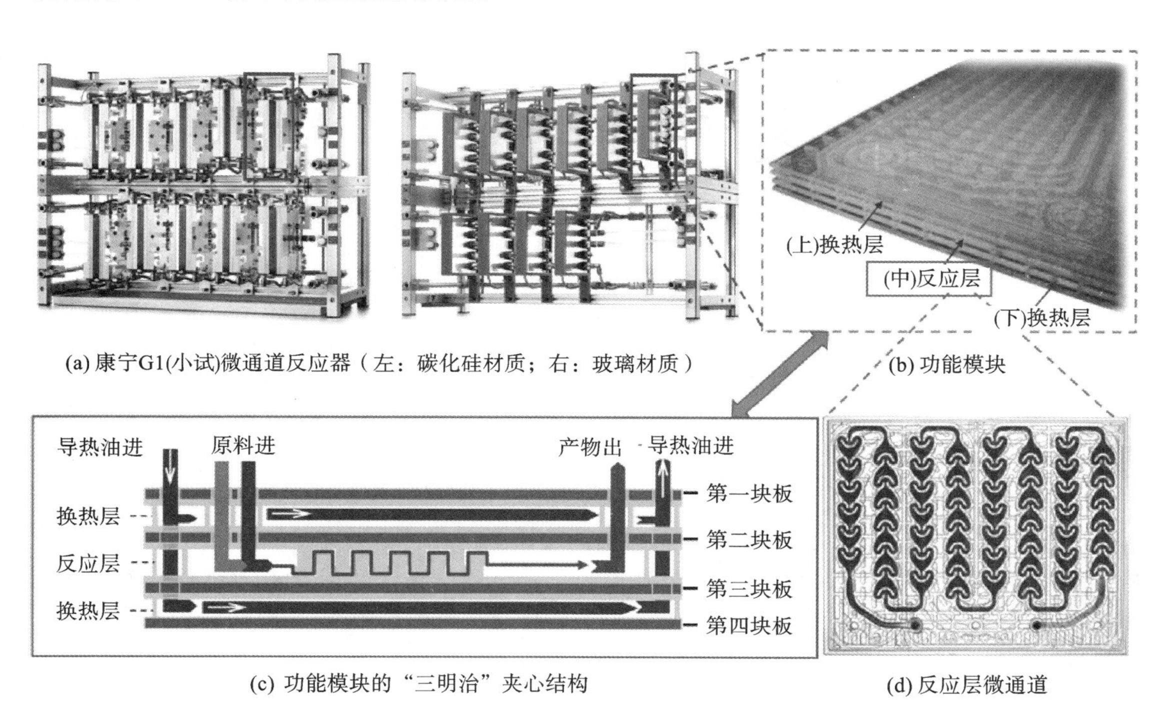

(a) 康宁G1(小试)微通道反应器(左:碳化硅材质;右:玻璃材质)

(b) 功能模块

(c) 功能模块的"三明治"夹心结构

(d) 反应层微通道

图 6-3　康宁 G1 微通道反应器及其功能模块组成

微通道反应器再配上物料输送和计量系统、温度控制系统、温度或压力等在线监测系统、背压系统和清洗系统,就构成微通道反应器系统。

要特别指出的是,上述探讨的是工业上常见的板式微通道反应器。在实验室研究中,还常用到一种简易的微通道反应器——管式微通道反应器。如图 6-4 所示,将中空的不锈钢管或耐腐蚀、耐压和耐高温的 PFA 管盘成几圈,置于油浴或水浴中加热或冷却。该不锈钢管或 PFA 管一端接上物料输送系统和混合装置,另一端接上冷却装置、背压阀和物料接收器,就构成一个简易的管式微通道反应系统。当系统中有易挥发物质或易汽化物质时,需要采用背压阀。这样搭建的简易装置成本低,可用于实验室的初步研究,但不可用于工业放大。管式微通道的传热与传质效果远不如上述的心型微通道或伞型微通道。

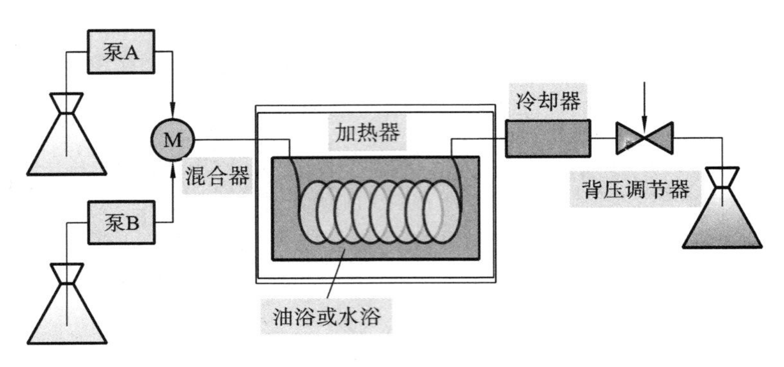

图 6-4 简易的管式微通道反应系统

6.3 微通道反应器的优势与不足之处

微通道反应器具有传质快、传热快、本质安全、体积小、副反应少、无缝放大、可柔性生产等优势,唯一的不足之处是投资成本较高。

传质快是因为微通道反应器中微通道特征尺寸比较小,反应物间的扩散距离大大缩短。例如,当微通道为前述心型脉冲混合结构时,每一个微混合结构中的传质速度更快,反应物在流动过程中短时间内(甚至达到毫秒级)即可混合充分。实验数据也表明,相比于传统的反应器(如间歇式反应器、鼓泡塔或填充床),微通道反应器的传质系数要高 10～100 倍,如心型微通道反应器的传质系数就提高了 100 倍。

传热快是因为微通道反应器相较于常规尺度下的反应器有着大得多的比表面积。常规反应器的比表面积约为 100 m^2/m^3,微通道反应器的比表面积一般为 5000～50000 m^2/m^3。仅从比表面积看,微通道反应器的传热效果就提高了 50～500 倍。微通道因为具有巨大的比表面积,所以具有很大的热交换速率。即便通道中进行着剧烈的放热反应,瞬间释放出的大量反应热也能被及时移出,维持反应温度在安全范围内。该优势是传统的间歇式反应釜和管道式反应器不可企及的。

微通道反应器之所以本质安全,是因为以下五个方面:

(1)微通道体积小,在线持液量小,也就是说,反应器内化学品量少。如上述 G4 工业规模的微通道反应器一块板的持液量只有 250 mL,20 块板的总持液量共有 5 L,体积相当于 5 大瓶可乐(1 L/瓶)。即便反应物质有毒、有害、易燃、易爆,带来的潜在危害比较小。若能在线监测到异常情况,控制系统自动执行应急流程,就不会对环境造成大的危害。

(2)微通道反应器换热效率高,可以避免反应体系过热失控的风险,从根本上解决工艺安全问题。

(3)微通道反应器都是用于连续生产,反应器密封,无停车和卸料等辅助过程,泄漏少,反应过程中产生的环境污染极少,对操作人员的伤害小。

(4)微通道反应器的材质是安全的,既耐腐蚀又耐高压。如上述 G4 工业规模的微通道反应器采用的材质是特种碳化硅陶瓷,超级耐腐蚀、耐摩擦、耐高温、耐高压(其安全操作压力为 1.8 MPa),具有超好的导热、导电性以及超低热膨胀性,能耐冷热冲击,可导除静电,寿命长。

(5)微通道反应器自动化程度高,工艺参数控制精准,工艺稳定,过程重复性好,产品质量稳定，可实现人工智能控制。

因此，微通道反应器是一种环境友好、本质安全的技术平台。

微通道反应器的第四个优势是设备占地少。这是因为微通道很小，多个功能模块组合而成的微通道反应器本身体积小。据估计，在同样的年处理能力下，微通道反应器体积只有传统釜式反应器的 1/1000。

微通道反应器的第五个优势是副反应少。在微通道反应器中进行合成反应时，反应物配比、温度、压力、反应时间和流速等反应条件较容易实现精准控制。例如，通过调节流速实现停留时间（反应时间）精准控制，这对连串反应是非常有利的。当微通道为脉冲混合通道时，可避免因为局部温度和浓度不均匀而导致反应选择性降低。

微通道反应器的第六个优势是可无缝放大。传统反应器中的工艺放大是从小试到中试再到工业放大，小试结果不能直接用在中试上，要在中试水平进行相应的调整和优化，有的时候还要重新回到小试调整方案。可见，传统放大不是无缝放大。早些时候，微通道反应器的工艺放大方法是数增放大，即通过增加微通道的数量来实现的。随着计算流体力学和微通道设计水平的飞速发展，目前的放大不是完全的数增放大，也通过适当增大微通道尺寸来实现。这样可节省材料费用，也提高了空间利用效率。实践表明，从 G1 规模的小试微通道反应器到 G4 规模的工业化微通道反应器，不需要对小试得到的最佳反应条件作任何改变就可以直接进行工业化放大，不存在放大难的问题。实际上，这种无缝放大是建立在坚实的理论基础上的。研究表明，G1 型和 G4 型微通道反应器具有相同的体积传质系数、体积传热系数和停留时间分布。传统反应器的小试与中试的本质差异是传质与传热行为的不同。因此，只要传质与传热行为不随着反应器规模的变化而变化，就能实现无缝放大。无缝放大最突出的好处是可节约时间和降低成本，实现科研成果的快速转化。福州大学郑辉东教授团队就在短短的半年时间内成功地将某氧化反应进行了 G1 规模上的工艺筛选并将筛选结果无缝放大到 G4 规模上。

微通道反应器的第七个优势是柔性生产。一方面，工艺流程长短可改变，工业上可根据相关产品的市场供需情况实时增减部分反应器来调节生产；另一方面，同一台设备可用于多个过程，可以通过改变各个微通道反应器的连接管线或者内部功能模块的连接方式直接将设备应用于其他反应过程。因此，微通道反应器具有极高的操作弹性。

微通道反应器确实有诸多优势。与传统的间歇式反应釜相比（表 6-1），微通道反应器除了在反应适用性方面略显不足外，在其他方面都具有明显的优势。据保守估计，只有 30％的化学反应适合在微通道反应器内进行。如果进行更多的条件改变，估计有 60％的化学反应适合在微通道反应器内进行。

表 6-1　微通道反应器与间歇式反应釜的比较

性质	间歇式反应釜	微通道反应器
灵活性	灵活	更灵活
反应适用性	广	30％～60％
操作方式	间歇式	连续式
传质与传热效率	低	高
浓度场与温度场	不均匀	均匀
反应效率	低	高
反应过程可控性	低	高

续表

性质	间歇式反应釜	微通道反应器
安全性	低	高
自动化程度	低	高

微通道反应器唯一的缺陷是设备成本高。与其他行业相比，环保和安全往往是化工制药企业生存的关键因素。微通道反应器技术开发最重要的目的之一就是提高反应过程安全性。虽然微通道反应器的设备成本高于传统反应器，但也因为其具有内在的诸多优势，总投资成本并不高。表6-2给出了某公司对某个微通道反应器工业化工艺的核算。在固定资产投资中，虽然因为采用微通道反应器使得工艺设备的投资增加了8倍，但是厂房投资、公用工程投资、自控管线和仓储设备投资都大大减少了，因此固定资产总投资减少28%。此外，因为采用了微通道反应器新工艺，各项操作费用普遍减少，运行总费用减少了34%。可见，综合固定资产投资和操作费用，使用微通道反应器技术的总成本是降低的。固定资产投资回报周期约1年。当然，每个产品的工艺是有差别的，投资也是有差别的。要相信的是，微通道反应器的高成本问题必将随着材料技术、微通道加工技术和微通道反应器技术越来越多的应用而被克服。

表6-2　某微通道反应器工业化工艺成本核算

项目	固定资产投资	操作费用
分项	工艺设备增加8倍	溶剂减少70%
	厂房投资减少88%	人工减少60%
	公用工程减少65%	废水减少30%
	自控管线减少60%	用水减少30%
	仓储设备减少50%	有机料减少20%
总计	总投资减少28%	运行总费用减少34%

6.4　微通道反应器连续流技术适合的反应类型

知晓微通道反应器连续流技术适合的反应类型为微通道反应器技术的开发和应用提供了依据。在微通道反应器中实现的反应先应满足以下两个总体要求：

(1)从本征反应动力学上来看，应为快速到中速反应，快速反应最适合。例如，氯化反应、硝化反应、溴化反应、磺化反应、氟化反应、金属有机反应和生产微-纳米颗粒的沉淀反应都属于快速甚至瞬时完成的反应，都适合在微通道反应器中进行。

(2)从反应相态上来看，可为均相反应或液-液、气-液或气-液-固非均相反应。如果反应物中含有不溶性固体，固体粒径要小于200 μm，能与液相形成稳定的浆态。可通过挑选合适的反应溶剂使得固体颗粒不沉积、不淤积在反应器上，以防堵塞。固含量一般小于10%，有的时候高达30%。因为微通道反应器具有良好的混合效果，能极大地改善非均相反应的传质行为，所以微通道反应器非常适合用于非均相反应的改进。

在满足以上两个总体要求的前提下，微通道反应器连续流技术适合的反应类型如下：

(1)剧烈放热的反应。对于剧烈放热的反应，在传统反应器中一般采用低温下滴加反应物的方式来控制热量的释放。在滴加的瞬间因局部浓度和温度过高，也会产生一定量的副产物。微通道反应器微观混合好，能够及时导出热量，反应温度可实现精确控制，也消除了局部过浓和过热，提高了反应的选择性和收率。例如，西班牙摩迪康（Medichem）公司利用上述 G4 型微通道反应器解决了低温丁基锂反应放大的难题，反应温度由原来的 −70 ℃提升到 −35 ℃，大大节省了能耗，并不需反应物过量，收率是采用釜式反应器时的 2 倍，生产成本降低 30%～40%。

（2）反应物或产物不稳定的反应。在传统反应器中，某些反应物或生成物很不稳定。若在反应器内停留时间过长就会分解，从而导致收率降低。在微通道反应器中，反应时间或停留时间可精确控制，因此可以避免这种情况。

（3）反应物配比需严格要求的反应。某些反应对反应物配比要求很严格，若某一反应物过量就会引起副反应，如苯环的单卤代反应。在传统反应器中，为了使苯转化完毕，苯与卤素的摩尔比达到 1∶(1.1～1.3)，这时候有一部分二卤代和三卤代副产物生成。在微通道反应器中，因为原料可瞬时混合，物料之间可以按照理论配比快速反应，所以可用较严格的配比，比如 1∶1.01，这样二卤代和三卤代副产物含量就非常低。

（4）危险化学反应及高温高压反应。前述的危险化学工艺目录中的危险反应在常规反应器中极易失控。微通道反应器因为传热和传质效率高，在线化学品量少，连续化生产，自动化程度高，甚至能实现人工智能控制，从而实现本质安全，因此非常适合危险反应或极端条件下的反应（如高温高压反应）。

（5）制备颗粒均匀分布的微-纳米材料的沉淀反应。微-纳米材料的品质如颗粒尺寸、分布和形貌等很大程度上取决于其制备技术。目前工业上普遍采用液相反应生产微-纳米材料，其中沉淀法是重要的方法之一。沉淀为瞬时反应过程，受微观混合控制，且微观混合直接影响微-纳米颗粒大小及粒度分布。传统的釜式反应器微观混合效果差，所制备的微-纳米材料存在粒径大、粒度分布宽等缺点；同时，生产工艺为间歇式操作，劳动强度大，不同批次间的产品品质重复性差。由于微通道反应器内部能实现瞬时混合，通道横截面上各处的物料浓度一致，因此各处初步成核速率和成核的颗粒大小一致。又因为微通道反应器可精准控制停留时间，停留时间可保持一致，那么颗粒生长时间基本一致，所以得到的颗粒粒径具有粒径可控、窄分布的特点。如图 6-5 所示，中国科学院大连化学物理研究所利用微通道反应器技术制备的氢氧化镁纳米粒粒度小、分布均匀。

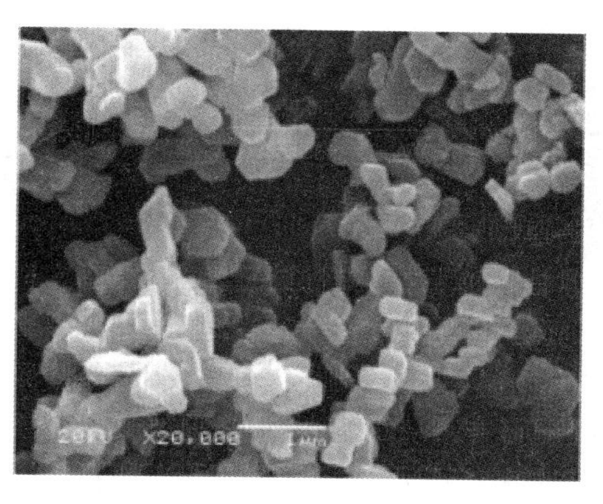

图 6-5　氢氧化镁纳米粒电镜照片

6.5 微通道反应器连续流技术在化学反应上的应用

目前微通道反应器连续流技术在化学反应上的应用有很多,如硝化反应、催化加氢反应、氧化反应、氟化反应、氯化反应、溴化反应、重排反应、迈克尔加成反应、过氧化物制备、甲基化反应、低温反应、格氏反应、环氧化反应、重氮化反应、叠氮化反应、水解反应、聚合反应、光催化氧化反应、磺化反应、偶联反应、环化反应、酰胺化反应、光催化加成和多步串联反应。这些反应在传统反应器中都存在这样一些特征:反应剧烈、换热困难、存在传质障碍、存在放大效应、工艺危险、过程控制难或低温过程。下面仅以六类常见的危险化学工艺(氯化、氟化、硝化、加氢还原、氧化和重氮化)为例来介绍微通道反应器连续流技术在化学反应上的应用。

1. 氯化工艺

氯化反应是放热反应。氯气有剧毒,储存压力高(在使用过程中液氯汽化再参与反应),氯气含有氧气、三氯化氮等杂质,有燃爆的危险,生成的氯化氢有腐蚀性,因此氯化反应属于危险工艺。

在图 6-6 所示的氯取代反应中,氯气将底物中亚甲基位置上的氢原子进行取代,生成单氯代目标产物和二氯代副产物,二氯代副产物主要是因为氯气过量才生成的。

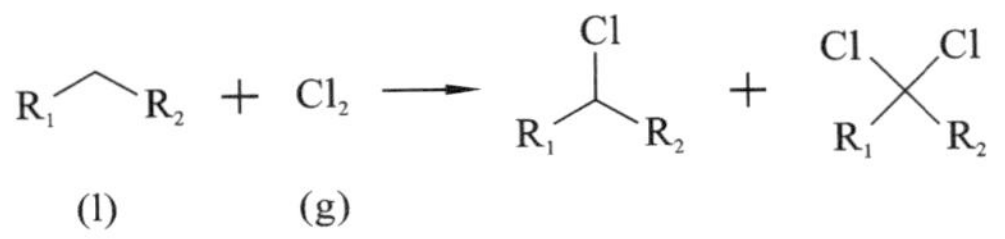

$$R_1CH_2R_2\,(l) + Cl_2\,(g) \longrightarrow R_1CHClR_2 + R_1CCl_2R_2$$

图 6-6　氯取代反应

表 6-3 给出了釜式反应器和微通道反应器中氯化工艺的差异。显然,釜式反应器中的反应温度和氯气浓度都低于微通道反应器。这是因为氯化反应剧烈放热,釜式反应器传热效果差,只能降低反应温度和氯气浓度来降低反应速率,从而控制反应热的释放速率。同时,这是一个气-液非均相反应。釜式反应器中的微观混合效果差,部分氯气未充分反应就逸出了,因此只能增加氯气的用量才能让底物尽可能反应完。当氯气比底物过量 6%时,有少量的二氯代副产物生成。也正因为釜式反应器中气-液非均相传质效果差,反应温度低,氯气浓度低,所以总体反应速率小,反应时间长达 70 min。反应速率小,气-液混合效果差,氯气未充分反应就逸出,底物转化不完全,从而导致单卤代收率偏低(仅为 70%)。

表 6-3　釜式反应器和微通道反应器中氯化工艺的比较

反应器形式	氯气与底物的摩尔比	反应温度/℃	氯气浓度	反应时间	收率	反应选择性
釜式反应器	1.06	−10	20%	70 min	70%	少量二氯杂质
微通道反应器	1.01	4	40%	5 s	84%	无二氯杂质

在微通道反应器中,由于可用较严格的物料配比(如 1∶1.01),这样二取代副产物大大减少。其次,因为微通道反应器的换热效率高,所以可在较高温度和较高氯气浓度下进行反应。如表 6-3 所示,反应温度达到 4 ℃,氯气浓度达到 40%。再者,微通道反应器中良好的微观混合(气-液传质)、较高的反应温度和反应物浓度,使反应速率整体上大大提升,在 5 s 内单卤代产物收率就达到 84%。该例也说明微通道反应器连续流技术在非均相反应上的工艺改进上

有较大的空间。

2. 氟化工艺

氟化物是医药、农药和兽药的重要中间体。2018 年 FDA 批准的 38 种小分子药物中，有 18 种为含氟药物。含氟精细化工是我国氟化工行业增长最快的与附加值最高的细分领域，尤其是新型含氟农药、含氟医药、含氟中间体、含氟电子化学品等领域，近些年来增速显著加快。因此，氟化反应很重要。

氟单质即氟气是最经济的氟化试剂。因为氟气剧毒，氧化性和腐蚀性强，参与的反应剧烈放热，所以直接用氟气氟化的工艺属于危险工艺。在传统的反应釜中用氟气氟化存在诸多困难。首先，反应剧烈放热，反应温度通常要－20～0 ℃。其次，氟单质是气体，与被氟化的底物之间是气-液非均相反应，传质困难。直接氟化往往选择性差，容易生成多氟代副产物，而单氟代产物往往才是目标产物。氟化反应在传统反应器中的放大效应明显，难以放大。氟化反应对设备腐蚀严重，并产生一系列的环保和安全问题。

若用微通道反应器去实现氟化反应，就有诸多的优势，如传热快、混合好、气-液传质充分、安全系数高。例如，上海惠和化德生物科技有限公司在微通道反应器中实现了氟代碳酸乙烯酯的连续合成。氟代碳酸乙烯酯是一种锂离子电池电解液添加剂。若用釜式反应器，需要两步反应，效率低，总收率为 62.2%，存在安全与环保隐患。而在微通道反应器中采用氟气直接氟化（图 6-7），转化率大于 95%，收率大于 90%。

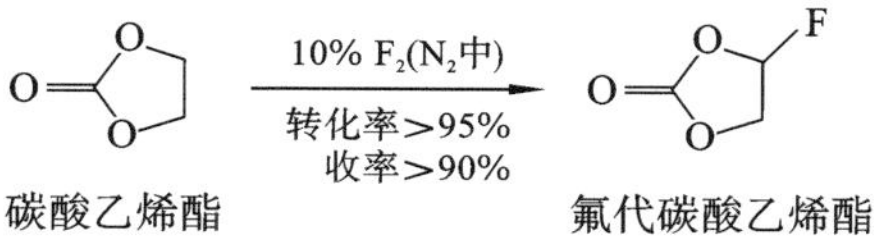

10% F_2(N_2中)　转化率>95%　收率>90%

碳酸乙烯酯　氟代碳酸乙烯酯

图 6-7　碳酸乙烯酯直接氟化合成氟代碳酸乙烯酯

如图 6-8 所示，氟代碳酸乙烯酯连续流合成所包括的气液混合、氟化反应、气液分离集中在一个微通道连续流反应器内一体化完成。温区 1 为碳酸乙烯酯与氟气的气液混合区，温度较低，为－20～0 ℃，压力为 1～2 MPa；温区 2 为反应区，温度较高，为 30～60 ℃，压力也为 1～2 MPa；温区 3 为气液分离区，分离带走氮气、氟气和副产物氟化氢，温度也维持在 30～60 ℃，压力较低，为 0.1～1 MPa。整个工艺时间短于 10 min。

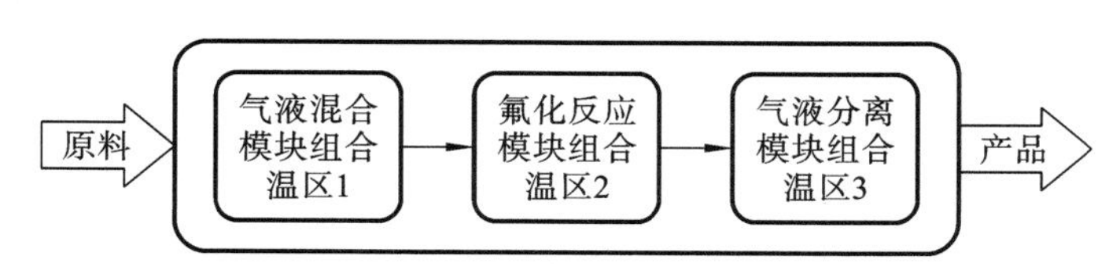

图 6-8　一体化微通道连续流反应器用于氟代碳酸乙烯酯的合成

3. 硝化工艺

硝化工艺广泛应用于医药、农药、染料等领域，是重点监管的危险工艺之一。该危险工艺的特点如下：反应速率快，放热量大；反应物料具有燃爆危险性；硝化剂具有强腐蚀性、强氧化性，与油脂、有机化合物（尤其是不饱和有机化合物）接触能引起燃烧或爆炸；硝化产物、副产物均具有爆炸危险性。有机硝化物在失控条件下危险性非常高，这是因为反应失控后，分解反应速率快；分解热非常高（1050 kJ/kg 以上）。在间歇式反应釜中，体系温度会急剧升高，分解反应的热加速过程显著；有的硝化产物（或副产物）本身就是炸药，比如 TNT。2019 年江苏响水化工园区的爆炸就是由硝基化合物废弃物堆积分解引起的爆炸。

如图 6-9 所示，8-溴-1H-2-喹啉酮的硝化反应热量很大，每生成 1 g 产物放出 1376 J 热量。此外，该反应产物的分解温度是 130 ℃。在间隙式反应釜内反应时，反应温度达到 110 ℃，规模只能控制在很小量(如 0.1 mol)，否则极易飞温超过分解温度。研究表明，在间歇釜内 115 ℃反应 20 min，HPLC 检测的收率才 86%；而用微通道反应器时，则在 90 ℃反应 3 min，HPLC 检测的收率就能达到 100%。可见，用微通道反应器能在远离分解温度的操作温度下操作，安全系数提升了，工艺放大也更加容易。另外，硝化反应结束后，在釜式反应器中不能及时淬灭，也会因热量不能及时导出或者淬灭时间长易产生杂质。如果也用微通道反应器淬灭，就可以及时在线淬灭，避免杂质的产生。

AcOH，发烟HNO_3
115 ℃，20 min
86%

8-溴-1H-2-喹啉酮

图 6-9　8-溴-1H-2-喹啉酮的硝化

4. 加氢工艺

氢化反应在有机合成领域有着举足轻重的作用，也是重点监管的危险反应之一。传统间歇式反应釜氢化工艺对氢气和反应装置安全性要求高，反应时间长，转化率低，存在过度还原等问题。

如图 6-10 所示，硝基化合物经加氢还原为中间体羟胺，并进一步还原为氨基化合物。表 6-4 给出了釜式反应器与微通道反应器中氢化工艺的比较。由表 6-4 可知，在 3 m^3 氢化反应釜中，氢气的压力达到 4.5 MPa，35 ℃下反应需要 7 h，而用微通道反应器压力只需 1.1 MPa，反应温度提高到 110 ℃，反应时间只需 1.1 min。G4 型微通道反应器内特殊的微通道混合结构使得气-液-固非均相混合好，气-液-固之间的传质得以强化，氢气能够快速溶解到溶剂中，不需要像在釜式反应器内只能通过增大压力来提高溶氢能力，因此在微通道反应器中能够采用较低压力的氢气。其次，微通道反应器导热快，反应放出的热量能够及时移走，因此可以采用高温反应。总之，在微通道反应器中整体反应速率加快，所以反应时间大大缩短了。

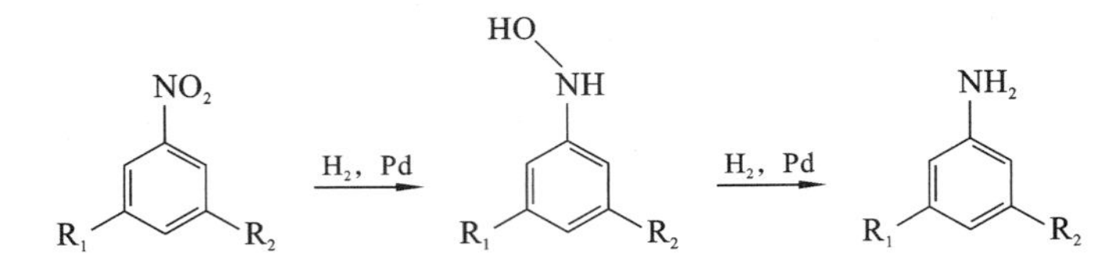

图 6-10　硝基化合物经由中间体羟胺还原为胺

表 6-4　釜式反应釜和微通道反应器中氢化工艺的比较

反应器	体积	介质	催化剂	压力/MPa	反应温度/℃	反应时间	收率/(%)
釜式反应器	3 m^3(氢化釜)	水	Pd-C	4.5	35	7 h	96.5
微通道反应器	G4	水	Pd-C	1.1	110	1.1 min	96.5

微通道反应器适合大多数加氢反应，比如硝基的还原、羰基的还原、三键和双键的还原、亚胺的还原、脱卤反应、脱保护基反应等。采用微通道反应器一方面能提高反应温度，缩短反应时间；另一方面能在较低的氢气压力下获得较高的收率。因此，采用微通道反应器进行连续加氢更安全、更高效，可被广泛应用于精细化工中间体和药物开发中。

5. 氧化工艺

氧化反应是放热反应，而且部分氧化剂具有燃爆特性，因此氧化反应也属于危险工艺。氧化方式因采用氧化剂不同而不同，比如氧气或空气氧化、TEMPO 氧化、双氧水氧化、光催化氧化、Swern 氧化。Swern 氧化是利用二甲亚砜（DMSO）做氧化剂，和有机碱（如三乙胺）在低温下与草酰氯协同作用，将一级醇或二级醇氧化成醛或酮的反应。在釜式反应器中，如果用三氟乙酸酐代替草酰氯，反应温度就可以从原来的－60 ℃大约提高到－30 ℃，但仍然需要低温反应。

对于将环己醇氧化成环己酮的 Swern 氧化反应（图 6-11），当采用釜式反应器时，反应温度是－60～－40 ℃，收率只有 30%～50%，难以工业放大。这是因为即便在低温条件下，由于釜式反应器中微观混合效果差，局部温度过高，中间体易分解。当采用微通道反应器时，温度只需常温，反应时间只需 8.31 s，收率就能达到 91%（表 6-5）。虽然反应温度提高了很多，反应却具有更好的选择性。这主要是因为微通道反应器良好的传热效果，保证了中间体的稳定性。

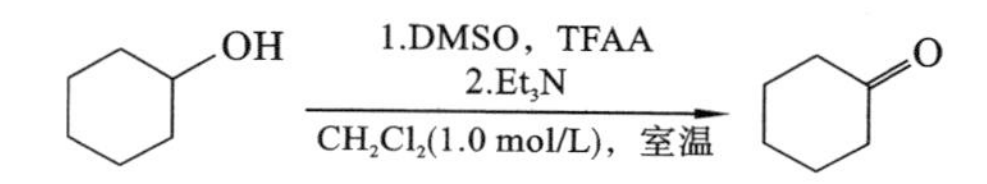

图 6-11　环己醇氧化成环己酮的 Swern 氧化反应

表 6-5　釜式反应器和微通道反应器中 Swern 氧化工艺的比较

反应器	反应温度	反应时间	收率
釜式反应器	－60～－30 ℃		30%～50%
微通道反应器	常温	8.31 s	91%

6. 重氮化工艺

重氮盐是有机合成和药物合成中用途广泛的中间体，其优异化学性质使其成为 Sandmeyer 反应、Meerwein 芳基化反应、Schiemann 反应等的重要中间体。重氮盐是一种高能量、高灵敏度的化合物，对热、光、冲击或静电有强烈的反应。这些因素都会导致重氮盐快速、不可控制的分解和爆炸。这给重氮盐制备的传统工业放大带来困难，因此在工业放大阶段较少用重氮化反应。然而，重氮化反应在有机合成和药物合成中占有非常重要的地位，重氮盐是非常重要的中间体，开发安全有效的制备方法尤为迫切。

唑草胺是由日本中外制药公司开发的除草剂，是一种较为广泛使用且毒性较低的农药。化合物 **1** 是合成唑草胺的关键中间体，其传统合成方法有三种，如图 6-12 所示。

第一种方案收率高，但由于所采取的反应为固-液两相反应，搅拌不充分，反应时间比较长；此外，碳酸钾的用量也较大。第二种方案收率较高，但使用重金属催化给后续的废水处理和产品的纯化增加了难度，对环境也不友好。与前两种方案相比，第三种方案无论在收率还是在操作上都没有优势，尤其是反应中产生的重氮盐稳定性差，易分解，稍有不慎就有可能发生

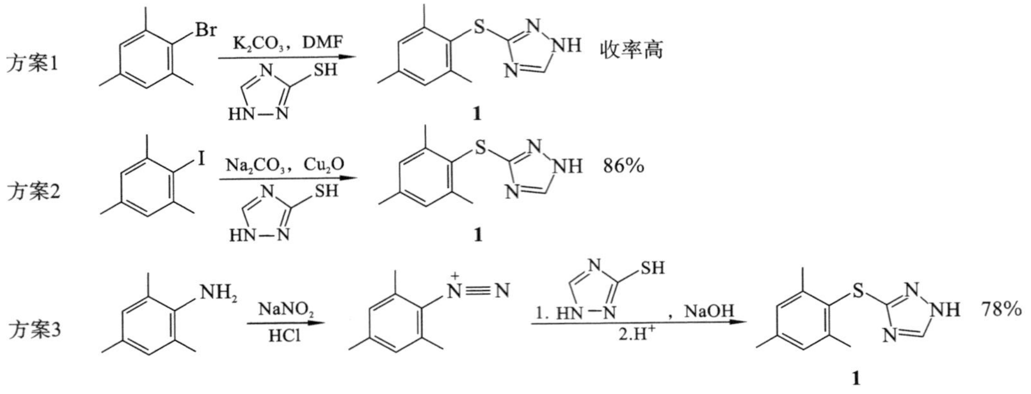

方案1 K_2CO_3，DMF 收率高

方案2 Na_2CO_3，Cu_2O 86%

方案3 $NaNO_2$ HCl 1. ，NaOH 2. H^+ 78%

图 6-12 唑草胺关键中间体 1 的三种合成方案

爆炸，引发事故。但第三种方案的原料(2,4,6-三甲基苯胺)比前两种方案的原料(2,4,6-三甲基溴代苯和2,4,6-三甲基碘代苯)都便宜。如果采用本质安全的微通道反应器，第三种方案方能显示出优势。

浙江工业大学苏为科教授团队采用第三种方案在微通道反应器中研究了唑草胺关键中间体 **1** 的连续流合成。考虑到第三种方案中唑草胺关键中间体 **1** 的合成是由两步反应(重氮化反应与脱重氮基偶联反应)串联而成的，因此该团队对两步反应逐个进行了系统研究。

苏为科教授团队首先研究了用第三种方案合成唑草胺关键中间体 **1** 的釜式反应工艺，并就其中所产生的副产物进行了考察。如图 6-13 所示，他们认为随着反应时间的延长，产生的重氮盐大量地在反应釜中堆积。又因为反应温度低，重氮盐析出，不能充分和底物接触，进而产生竞争反应，生成副产物 S_1 和副产物 S_2；溶液的 pH 值过高导致苯环上甲基被活化，从而产生杂质 S_3。

该研究团队认为，微通道反应器可以精准控温，温度不会有很大的波动；产生的重氮盐随反应液流出，没有返混过程，同时可以严格控制物料配比，所以运用微通道连续流工艺有机会避免副产物 S_1 和 S_2 的产生；对于 NaOH 的用量，可以精准控制，在工艺优化过程中可以优化出最为理想的碱浓度，这样可避免副产物 S_3 的产生。在这样的设想下，该研究团队展开了唑草胺关键中间体 **1** 的微通道连续流工艺研究，设计了图 6-14 所示的工艺流程。

在图 6-14 中，第一个微通道反应器用于重氮化反应，第二个微通道反应器用于脱重氮基偶联反应，所用的温度和反应时间都是不同的。需指出的是，在釜式反应工艺中，并没有加入正庚烷，在微通道连续流工艺中加入了正庚烷。这是因为化合物 **1** 在碱性水溶液的溶解性好，但副产物的溶解能力差。为了防止副产物污染微通道或析出堵塞管道，在第二个脱重氮基偶联反应中通入正庚烷，一方面减少副产物对通道的污染，避免堵塞，同时也对副产物边反应边萃取。这样就减少了后面分离纯化的步骤，得到的粗品纯度就高。可见，将间歇釜中的反应迁移到微通道上，除了对反应条件如温度、压力和反应时间进行优化和改变外，还要对溶剂进行适当改变。

该研究团队对两步反应的连续流工艺参数进行优化后，最终得到令人满意的结果。如表 6-6 所示，两步连续流的总反应停留时间为 50 s，反应温度分别为 10 ℃和 25 ℃，反应收率可达

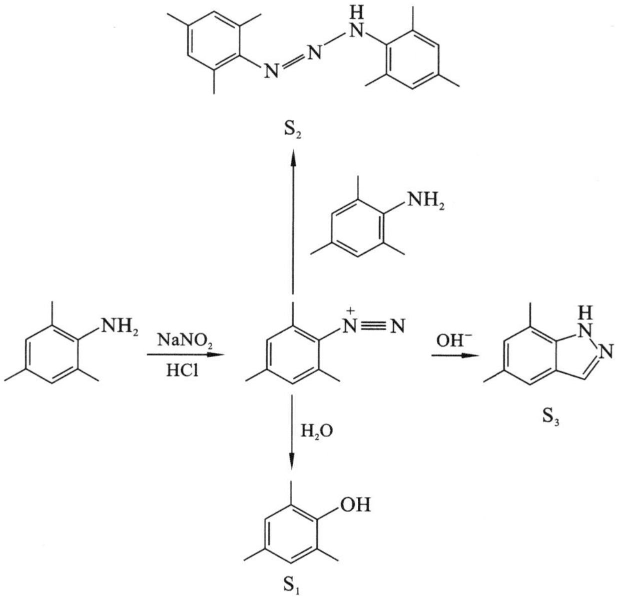

H
N
N=N
S_2
NH_2
NH_2 $\xrightarrow[HCl]{NaNO_2}$ $\overset{+}{N}\equiv N$ $\xrightarrow{OH^-}$ H N N
S_3
H_2O
OH
S_1

(a) 唑草胺关键中间体1合成过程中生成的副产物

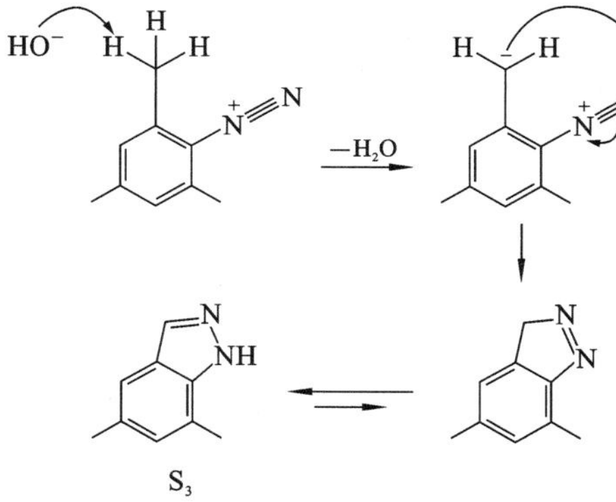

HO^- H H H
$\overset{+}{N}\equiv N$
$-H_2O$
H H
$\overset{+}{N}\equiv N$
N NH
N N
S_3

(b) 副产物S_3的形成机理推测

图 6-13　唑草胺关键中间体 1 合成过程中副产物的形成及机理推测

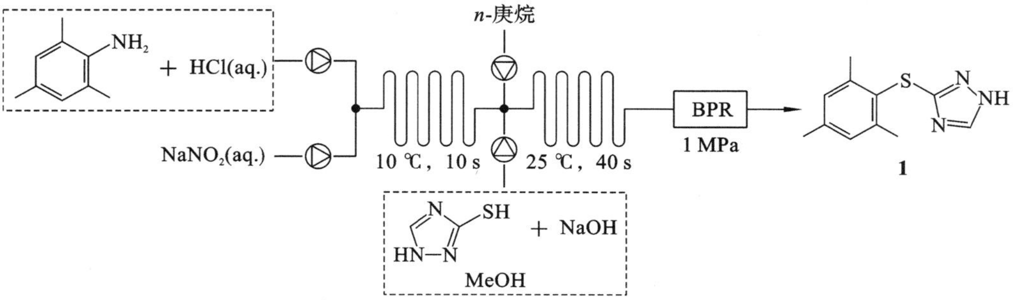

NH_2 + HCl(aq.)
$NaNO_2$(aq.)
n-庚烷
10 ℃，10 s
25 ℃，40 s
BPR
1 MPa
S N NH N
1
N SH HN—N + NaOH
MeOH

图 6-14　唑草胺关键中间体 1 微通道反应器连续流合成工艺流程示意图

85%,化合物 **1** 粗产品的纯度达到 98%。与釜式反应工艺相比,两步连续流反应工艺缩短了反应时间,提高了反应收率和产品的纯度。

表 6-6 釜式反应工艺和两步连续流反应工艺的比较

反应特性	釜式反应工艺	两步连续流反应工艺
收率/(%)	60	85
反应时间	3 h	50 s
重氮化的温度/℃	0	10
脱重氮基的温度/℃	10	25
粗产品纯度/(%)	91	98

注:收率是用外标法测定的。

从杂质的产生来看,连续流工艺具有明显的优势。釜式反应工艺中三种杂质含量都较高,副产物 S_1、S_2、S_3 的含量分别达到 10%、6%和 15%。当只对重氮化反应进行连续流改造时,副产物 S_1、S_2 的含量分别减小到 2%和 1%,S_3 仍旧是 15%;当用两步连续流反应工艺时,副产物 S_1、S_2、S_3 的含量分别减小到 2%、1%和 2%。

总之,该重氮化反应及脱重氮基偶联反应都可以在微通道反应器中顺利实现,反应过程连续化,易于操作和放大,且工艺过程安全性大大提升。与传统釜式反应工艺比,两步连续流反应工艺反应时间短、收率高、杂质含量低,是一种较为绿色化的合成工艺。可见,原来在釜式反应器中因危险而被抛弃的工艺路线,在微通道反应器中却能被顺利执行,当然要进行相应的工艺调整。

6.6 微通道反应器连续流技术在制药行业的应用

微通道反应器连续流技术在制药行业的应用还属于初始阶段,这里以两个具体的例子予以说明。

1. 抗真菌药物 5-氟胞嘧啶的连续流合成

5-氟胞嘧啶是抗真菌感染药物,同时也是抗肿瘤药物卡培他滨和抗病毒药物恩曲他滨的关键中间体。罗氏制药公司的卡培他滨早在 1998 年就通过了 FDA 的批准,曾创下 640 亿美元的年销售额;梯瓦制药公司首家仿制卡培他滨,在 2013 年 9 月通过了 FDA 的批准。恩曲他滨也是一种市场需求量巨大的抗 HIV 组合用药。市场需求给 5-氟胞嘧啶的生产带来了新的机遇。5-氟胞嘧啶的传统合成工艺(图 6-15)较复杂,以尿嘧啶为原料,包括氟化、氯化、胺化、水解共四步反应,总收率低,成本高。因此,迫切需求更简单、更经济的 5-氟胞嘧啶生产工艺出现。

2017 年英国杜伦大学、法国赛诺菲-安万特制药公司联合在《Organic Process Research & Development》期刊上发表了 5-氟胞嘧啶的连续流工艺。如图 6-16 所示,以胞嘧啶为原料,用

尿嘧啶 $\xrightarrow{F_2}$ 5-氟尿嘧啶 $\xrightarrow[85\%]{POCl_3}$ 2,4-二氯-5-氟嘧啶 $\xrightarrow[79\%]{NH_3}$ 4-氨基-2-氯-5-氟嘧啶 $\xrightarrow[96\%]{H^+,\ H_2O}$ 5-氟胞嘧啶

图 6-15　5-氟胞嘧啶的传统合成工艺路线

甲酸溶解，然后以 10%氟气为氟化剂，直接对胞嘧啶进行氟化，就得到 5-氟胞嘧啶。

胞嘧啶 $\xrightarrow[HCOOH]{10\%\ F_2(N_2中)}$ 5-氟胞嘧啶

图 6-16　由氟胞嘧啶直接氟化合成 5-氟胞嘧啶

图 6-17 为制备 5-氟胞嘧啶的微通道反应器连续流工艺流程示意图。在反应过程中，胞嘧啶和氟气按照配比即确定的流速进入微通道反应器中。将不锈钢管式微通道反应器置于一个恒温槽中，温度控制在 10 ℃。微通道反应器的出口有取样口，用于检测反应是否完成，反应产物进入一个中和槽中和，因为氟气与胞嘧啶的配比是过量的，未反应完的氟气以及生成的氟化氢都被氢氧化钠中和，随后还用碱性吸收塔再次吸收尾气。

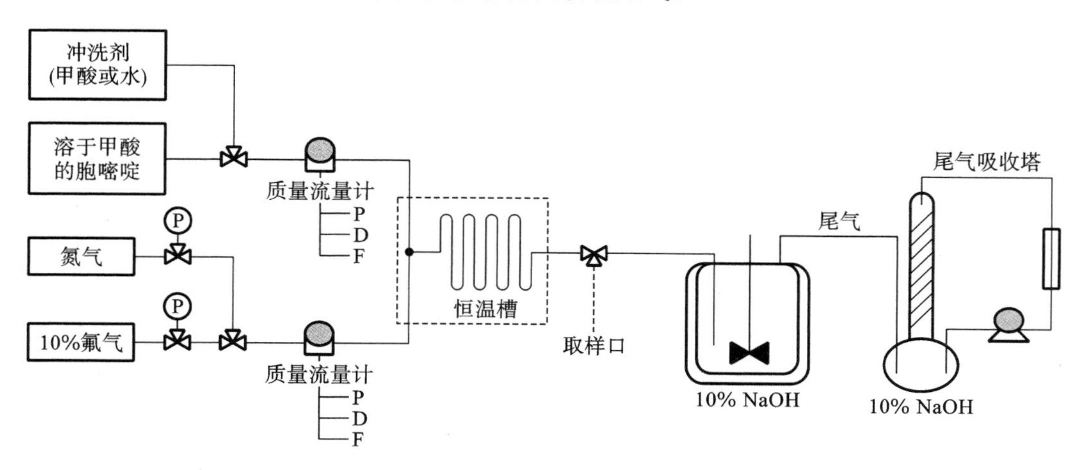

图 6-17　制备 5-氟胞嘧啶的微通道反应器连续流工艺流程示意图

P—压力；D—密度；F—流量。

该研究团队将氟化反应的釜式工艺与两种微通道反应器连续流工艺进行了对比，如表 6-7 所示。在釜式工艺中，当胞嘧啶与氟气的摩尔比为 1∶1.75，反应温度为 20 ℃，反应时间为 160 min 时，转化率达到 99%以上，但是目标产物 5-氟胞嘧啶即化合物 **2** 与副产物即化合物 **3** 的摩尔比为 44∶56，目标产物的收率只有 38%。这是因为反应时间长，氟气大大过量，生成的副产物即化合物 **3** 较多。此外，因为原料的转化率接近 100%，一定还有其他副产物生成。因此，总体上目标产物的收率低。

$\xrightarrow[\text{HCOOH(1 mol/L)}]{10\%\ F_2(N_2\text{中})}$

1 → 2 + 3

表 6-7 制备 5-氟胞嘧啶的釜式工艺与微通道反应器连续流工艺的比较

反应器	胞嘧啶的用量或流速	氟气的用量或流速	转化率	2-3 摩尔比	2 的收率
釜式反应器	10 mol	20 mmol	>99%	44∶56	38%
不锈钢管式微通道反应器	4 mmol/h	4 mmol/h	95%	93∶7	66%
	4 mmol/h	4.5 mmol/h	98%	93∶7	64%
	4 mmol/h	5 mmol/h	>99%	95∶5	63%
中试规模碳化硅板式微通道反应器	0.54 mol/h	0.7 mol/h	>99%	95∶5	83%*

注：* 经过 1 h 连续流反应，分离得到 59 g 5-氟胞嘧啶(纯度>99.9%)。

当采用内径为 1.6 mm、长度为 1 m 的不锈钢管式微通道反应器时，在胞嘧啶与氟气的流速分别为 4 mmol/h 和 5 mmol/h，即二者的摩尔比为 1∶1.25 时，转化率也是 99%以上，但是目标产物 5-氟胞嘧啶 **2** 与副产物 **3** 的摩尔比从釜式工艺的 44∶56 提高到 95∶5，收率也有所提高，但只有 63%。显然，与釜式工艺相比，目标产物的选择性提高，但收率仍然偏低，估计除副产物 **3** 以外还有其他副产物生成。由于不锈钢管式微通道反应器就是一个中空的不锈钢管，气液传质效果虽然比反应釜有所提高，但是还不及板式微通道反应器。

最后采用长度为 16 m、持液量为 61 mL 的 Boostec 碳化硅板式微通道反应器进行中试放大，当胞嘧啶与氟气的流速分别为 0.54 mol/h 和 0.7 mol/h，即二者摩尔比约为 1∶1.3 时，转化率也是 99%以上，目标产物 5-氟胞嘧啶 **2** 与副产物 **3** 的比例依然保持在 95∶5，但是收率提高到 85%，说明除副产物 **3** 以外的副产物减少了，目标产物的选择性得到进一步的提高。

综上所述，采用微通道反应器连续流技术可以一步合成 5-氟胞嘧啶，收率高，下游纯化也简单，可无缝放大。浙江省化工研究院和中化蓝天集团也做了类似的研究。

2. 非甾体抗炎药布洛芬的连续流合成

布洛芬具有抗炎、镇痛、解热作用，适用于治疗风湿性关节炎、类风湿性关节炎、骨关节炎、强直性脊椎炎和神经炎等。

2009 年美国康奈尔大学 McQuade 教授研究团队开发了布洛芬的三步连续流合成工艺，涉及的反应如图 6-18 所示。其工艺原理如下：原料异丙苯 **1** 在三氟甲磺酸的催化下，以丙酸为酰化剂，经 F-C 酰化反应获得对异丁基苯丙酮 **2**；在质子酸的催化下，与二乙酰氧基碘苯和原酸三甲酯(TMOF)发生 1,2-芳基迁移反应，生成中间体 **3**；然后在 KOH 的甲醇-水溶液中水解并调酸，得到布洛芬 **4**。

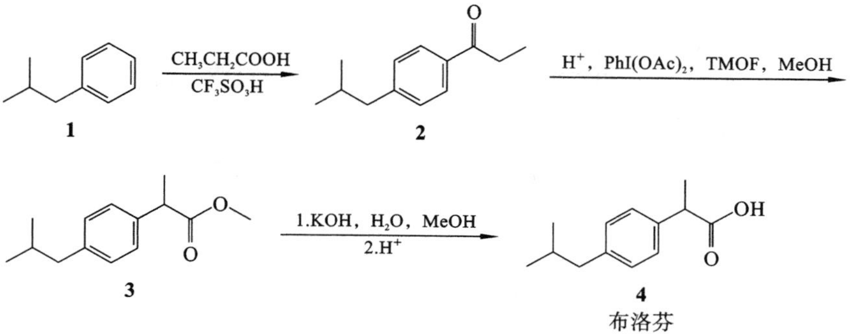

CH_3CH_2COOH / CF_3SO_3H　1 → 2

H^+, $PhI(OAc)_2$, TMOF, MeOH

1.KOH, H_2O, MeOH / 2.H^+　3 → 4

4
布洛芬

图 6-18　康奈尔大学 McQuade 教授研究团队三步法合成布洛芬

三步连续流合成布洛芬的工艺流程如图 6-19 所示。将异丙苯 **1** 与等物质的量的丙酸互溶后，作为一股进料；另一股进料是 5 倍物质的量的催化剂三氟甲磺酸。室温下，这三种物料均是液体且互溶。它们通过 ETFE 材料制成的 T 形混合器混合后进入第一个微通道反应器。该微通道反应器由内径为 0.32 mm 的 PFA 管构成。经过优化，得到第一个微通道反应器的反应温度为 150 ℃，反应时间为 5 min，由此获得中间体 **2**，转化率是 91%，收率是 70%。接着，将中间体 **2** 和溶于甲醇中的 2 倍物质的量的二乙酰氧基碘苯和 4 倍物质的量的原甲酸三甲酯在第二个 ETFE 材料制成的 T 形混合器中混合，并把这个 T 形混合器放置于 0 ℃的冰水混合物中。首先是为了淬灭上一个反应，其次是让这两股物料在低温下充分混合。这两股物料混合后进入第二个由 PFA 管构成的微通道反应器中，在 50 ℃下反应 2 min，就得到中间体 **3**。然后，带有中间体 **3** 的物料流与 20 倍物质的量的氢氧化钾的甲醇-水溶液在第三个 ETFE 材料制成的 T 形管中混合，进入第三个 PFA 管盘成的微通道反应器中，在 65 ℃下反应 3 min，获得布洛芬钠盐。收集布洛芬钠盐溶液，经调酸、萃取、浓缩，获得布洛芬粗品。粗品收率为 68%，纯度为 96%。再经重结晶，收率为 51%，纯度达到 99%。

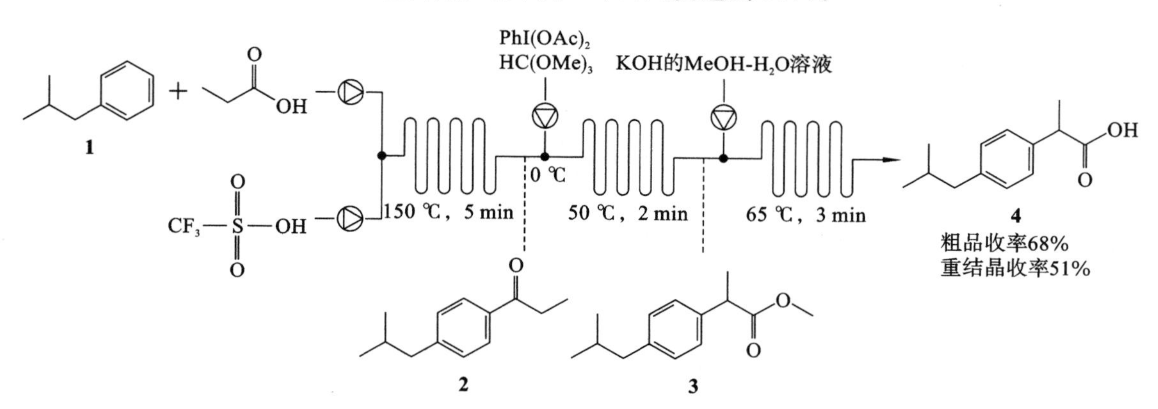

图 6-19　康奈尔大学 McQuade 教授研究团队三步连续流合成布洛芬工艺流程示意图

构成三个微通道反应器的 PFA 管内径都是 0.32 mm，长度依次为 50 cm、80 cm 和 300 cm。这种管式微通道反应器占地面积小，每分钟粗产品的产量约为 9 μg，每天能产生 12 mg 布洛芬粗品。

由此可见，要设计一个药物的多步连续流合成工艺，需将一系列反应当作一个整体去考虑。如果想省去反应中间体的分离纯化，就要求在上一步反应中产生的副产物和过量的试剂与下游反应是兼容的。过量试剂或副产物能在多个反应间兼容,该多步工艺就可连续进行而无中间后处理环节的干扰,既节省生产成本,又提高时空效率。比如,在布洛芬三步连续流合成工艺中,通过对照实验,研究者发现第一步 F-C 酰基化反应中过剩的试剂三氟甲磺酸不影响第二步 1,2-芳基迁移反应,反而可以促进第二步的 1,2-芳基迁移反应的进行,无须再添加其他酸。因此,无须进行中间体的分离和纯化是 McQuade 教授研究团队开发的三步连续流工艺合成布洛芬的最大特色。

但是,该三步连续流工艺也有不足之处,如采用较为昂贵的试剂(三氟甲磺酸和二乙酰氧基碘苯)作为原料,影响了工艺的经济性;每步反应的时间还较长,需要缩短,以便工业化;总收率不高。尽管如此,该研究工作仍被认为是多步连续流药物合成的重要标志,展现了微通道反应器连续流技术在药物合成方面的巨大优势和潜力。

受康奈尔大学 McQuade 教授研究团队研究工作的启发,为了降低工艺成本,缩短工艺时间和提高收率,2015 年麻省理工学院 Jamison 教授研究团队改进了布洛芬钠盐的多步连续流合成工艺。如图 6-20 所示,Jamison 教授研究团队将 F-C 酰化的酰化剂从原来的丙酸改为更为活泼的丙酰氯,催化剂也从三氟甲磺酸改为三氯化铝。三氯化铝是固体,但是可通过与丙酰氯的配位作用而溶于丙酰氯,异丙苯本身是液体,这样第一步 F-C 酰化反应就省去了溶剂。在第二步反应中,用更廉价的氯化碘代替了原来的二乙酰氧基碘苯,产生的副产物都是水溶性的。在第三步反应中,加入巯基乙醇,用于淬灭过量的氯化碘。

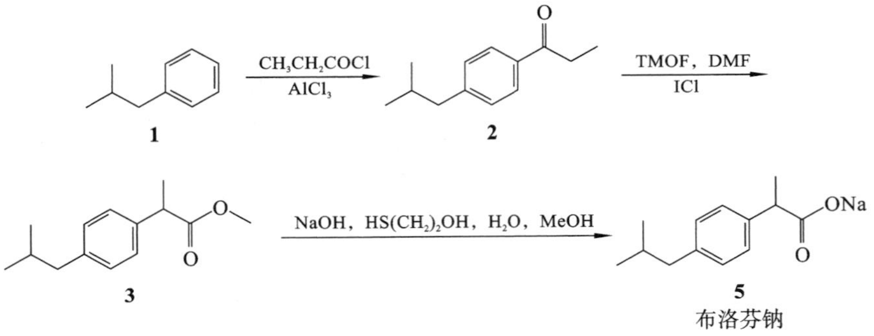

CH_3CH_2COCl, $AlCl_3$; TMOF, DMF, ICl; NaOH, $HS(CH_2)_2OH$, H_2O, MeOH

1 2 3 5 布洛芬钠

图 6-20 麻省理工学院 Jamison 教授研究团队三步法合成布洛芬

Jamison 教授研究团队提供的三步法 3 min 合成布洛芬钠盐的连续流工艺流程如图 6-21 所示。1.11 倍物质的量的三氯化铝预先溶于 1.17 倍物质的量的丙酰氯 **2** 中,然后与 1 倍物质的量的异丙苯 **1** 在 T 形混合器中混合,接着进入 87 ℃的微通道反应器中反应 1 min,得到含有中间体 **3** 的混合液。因为该过程会产生等物质的量的氯化氢,温度太高,氯化氢会挥发,因此体系需要背压。向含有中间体 **3** 的混合液中加入 1 mol/L 盐酸淬灭反应,同时将三氯化铝转化成可溶于水的盐。淬灭后的溶液进入 Zaiput 膜分离器(液-液分离器),进行连续液-液分离,油相即为纯净的中间体 **2**,收率达到 95%。然后,将中间体 **3**、8 倍物质的量的原甲酸三甲酯、0.25 倍物质的量的 DMF 和 3 倍物质的量的氯化碘混合后进入第二个微通道反应器,并在 90 ℃反应 1 min,获得中间体 **4**,收率为 91%。最后加入含有巯基乙醇的 7 mol/L 氢氧化钠的甲醇-水溶液(甲醇与水的体积比为 3∶1),在第三个微通道反应中进行淬灭和水解,得到布洛芬钠的溶液,总收率为 83%。

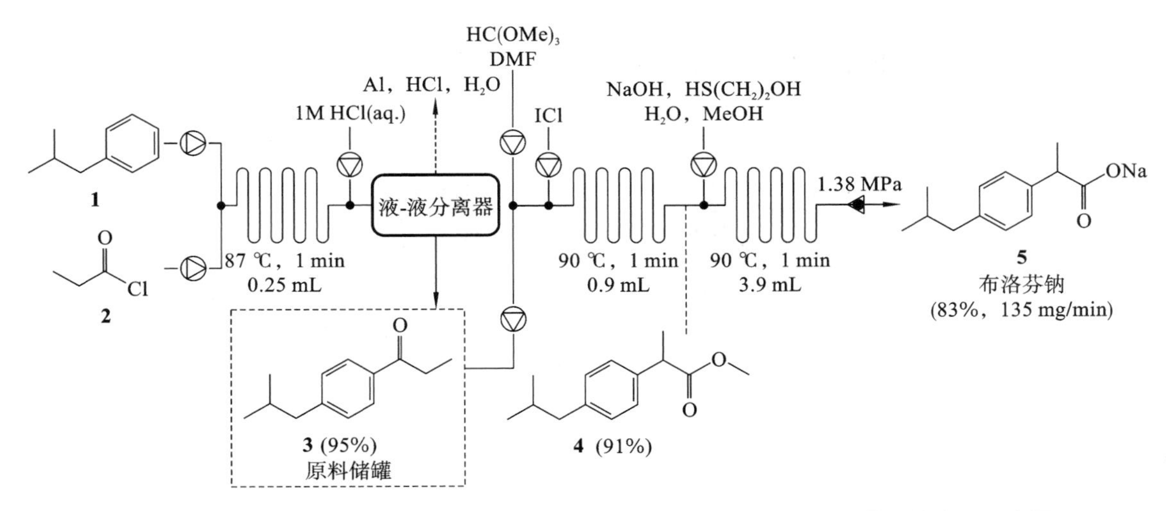

图 6-21　麻省理工学院 Jamison 教授课题组三步 3 min 连续流合成布洛芬工艺流程示意图

这三个微通道都是由内径为 0.76 mm 的 PFA 管构成的，其体积分别为 0.25 mL、0.9 mL 和 3.9 mL。这三个微通道反应器的集成系统每小时能生产 8.09 g 布洛芬，一年能生产 70.8 kg 布洛芬。可见，在改进的工艺中，从起始原料到得到目标化合物仅需 3 min，每步反应的收率都在 90%以上，生产效率高。该装置的药物制备量达到临床试验初期的药物需求量。

与康奈尔大学 McQuade 教授研究团队的工艺相比，麻省理工学院 Jamison 教授研究团队提出的工艺具有以下一些特色：

(1)改进后的工艺使用丙酰氯代替丙酸，使用 $AlCl_3$ 代替三氟甲磺酸。通过调节丙酰氯与 $AlCl_3$ 的比例，可使它们之间形成某种稳定配合物，避免固体 $AlCl_3$ 堵塞反应通道。也不需要另外使用反应溶剂，简化了后期的分离。

(2)当采用更活泼的丙酰氯和三氯化铝时，显著加快了 F-C 酰化反应速率，因此可将 F-C 酰化反应时间缩短至 1 min。

(3)F-C 酰基化反应的体系对下游没有兼容性，必须在淬灭反应后耦合一个连续液-液分离(即 Zaiput 膜分离)装置，以便分离出中间体 **3**。

(4)Jamison 教授研究团队的三步 3 min 连续流合成布洛芬的工艺，因每一步反应时间都比较短，更具有工业化价值，用微通道反应器较易实现工业化。

从上述也可以看出，微通道反应器连续流技术在化学制药行业应用于单步反应较易实现；用于多步连续反应时需要与在线检测分析、连续分离纯化、连续萃取、连续结晶、连续过滤和连续干燥等后处理步骤充分耦合，从而真正实现从起始原料到终端原料药的连续自动化生产，这也是微通道反应器代替传统的间歇式釜反应器的意义所在。当然，有时还需要与其他能实现连续反应的反应器耦合。随着这些连续反应与连续分离技术的发展，微通道反应器连续流技术在化学制药工业中的应用将越来越普遍。

思　考　题

(1)微通道反应器所适用的反应具有哪些特征？

(2)微通道反应器连续流技术能够用于某些传统工艺的改进，其本质原因是什么？

(3)微通道反应器连续流技术用于多步连续反应的技术瓶颈在哪里?

(4)查阅文献,找出若干微通道反应器连续流技术用于工艺改进的案例,并分析为什么可将该技术用此工艺的改进。

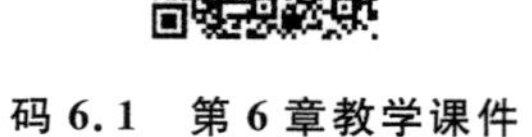

码 6.1　第 6 章教学课件

码 6.2　1,2-芳基迁移机理

第 7 章

制药废弃物的回收

制药行业的环境因子高达 25～100，高于其他化工行业。面对制药行业的“三废”，有两个关键的策略：

(1) 杜绝源头，即从源头上杜绝废弃物的产生。按照“质量、环保与安全源于设计”的理念，在工艺路线设计的初始就应该考虑采用少废、无废的工艺；尽量采用绿色安全的原辅材料，尽量少用、不用有毒有害的原料；尽量保证产生的中间体或副产物也是安全无害的；尽量使用高效的设备与工艺提高原辅材料的利用率等。

(2) 末端处理，即对已经产生的“三废”进行处理。对于有机废气或无机废气，可以通过吸收、吸附、冷凝、催化或燃烧等方式处理；对于活性炭类的废渣通过燃烧的方式处理；对于废液中有价值物质，必须进行分离和回收；对使用过的有机溶剂进行回收和再利用。

也就是说，作为未来的制药工程师，除了通过工艺路线设计从源头上杜绝污染外，还需要学会利用所学过的物理化学方法对产生的“三废”进行回收和综合利用，变废为宝，尽量减少后期的化学氧化和生物氧化的负荷。

下面将从有价值废弃物的直接回收、能转化成有价值物质的废弃物的回收、目标产品的回收，以及有害物质(如铬离子)的回收四个方面，用具体的例子来阐述如何对制药行业的废弃物进行回收。

7.1　有价值废弃物的直接回收

戊二酸是重要的有机化工原料和中间体。在半合成头孢类抗生素常见的母核 7-氨基头孢烷酸(7-ACA)的合成过程中产生了等物质的量的戊二酸。7-ACA 合成的工艺原理如图 7-1 所示。它是由发酵产品头孢菌素 C(CPC)经两步酶法催化而合成。首先，CPC 经过 D-氨基酸氧化酶(DAAO)将氨基氧化成羰基，同时产生过氧化氢和氨气，但生成的中间体不稳定，被过氧化氢进一步氧化脱羰基，得到戊二酰基-7-氨基头孢烷酸(GL-7-ACA)。进而由 GL-7-ACA 酰化酶将氨基上的酰基脱除掉获得 7-ACA，同时产生一分子的戊二酸。

两步酶法合成 7-ACA 的工艺流程如图 7-2 所示。向 DAAO 催化氧化反应釜中加入水、头孢菌素 C 和固定化 DAAO 酶，调节至适当的 pH 值和温度，进行催化氧化。反应结束后，过滤回收固定化 DAAO 酶，向滤液中继续投入固定化 GL-7-ACA 酰化酶进行水解反应。水解反应结束后，过滤回收固定化 GL-7-ACA 酰化酶。用稀盐酸将滤液 pH 值调至酸性让 7-ACA 结晶析出，然后过滤得到 7-ACA，而滤液中就存在没有析出的戊二酸。

由 7-ACA 合成的工艺原理和工艺流程可知，戊二酸所处的溶液环境简单，无过多杂质，因

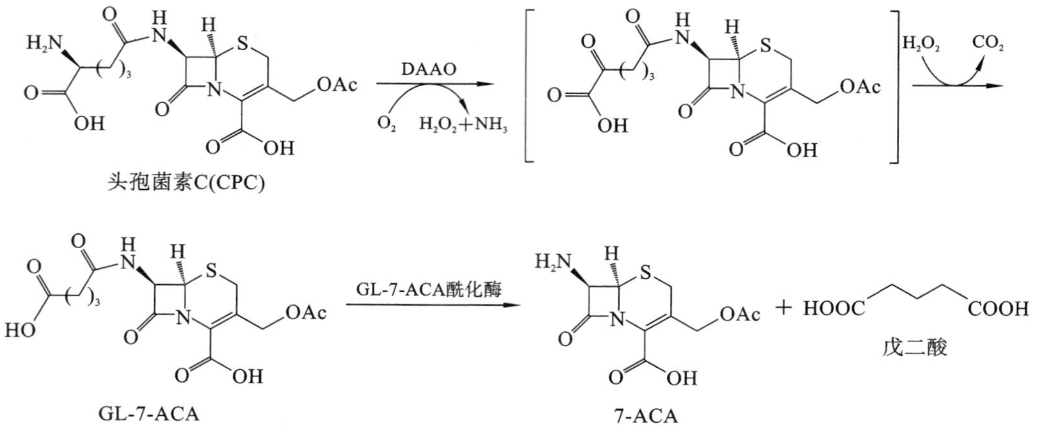

图 7-1　两步酶法合成 7-ACA 的工艺原理

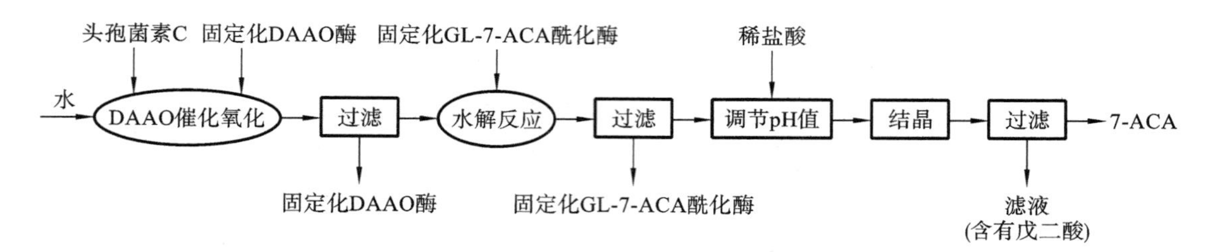

图 7-2　两步酶法催化合成 7-ACA 的工艺流程框图

此可建立图 7-3 所示的回收方案。将上述含戊二酸的滤液的 pH 值调至 2.0～2.5 后,将滤液浓缩至原来体积的 20%～40%,此时戊二酸还没有析出,投入活性炭脱色,然后过滤,再将滤液浓缩至原来体积的 12%～15%,降温结晶,过滤,获得戊二酸粗品。再将滤液的 pH 值调节至 1.0～1.5,浓缩至原来体积的 8%～11%,降温至 0～10 ℃结晶。过滤,再获得部分戊二酸粗品。合并戊二酸粗品,再经重结晶,就可以获得高纯度的戊二酸。由于蒸发浓缩耗能,可以采用膜过滤的方式浓缩。

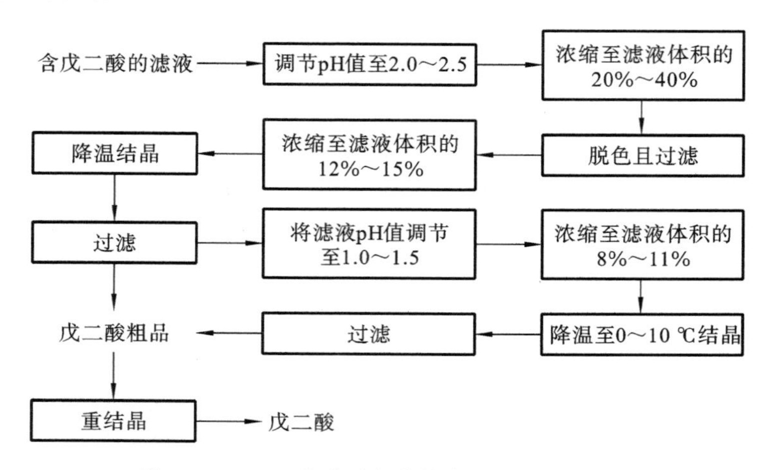

图 7-3　7-ACA 合成过程中的戊二酸的回收方案

7.2　能转化成有价值物质的废弃物的回收

能转化成有价值物质的废弃物是指那些本身没有价值，但是可以转化成有价值物质的废弃物。

1. 手性中间体(*S*)-4-氯二苯甲胺的回收

对手性中间体进行化学拆分或生物拆分，可获得有用的手性中间体，而无用的手性中间体就成为废弃物。在抗过敏药左旋盐酸西替利嗪的合成过程(图 7-4)中，第四步反应是用 D-(—)-酒石酸将消旋的 4-氯二苯甲胺拆分成(*R*)-4-氯二苯甲胺和(*S*)-4-氯二苯甲胺，其中(*R*)-4-氯二苯甲胺是合成左旋盐酸西替利嗪的关键中间体，(*S*)-4-氯二苯甲胺为无用的对映体。

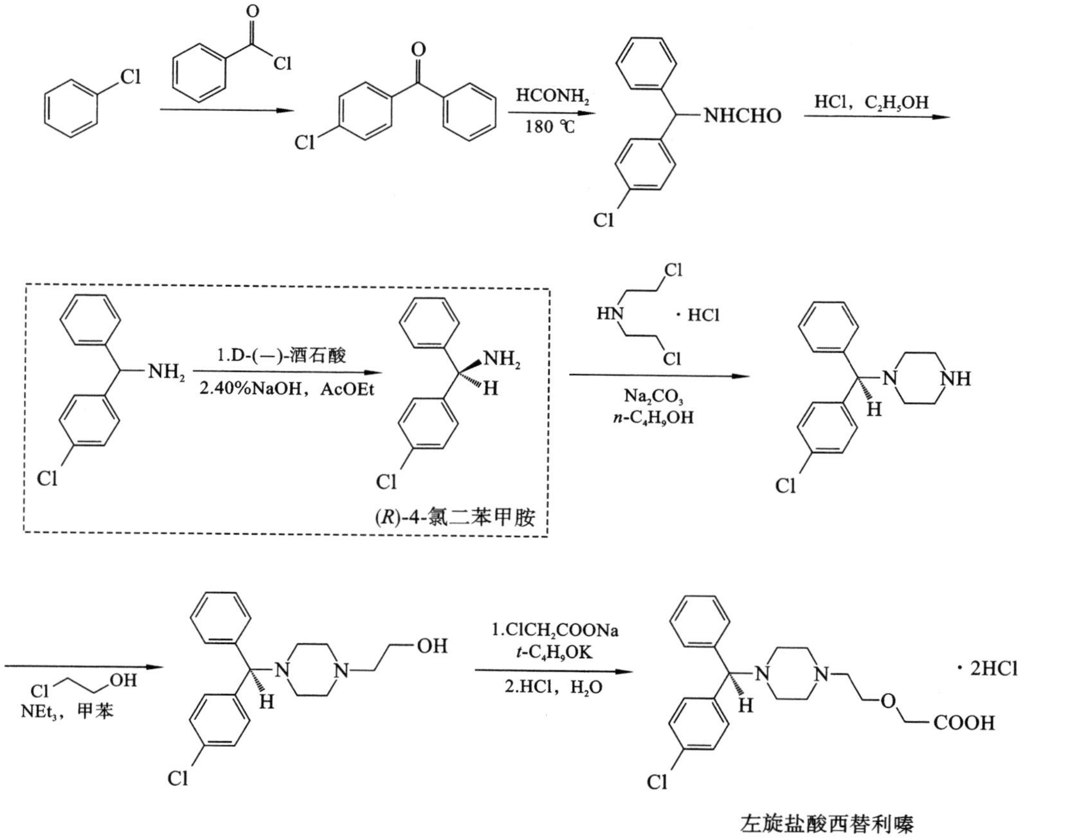

图 7-4　左旋盐酸西替利嗪的合成

如图 7-5 所示，无用的对映体(*S*)-4-氯二苯甲胺在氢氧化钾的作用下在水相中回流 1.5 h，消旋成 4-氯二苯甲胺，消旋率达到 100%。

(*S*)-4-氯二苯甲胺消旋的工艺过程如图 7-6 所示。向消旋反应釜中加入(*S*)-4-氯二苯甲胺及 2 mol/L KOH 溶液，加热回流搅拌 1.5 h，然后冷却、萃取、分层；对有机相进行干燥、浓缩，除掉有机溶剂，得到油状的消旋化合物 4-氯二苯甲胺。该消旋化合物可再次用于化学拆分，获得有用的关键中间体(*R*)-4-氯二苯甲胺。

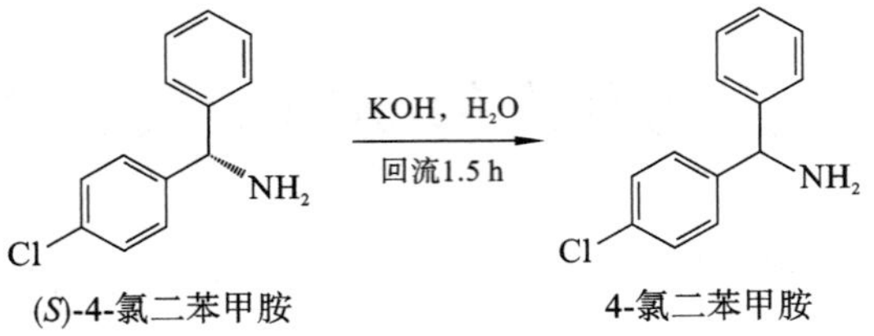

KOH，H_2O
回流1.5 h
NH_2
Cl
(S)-4-氯二苯甲胺
4-氯二苯甲胺

图 7-5　(*S*)-4-氯二苯甲胺的消旋反应

(S)-4-氯二苯甲胺
消旋釜
加热回流搅拌1.5 h
冷却、萃取、分层
有机相干燥、浓缩
4-氯二苯甲胺
(油状物，消旋)
2 mol/L KOH溶液

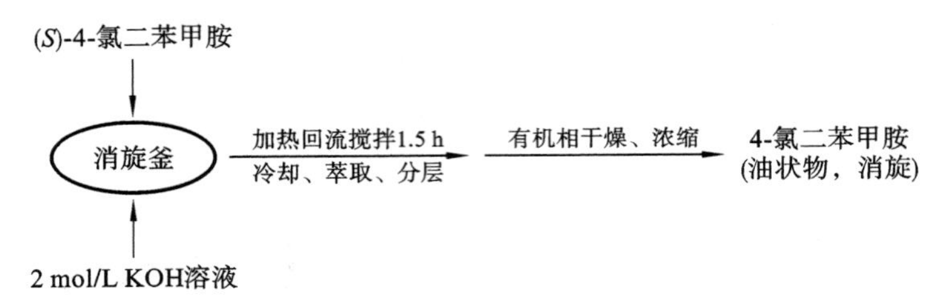

图 7-6　(*S*)-4-氯二苯甲胺消旋的工艺过程

2. 1-苯基-5-羟基四氮唑的回收

瑞舒伐他汀钙是目前市场上降血脂药物中降脂作用最强、调脂功效最全面的他汀类药物。瑞舒伐他汀钙中间体 **4** 的制备工艺原理如图 7-7 所示。在生成中间体 **4** 的同时，生成了副产物 1-苯基-5-羟基四氮唑。

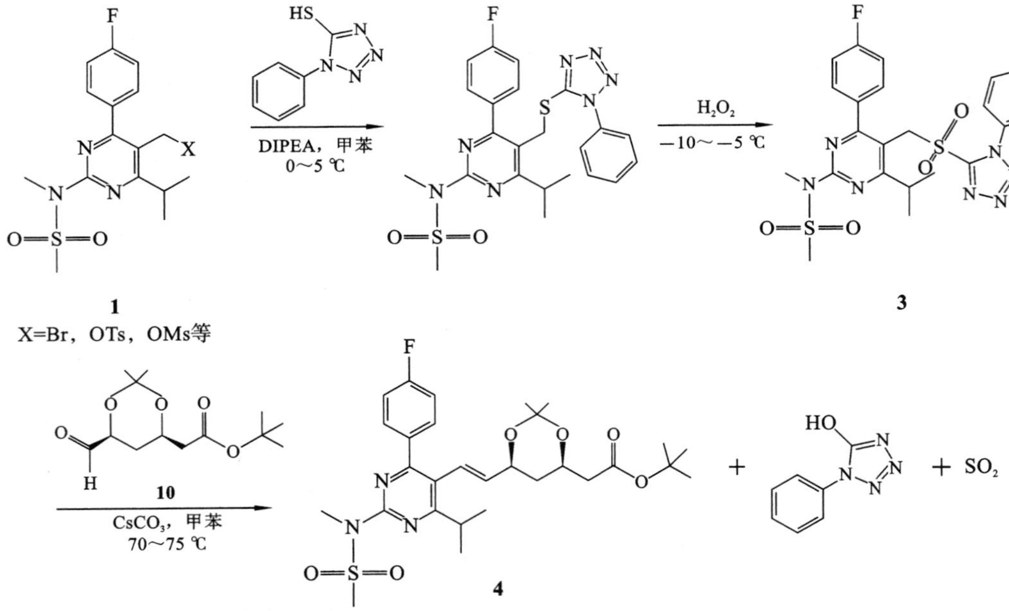

DIPEA，甲苯
0～5 ℃
H_2O_2
−10～−5 ℃
1
X=Br，OTs，OMs等
3
10
$CsCO_3$，甲苯
70～75 ℃
4
+ SO_2

图 7-7　瑞舒伐他汀钙中间体 4 的合成

1-苯基-5-羟基四氮唑存在于中间体 **4** 的结晶母液中。将中间体 **4** 的结晶母液浓缩，并用甲苯带水至干，获得 1-苯基-5-羟基四氮唑的粗品。然后根据图 7-8 所示的工艺路线进行转化，获得有用物质 1-苯基-5-巯基四氮唑，并可再次用于瑞舒伐他汀钙中间体 **4** 的制备，使得瑞舒伐他汀钙制备的总成本可以降低 10%。

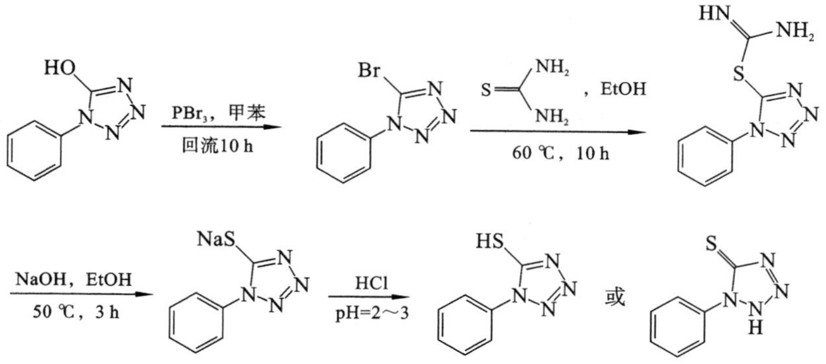

图 7-8 1-苯基-5-羟基四氮唑转化为1-苯基-5-巯基四氮唑的工艺路线

7.3 废液中目标产品的回收

目标产品经常存在于结晶母液中，对结晶母液进行浓缩和再结晶，可以回收大部分的目标产品。下面以普伐他汀粗品结晶母液中普伐他汀的回收为例，来说明更复杂体系的目标产品的回收。

普伐他汀钠(图 7-9)是 1989 年在日本上市的降血脂类药物，它是由发酵得到的普伐他汀转变而来的。发酵完毕后，经预处理除去菌丝体后，用乙酸丁酯萃取普伐他汀，然后浓缩除去部分有机溶剂，在乙酸丁酯中降温结晶，过滤，得到普伐他汀粗品。

普伐他汀粗品结晶母液中含有大量的脂溶性杂质即普伐他汀内酯，其溶解特性和极性与普伐他汀非常相似，用一般的结晶、萃取等方法难以将其分开。工业生产上几乎没有对该有效成分进行回收，一般仅对结晶母液中有机溶剂进行回收，然后将其余成分直接排放到废水处理中心。这不但增加了后续水处理的负担，而且不利于提高普伐他汀总收率。

普伐他汀钠　　普伐他汀　　普伐他汀内酯

图 7-9 普伐他汀钠、普伐他汀及普伐他汀内酯的结构式

普伐他汀内酯在碱性条件下可以水解为普伐他汀钠，进而转成普伐他汀，可与结晶母液中剩余的普伐他汀一起被回收，回收的工艺过程如图 7-10 所示。向普伐他汀粗品结晶母液(乙酸丁酯相)中加入等体积的 0.2 mol/L 氢氧化钠溶液，在 60 ℃下反应 3 h，然后降温，静置分层，普伐他汀钠转入水相，分出水相，得到普伐他汀开环液。继而用 2 mol/L 盐酸调节 pH 值至 5，使得普伐他汀大部分以分子形式存在，用 D001 大孔树脂吸附(上柱浓度 20 g/L，吸附速率为 1/50 BV/min，其中 BV 为床层体积)，直至达到漏出为止。用水冲洗杂质后，用含 2% NaOH 的 80%乙醇水溶液作为解析剂，解析流速为 1/100 BV/min，获得普伐他汀钠解析液。边解析边用 2 mol/L 盐酸将解析液的 pH 值调节至 7～8。这里要特别注意的是，碱的浓度不

能太高,时间也不能太长,否则会破坏普伐他汀结构中的另外一个酯键。对解析液体进行浓缩,回收乙醇,然后将浓缩液的 pH 值调节至 2.5～3.0,加入乙酸丁酯萃取,将萃取液于 50～60 ℃减压浓缩,最后于 0～10 ℃结晶 12 h,过滤,得普伐他汀粗品。于 50～60 ℃真空干燥粗品,用丙酮对粗品进行一次结晶,再用无水乙醇进行重结晶,得到普伐他汀成品,所得回收产品质量符合规定。该回收工艺使得普伐他汀的总收率提高了 10%以上。

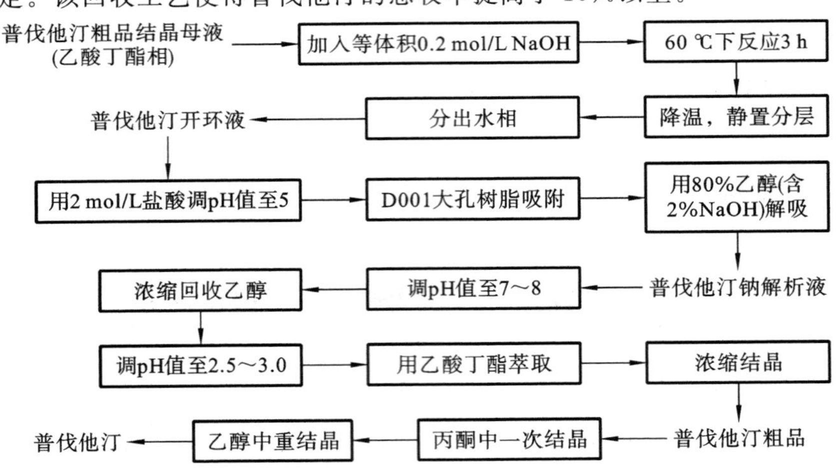

图 7-10　普伐他汀结晶母液中普伐他汀的回收方案

7.4　剧毒金属离子的回收

六价铬离子(Cr^{6+})的毒性是三价铬离子(Cr^{3+})的 100 倍。铬离子难以被降解,如果没有回收,将流入水体污染生物链,最后在人体中富集。因此,要设法对 Cr^{6+} 进行回收。Cr^{6+} 的回收有三种方法:活性炭吸附法、氧化还原法和离子交换法。

活性炭为非极性的,常用于吸附非极性化合物。活性炭之所以可用来吸附金属离子,是因为金属离子配位在有机物上,而有机物吸附在活性炭上。由表 7-1 可以看出,接近中性时,铬离子的浓度下降了 2 个数量级,除去率达到 98.7%。此外,镉离子的浓度也下降了 1 个数量级。

表 7-1　活性炭对含重金属离子的废水的处理

金属	吸附前 pH 值	吸附前浓度/(mg/mL)	吸附后浓度/(mg/mL)	去除率/(%)
铬	7.6	7.0×10^{-4}	9.0×10^{-6}	98.7
镉	7.6	4.9×10^{-2}	1.7×10^{-3}	98.6

当用氧化还原法回收 Cr^{6+} 时,如图 7-11 所示,用硫酸亚铁作为还原剂将 Cr^{6+} 还原为 Cr^{3+},进而用碱将 Cr^{3+} 和 Fe^{3+} 都沉淀先来,过滤予以除去。

$$Cr^{6+} + Fe^{2+} \longrightarrow Cr^{3+} + Fe^{3+}$$
$$Fe^{2+} + 2OH^- \rightleftharpoons Fe(OH)_2\downarrow$$
$$Fe^{3+} + 3OH^- \rightleftharpoons Fe(OH)_3\downarrow$$
$$Cr^{3+} + 3OH^- \rightleftharpoons Cr(OH)_3\downarrow$$

图 7-11　氧化还原法除六价铬离子的原理

特别要指出的是,Cr^{6+} 是一种特殊的离子,由于它的电荷高,离子半径小,在水中不是以

简单的 Cr^{6+} 形式存在，主要是以铬酸（H_2CrO_4）、铬酸氢根（$HCrO_4^-$）、铬酸根（CrO_4^{2-}）、重铬酸根（$Cr_2O_7^{2-}$）的形式存在。因此，也可用离子交换的方式予以富集回收。

由于 Cr^{6+} 在水中主要以阴离子形式存在，因此可以用阴离子交换柱予以富集。为了避免易吸附但是难以洗脱的问题，选用弱碱性阴离子交换树脂。

用离子交换回收 Cr^{6+} 的原理如图 7-12 所示，具体包括以下三步：

（1）铬被吸附。铬酸根离子与硫酸根型的弱碱性阴离子交换树脂（R—SO_4）进行交换，铬酸根离子被吸附到树脂上（R—CrO_4），而硫酸根离子被置换下来。

（2）树脂再生，铬被回收。树脂上的铬酸根离子被溶液中的氢氧根离子置换下来。因为弱碱性阴离子交换树脂跟氢氧根离子的结合是最强的，所以这一步树脂的再生很容易实现，即铬的回收容易实现，获得铬酸钠溶液。

（3）树脂转型。借助中和法，将硫酸与氢氧根型的树脂（R—OH）中和，即可获得可重复利用的硫酸根型的弱碱性阴离子交换树脂。

离子交换，铬被吸附　$R-SO_4 + CrO_4^{2-} \rightleftharpoons R-CrO_4 + SO_4^{2-}$

树脂再生，铬被回收　$R-CrO_4 + NaOH \rightleftharpoons R-OH + Na_2CrO_4$

树脂转型　$R-OH + H_2SO_4 \rightleftharpoons R-SO_4 + H_2O$

图 7-12　离子交换法回收六价铬离子的原理

由于选用弱碱性阴离子交换树脂，它的 pH 工作范围选在 2～5。在这个范围内树脂的工作容量大，交换效率高。这是因为在酸性的范围内，Cr^{6+} 主要以铬酸氢根（$HCrO_4^-$）和重铬酸根（$Cr_2O_7^{2-}$）的形式存在；在中性及碱性的范围内，Cr^{6+} 以铬酸根（CrO_4^{2-}）的形式存在，这可以从它们的电离常数看出（图 7-13）。树脂上 2 个正电荷中心可以吸附 2 个铬酸氢根（$HCrO_4^-$）或 1 个重铬酸根（$Cr_2O_7^{2-}$），但只吸附 1 个铬酸根（CrO_4^{2-}），前者可除去 2 个 Cr^{6+}，而后者只除去 1 个 Cr^{6+}，因此前者的效率高些。

$$H_2CrO_4 \rightleftharpoons H^+ + HCrO_4^- \quad K_1=0.18$$

$$HCrO_4^- \rightleftharpoons H^+ + CrO_4^{2-} \quad K_2=3.2\times10^{-7}$$

$$2HCrO_4^- \rightleftharpoons Cr_2O_7^{2-} + H_2O \quad K_3=98$$

图 7-13　铬酸、铬酸氢根的电离

综合利用各种物理和化学技术对制药行业的废弃物进行回收是制药工艺研究的重要内容之一，也是一门艺术。要对这些待回收的废弃物的特性和所处的环境进行了解，集成所学习的物理和化学方法以及分离纯化技术，就可以构筑充满智慧的回收工艺。

思　考　题

（1）针对制药废弃物的回收，要建立合理的回收方案，你认为该怎么做？

（2）一般来说，结晶母液中还残存一些目标产品。请以阿司匹林为例，画出用于阿司匹林回收的工艺流程框图。

（3）催化剂钯碳多次循环使用后，需要回收其中的贵重金属钯。请查找文献，确定回收方案。

码 7.1　第 7 章教学课件

参考文献

[1] 元英进.制药工艺学[M].北京:化学工业出版社,2007.
[2] 元英进.制药工艺学[M].2版.北京:化学工业出版社,2017.
[3] 张秋荣,施秀芳.制药工艺学[M].郑州:郑州大学出版社,2007.
[4] 叶勇.制药工艺学[M].广州:华南理工大学出版社,2014.
[5] 王沛.制药工艺学[M].北京:中国中医药出版社,2009.
[6] 赵临襄,赵广荣.制药工艺学[M].北京:人民卫生出版社,2014.
[7] Blacker A J,Williams M T.制药工艺开发:目前的化学与工程挑战[M].朱维平,译.上海:华东理工大学出版社,2016.
[8] 陈荣业.有机合成工艺优化[M].北京:化学工业出版社,2005.
[9] 陈荣业.实用有机分离过程[M].北京:化学工业出版社,2015.
[10] 陈荣业,张福利.有机人名反应机理新解[M].北京:化学工业出版社,2020.
[11] 郭养浩.药物生物技术[M].北京:高等教育出版社,2005.
[12] 陈坚,堵国成.发酵工程原理与技术[M].北京:化学工业出版社,2012.
[13] 陈坚,李寅.发酵过程优化原理与实践[M].北京:化学工业出版社,2002.
[14] 储炬,李友荣.现代工业发酵调控学[M].3版.北京:化学工业出版社,2016.
[15] 戚以政,汪叔雄.生物反应动力学与反应器[M].3版.北京:化学工业出版社,2010.
[16] 张元兴,许学书.生物反应器工程[M].上海:华东理工大学出版社,2001.
[17] 朱宝泉.生物制药技术[M].北京:化学工业出版社,2004.
[18] DiRocco D A,Ji Y N,Sherer E C,et al. A multifunctional catalyst that stereoselectively assembles prodrugs[J]. Science,2017,356(6336):426-430.
[19] 刘祎辰,程杰飞,洪然.核苷类前药ProTides的不对称合成:磷手性中心的构建[J].有机化学,2020,40(10):3237-3248.
[20] 孙孝斌,苗志伟.磷酰胺酯前药策略及ProTide技术在抗病毒药物研发中的应用[J].大学化学,2020,35(12):35-43.
[21] Ma D,Bhunia S,Pawar G G,et al. Selected copper-based reactions for C-N,C-O,C-S,and C-C bond formation[J]. Angewandte Chemie International Edition,2017,56(51):16136-16179.
[22] 苏为科,余志群.连续流反应技术开发及其在制药危险工艺中的应用[J].中国医药工业杂志,2017,48(4):469-482.
[23] Plutschack M B,Pieber B,Gilmor K,et al. The hitchhiker's guide to flow chemistry[J]. Chemical Reviews,2017,117(18):11796-11893.
[24] Gutmann B,Cantillo D,Kappe C O. Continuous-flow technology-a tool for the safe manufacturing of active pharmaceutical ingredients[J]. Angewandte Chemie International

Edition,2015,54(23):6688-6728.
[25] Gemoets H P L, Su Y H, Shang M J, et al. Liquid phase oxidation chemistry in continuous-flow microreactors[J]. Chemical Society Reviews,2016,45(1):83-117.
[26] 上海惠和化德生物科技有限公司. 一种氟代碳酸乙烯酯的快速连续流合成工艺:中国,108250176A[P]. 2018-07-06.
[27] Brocklehurst C E, Lehmann H, Vecchia L L. Nitration chemistry in continuous flow using fuming nitric acid in a commercially available flow reactor[J]. Organic Process Research & Development,2011,15(6):1447-1453.
[28] Yu Z Q, Chen J Y, Liu J M, et al. Conversion of 2,4,6-trimethylaniline to 3-(mesitylthio)-1H-1,2,4-triazole using a continuous-flow reactor[J]. Organic Process Research & Development,2018,22(12):1828-1834.
[29] Harsanyi A, Conte A, Pichon L, et al. One-step continuous flow synthesis of antifungal WHO essential medicine flucytosine using fluorine[J]. Organic Process Research & Development,2017,21(2):273-276.
[30] Bogdan A R, Poe S L, Kubis D C, et al. The continuous-flow synthesis of ibuprofen [J]. Angewandte Chemie International Edition,2009,48(45):8547-8550.
[31] Snead D R, Jamison T F. A three-minute synthesis and purification of ibuprofen: pushing the limits of continuous-flow processing[J]. Angewandte Chemie International Edition, 2015,54(3):983-987.
[32] 浙江省化工研究院有限公司,中化蓝天集团有限公司. 一种利用微通道反应器进行嘧啶衍生物氟化的方法:中国,106432099A[P]. 2017-02-22.
[33] 杨亚勇,邓雪萍. 普伐他汀粗品结晶母液回收工艺研究[J]. 中国抗生素杂志,2010,35(6):442-446.
[34] 江苏阿尔法药业有限公司. 一种1-苯基-5-羟基-四氮唑的回收利用方法:中国,110627736A[P]. 2020-11-06.
[35] 焦作健康元生物制品有限公司. 7-ACA废液中戊二酸的回收方法:中国,102336648B[P]. 2013-08-07.
[36] Hu Y J, Gu C C, Wang X F, et al. Asymmetric total synthesis of taxol[J]. Journal of the American Chemical Society,2021,143:17862-17870.
[37] 韩世磊. 阿齐沙坦的合成工艺及质量研究[D]. 天津:天津大学,2014.
[38] Yamauchi T, Hattori K, Nakao K, et al. A facile and efficient preparative method of methyl 2-arylpropanoates by treatment of propiophenones and their derivatives with iodine or iodine chlorides[J]. Journal of Organic Chemistry,1988,53(20):4858-4859.
[39] Tamura Y, Yakura T, Shirouchi Y, et al. Oxidative 1,2-aryl migration of alkyl aryl ketones by using diacetoxyphenyliodine: syntheses of arylacetate, 2-arylpropanoate, and 2-arylsuccinate[J]. Chemical and Pharmaceutical Bulletin,1985,33(3):1097-1103.
[40] Merk & Co., Inc. Process for the preparation of chiral beta amino acid derivatives by asymmetric hydrogenation: US,7468459 B2[P]. 2008-12-23.